U0919299

中国石文化

孙庆芳 孙毅 著

前 言

陶渊明为何要醉卧醒石，面南山而思？难道道生独坐白莲池，就能拥有与众石心灵相通的境界？又是什么样的神秘力量促使苏轼、米芾、郑板桥、蒲松龄等等历史上赫赫有名的文豪、画圣们乐不思蜀地作出拜石、敬石、仰石的行为？这一切一切的谜底，都要追溯到地球上第一块石头出现的时候。

可以肯定地说，石头是一切人类文明的源泉。从远古时的天地玄黄、宇宙洪荒开始，人类便在与石头的漫长磨合中不断繁衍生息。几千年的岁月沧桑过去了，人类摆脱了打凿石头制作工具的懵懂无知的原始生活，学会了驻足思索石头带来的生存奇迹。非经雕琢不能成器。已成为万物灵长的人类自然体悟到了寻理的奥妙，不断地从沉静、粗糙的石头中发掘出了宝、汲取到了美，石不能言却最可人。

中国的石文化在悠久的历史长河中，或以自身的多彩多姿向世人展示自然的奥妙和人生的哲理，或作为其他艺术的饕餮源源不断地为它们提供着创作的灵感。从觅石、玩石、藏石到“以文化石”，石文化经历了一个又一个历史时期。“室无石不雅，园无石不秀”不需要什么探讨，而赏石作为一个艺术门类却需要永远的求索与升华。品石无尽意，让“旧时王谢堂前燕”的旧有贵族赏石文化“飞入寻常百姓家”。

但可能是人们因“以石悟道”而“得意忘言”。中国石文化在发展过程中的文字记述是远远不够的，著述的文字寥若晨星。即便有宋代杜绾的《云林石谱》、明代林有麟的《素园石谱》传世，但年湮岁远，仅有的笔记文章也不免以讹传讹，不便一般石爱好者检索、查阅。

在这里，笔者以多年留心庋集的历代文献资料及在各地觅石考察获

得的见闻心得，对中国石文化进行了一番细致的梳理，并经过客观科学地去芜删冗、正名审意，编撰了这本《中国石文化》，以冀对有石缘、爱好石文化和想了解中国石文化的人士有所裨益。

这本书共分六篇：第一篇是对中国石文化历史发展的概述，讲述了从传说中的女娲炼石补天到民国时张轮远、王星酉对雨花石的收藏过程。在这部分里，一些最新发掘出来的珍贵史料还是首次公诸于世。第二篇是常用地质术语。用来给一些非地质专业的人提供一些必备的科学知识，不是专论。第三、四、五篇里我们从文房彩石、清供雅石和矿物晶体三个方面对石种进行了全面、详细的介绍，以便大家可以按图索骥，为石种的辨析、收集起到助手的作用。第六篇是赏石实践，目的是通过这些赏石实践对雅石的清供、清玩，以及雅石鉴赏评价方法进行深入浅出的介绍，让大家对石理、石道有更深一步的了解。总之，全书在去伪存真的基础上对石文化爱好者感兴趣的内容都有所涉及。

以文字形式全面介绍中国石文化的历史、现状，特别是系统介绍石理、石论知识的，本书是海内外的第一本，这也是各界石文化爱好者一直所企盼的。同时，多年来，海内外石文化爱好者对我们的研究给予了很大的帮助，这本书也应该算作是通过“读万卷书，行万里路”的方式来对各界朋友的一个回报。

中国石文化源远流长、博大精深，文化的典籍汗牛充栋，现在我们可以毫不夸张地说，地球这个我们赖以生存的环境中究竟有多少种石头、究竟有多少雅石，还没有哪个人能说得清楚。人的心境可上九天揽月，可下五洋捉鳖，可以尽虚空弥六合。但一石一人一世界，面对千姿的石头，面对百态的人生真可以说是罄南山之竹也罕陈其妙。所以，我们只能以明石理的办法来弥补挂一漏万的缺失。

希望通过对本书的阅读，大家能对自然的造化更为兴叹，从载道的雅石中获得愉悦、获得精神财富。仁者乐山仁者寿，赏石清心、赏石怡神、赏石长寿。

作 者

2007 年 1 月

目录

第二篇　常用地质术语

第三篇　文房彩石

第四篇　清供雅石

第五篇 矿物晶体

第六篇　赏石实践

第一篇 中国石文化概述

毛泽东曾在《贺新郎·读史》中写道："人猿相揖别。只几个石头，磨过小儿时节。"何止这些？从人类刚刚步入孩啼时期的与"石"俱进，到如今蓬勃发展的石文化产业，同样印证了唐代白居易所说的"夫源远者流长，根深者枝"。

中国的石文化有广义和狭义之别。广义的中国石文化是指以石头为载体和以石头为题材两个方面。其内容非常丰富，可广至山海，延至琴棋书画。本书中所指的是狭义的石文化，即专供审美欣赏的石头，包括文房彩石、清供雅石、矿物晶体以及和这些石头相关的知识。

目前，中国石文化的历史与现状还处于资料分散、零星的状态。因此，正本清源、逐条梳理是了解石文化的一个重要而不可或缺的环节。也许是它的体系过于庞大，所以以往的撰书者都是从某个角度对其进行表述。中国古代的文人雅士也把它按从少到多，垂直、有层有位地进行过划分，其意可用下图来表示：

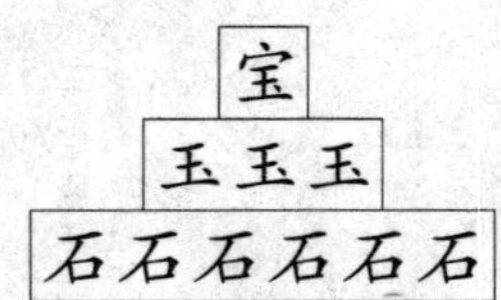

第一章

先秦两汉时人们对石文化的认识

石文化的发展史最早可追溯到秦嬴政时期。秦代在上林苑内建阿房宫，筑园林造假山，可推断其中以石造景必不可少，但并没有实物保留下来。沿至汉朝，武帝采用了董仲舒“罢黜百家，独尊儒术”的建议后，受儒家对“玉”赋义的影响（儒家以玉喻德，讲求玉是石之美者，从而注重记述美的好的石头在这期间就再正常不过了），并没有多少人从文化的角度赋予“石”字特殊的含义。

虽然中国古代很早就对石头的知识进行了整理，将优秀的石头单独列出并详细记述。然而，我国第一部字典——东汉许慎的《说文解字》却基本上没有对“石”字进行诠释。同时，古代知识分子认为：“今不逮古，古质而今研。夫质以代兴，妍因俗易。”普遍倾向于谈玉而少谈石。种种表象，构成了中国石文化早期的重要特征：宝、玉、石分离。

第一节　慧眼选石的女娲

石是中华民族的图腾。在夏朝以前的史前期文化的中国神话谱系里，各路诸神莫过于女娲，因为人是女娲抟土所造、天是女娲炼石所补。这些说法虽属上古传说，但是都从一个侧面反映出先民对石最早的

认识。汉武帝的叔叔——淮南王刘安在《淮南子·览冥训》中记述了一则上古传说："女娲炼五色石以补苍天，断鳌足以立四极。杀黑龙以济冀州，积芦灰以止淫水。苍天补，四极正，淫水涸，冀州平，狡虫死，颛民生。"这个神话故事后来被演绎出不少版本，如：《红楼梦》的第一回中就将它略有变化地表述了一下，曹雪芹是这样说的："女娲氏炼石补天之时，于大荒山无稽崖练成高经十二丈，方经二十四丈，顽石三万六千五百零一块。"在这里，曹雪芹对《淮南子》记载的内容进行了编摘。这是根据情况进行的取舍，也是为了事理更合于记载中石头的数目而进行的充分发挥。我们引用《淮南子》的这段话，是因为其记述表现出了人类早期对石头的认识——清楚地写道女娲炼的是五色石。由此，我们最起码已经知道先民们把那颜色靓丽、抢眼的看作是比较好的石头，甚至是具有神灵的石头。因此，只有这样的石头才配得上去"补天"。

人们认识事物、认识世界一般是通过眼、耳、鼻、舌、身来感知色、声、香、味、触后，再传达给自己已积累的学识来进行认知的，因此"色"是首当其冲的。人类认识石头也是从色开始的，所以女娲选石的第一标准就是颜色。东方哲学上也常讲"色不异空，空不异色"。"空"代表事物的本质，"色"代表事物表现出来的现象，因而颜色在各种色相中是最基本、最直观的。没有色就谈不到质；没有色，人们就不会认识事物；没有色就反应不出质，更谈不到什么肌理、纹路。古往今来，在美学认识的范畴里，人们在评价石头美与丑时颜色都是非常重要的。只有通过颜色，人们才能对石头的质地、肌理有一定的认识，从而很好地利用石头。在人类早期，人们通过石头的各种不同颜色来区别出哪些石头可以用什么方法加工，以及可以加工成什么器物。因为颜色可以直接反映出石头不同的构成成分，所以化学成分不同，在其颜色上就有不同的显现。到现在为止，分辨石头看其颜色仍然是一种最基本的方法。

"铜铁炉中翻火焰"，人类的社会形态进步了，是因为人类对石头的认识提高了。从直接利用石头的旧石器时期开始，人们长期与石共伍，逐渐从石头的颜色中辨别出石头的纹理，进而与图腾祭坛的石头进行更为深切的交流；石头在被人们认出了色、识出了肌理后，也开始被分解，被制成利人的锐利武器、磨成耀眼的装饰，以炫耀认识水平和技能。由旧石器时期发展到新时器时期，人类的历史翻开了崭新的一页，以石制器、以石敬神、“国之大事”的“戎与祀”都靠石头支撑了起来。德国的弗里德里希·恩格斯有句话：“西方的历史是石头写成的。”其实更扩大一些说，人类的历史是用石头作为序篇的也并不为过。从石器时代到铜铁器的进化发展，其实也是人们对石头进一步认知发展的结果。石头中的颜色见绿有铜、见红有铁。所以，从石头的颜色来选石，并将各类矿石进行冶炼，进而独立出金属，人类又一次从石头中汲取了战胜自然的力量。

随着人类利用石头创造出了更多财富，上层建筑中的文化艺术也渐渐地从形而下的发展中分离出来。图形状物、记事达情的绘画就巧妙地运用了不同的颜色、不同的划痕来表达不同的事物、不同的情感。通过现代考古发现：在许多史前期文化中，红、绿等矿物养料已被普遍应用。为了人类审美的需求，人们对不同颜色的石头进行分选，通过磨擦、划画出想象和记录已往的存在，因此这一时期出现了相当数量的岩画。为了很好地利用石头中的颜色，还应运而生了早期的石砚（研磨器）。考古人员就在陕西临潼姜寨仰韶文化中发掘出了成套的研磨器和矿物颜料。在这些记录着先民意识的划痕和涂抹的漫长岁月中，出现了记录人们交际的重要工具——文字，人类由此真正踏上了文明社会的旅途。

通过女娲炼石补天的故事和仍然可以看到的原始社会艺术文化遗存的石器、岩画，我们可知史前人类在认知石头方面，甚至审美发展过程中做了大量探索，并留下了丰富的经验。“五岳五色殊，剖分始盘古”，五色的雅石为人类的文明打开了大门，所以有人说石文化为万类文化之祖。

第二节　与中华文明同步的雅石文化

那么，中华文明是从什么时候开始的？中国雅石文化又是从何时开始的呢？

中华民族的文明史一般的计算方法是5000年左右。1943年周恩来

敬书了一首缅怀刘志丹的诗，诗中这样说："上下五千年，英雄万万千。人民的英雄，要数刘志丹。"引用这首诗虽然与石文化无关，但我们的用意旨在说明中华民族文明历史的基本分期情况。

给中华文明的开始定出个时间段，其实是一个相当复杂的问题。因此，为了有理有据地对中华文明的时期有个明确的说法。1995 年秋，时任国家科委主任宋健邀请在京的部分学者召开了一个座谈会，会上他提出并与大家讨论了建立夏商周断代工程这一设想，且将这一工程列为中华人民共和国"九五计划"中的一项国家重点科技攻关项目。

1995 年底国务院召开会议，成立了夏商周断代工程的领导小组。该小组由国家科委、自然科学基金会、科学院、社科院、国家教委（今教育部）、国家文物局、中国科协共 7 个单位的领导组成。1996 年春，夏商周断代工程组织了一个由不同学科的 21 位专家形成的专家组，同时拟定了该工程的可行性论证报告，并于 1996 年 5 月得到了通过。这一科研项目涉及历史学、考古学、天文学、科技测年等学科，共分 9 个课题、44 个专题，直接参与的专家学者达 200 人。1996 年 5 月 16 日，国务院再一次召开会议正式宣布夏商周断代工程开始启动，2000 年 9 月 15 日该工程通过国家验收，历时 4 年零 4 个月，真可谓工程浩大。

由此，"夏商周断代工程"推断出中华文明大致可溯至 5000 年前。

现在我们已知的人类收集的雅石是雨花石，其在中国是最普及、最深入人心的一种用于观赏的雅石。而现在已知的最早的雨花石，出土于距今 5000 年的新石器晚期太湖流域的良渚文化上层。在位于今天南京鼓楼区的北阴阳营文化遗址的发掘中，考古工作者就发现了殉葬的雨花石 76 枚。这些雨花石可能是墓葬主人生时的爱物，或另有其他宗教意义。这一史实表现出：随着石头广泛地被认识利用，在以石制器，即单纯地以石为材制作武器和工具以外，单体颜色耀眼、斑斓，易于挪动的石头开始受到人们越来越多的关注。当时的人们可能对这些石色、石纹那么绚丽多彩的雨花石百思不得其解，因而时时求索自然的奥秘；也可能是这些好看的石头不太常见，已经是有富余给养的人才能有的遐顾对象，成为富有的象征；或者石上某种色纹表达了当时墓主人的思念、寄托与情怀。总而言之，这是那个时期人们对石头特有的审美心理需求。而审美需求是一种文化需求，也是文明进步的体现。

通过这 76 枚出现在 5000 年前殉葬品中的雨花石，我们完全可以有

理由说，中国石文化的历史是与中华民族的文明史同步的。在其他材质的文化载体尚未出现于世的时代中，石不仅是制器之材，更是文化最直接的承载体。雅石就是以石载道、以文化人、文质彬彬的统一体。通过对石头的欣赏、探求、敬重，坚实不化的顽石被赋予了灵性，使石头从构成地壳的矿物集合体的物质进入了怡情、寄志、载道、化人的雅石文化时期。所以这76枚雨花石是中国雅石文化诞生的标志，真可谓“摩挲五色光，遐想文字祖”。

第三节　政府行为的石文化品采集

《尚书》是中国古代最早的一部历史文献汇编，早时的名字就是《书》，意为从前、现在甚至未来人们学习知识、传承文明的重要载体——书的集合体。《书》到了汉代被尊称为《尚书》，意思是“上古之书”。汉代以后，《尚书》成为儒家的重要经典之一，所以又称为《书经》。

这部书的写作和编辑年代很早，中国儒学的创始人孔丘就曾整理过它。在不断的传承中，其到汉代以前就已有了定本。《尚书》又是一部政令集，记载了很多大事、政策法规和政府文件，其中的《夏书》就记载了“禹别九州，随山浚川，任土作贡”的内容，还写到了一些涉及当时政府采进物品的情况。因为那时的政府是讲究“普天之下，莫非王土”的，所以只有“采进”，不存在购进。在石头的“采进”方面，《尚书》有着丰富而翔实的记载。其中的《禹贡》篇就是专门记载当时山川物产的采进清单。禹是传说中夏后氏部落的首领，曾治理过洪水，为中华民族做出过巨大贡献，并因治水有功而被禅位。从禹的儿子启开始夏王朝建立，这是中华民族自立于世界之林的标志，使华夏文化进入了历史的纪元。“贡”是向上进献的意思，包括表功。《说文解字》中说：“贡，献功也。”《禹贡》中记载的就是各地地方向上进的赋税情况，其中有不少所贡之物是雅石。下面我们先列出一些《禹贡》中所贡的“石贡”来说明当时对各种石头的需求和采用的情况：

“海岱惟青州。嵎夷既略，潍、淄其道。厥土白坟，海滨广斥。厥田惟上下，厥赋中上。厥贡盐絺，海物惟错。岱畎丝、枲、铅、松、怪石。”这段文字是说：渤海和泰山之间是青州。嵎夷治理好以后，潍水

和淄水也已经疏通了。这里的土又白又肥，海边有一片广大的盐碱地。这里的田是第三等，赋税是第四等。这里进贡的物品是盐和细葛布，海产品多种多样。还有泰山谷的丝、大麻、锡、松和奇特的石头。莱夷一带可以放牧。这里进贡的物品是用筐装的柞蚕丝。进贡的船只从汶水通到济水。

“海、岱及淮惟徐州。淮、沂其乂（ài），蒙、羽其艺，大野既猪，东原厎平。厥土赤埴坟，草木渐包。厥田惟上中，厥赋中中。厥贡惟土五色，羽畎夏翟，峄阳孤桐，泗滨浮磬，淮夷蠙珠暨鱼。”这段文字是说：黄海、泰山及淮河之间是徐州。淮河、沂水治理好以后，蒙山、羽山一带已经可以种植了，大野泽已经停聚着深水，东原地方也获得治理。这里的土是红色的，又粘又肥，草木不断滋长而丛生。这里的田是第二等，赋税是第五等。进贡的物品是五色土、羽山山谷的大山鸡、峄山南面的特产桐木、泗水边上的可以做磬的石头、淮夷之地的蚌珠和鱼。还有用筐子装着的黑色的细绸和白色的绢。进贡的船只从淮河、泗水，到达与济水相通的荷泽。

“淮海惟扬州。彭蠡既猪，阳鸟攸居。三江既入，震泽厎定。筱簜既敷，厥草惟夭，厥木惟乔。厥土惟涂泥。厥田唯下下，厥赋下上，上错。厥贡惟金三品，瑶、琨筱、簜、齿、革、羽、毛惟木。”这段文字是说：淮河与黄海之间是扬州。彭蠡泽已经汇集了深水，南方各岛可以安居。三条江水已经流入大海，震泽也获得了安定。小竹和大竹已经遍布各地，这里的草很茂盛，这里的树很高大。这里的土是潮湿的泥。田是第九等，赋是第七等，杂出是第六等。进贡的物品是金、银、铜、美玉、美石、小竹、大竹、象牙、犀皮、鸟的羽毛、旄牛尾和木材。东南沿海各岛的人穿着草编的衣服。这一带把贝锦放在筐子里，把橘柚包起来作为贡品。这些贡品沿着长江、黄海到达淮河、泗水。

“荆及衡阳惟荆州。江、汉朝宗于海，九江孔殷，沱、潜既道，云土、梦作乂。厥土惟涂泥，厥田惟下中，厥赋上下。厥贡羽、毛、齿、革惟金三品，杶、干、栝、柏，砺、砥、砮、丹惟箘簬、楛，三邦厎贡厥名。”这段文字是说：荆山与衡山的南面是荆州。长江、汉水像诸侯朝见天子一样奔向海洋，洞庭湖的水系大定了，沱水、潜水疏通以后，云梦泽一带可以耕作了。这里的土是潮湿的泥，这里的田是第八等，赋是第三等。这里的贡物是羽毛、旄牛尾、象牙、犀皮和金、银、铜，椿

树、柘树、桧树、柏树，粗磨石、细磨石、造箭镞的石头、丹砂和细长的竹子、楛木。三个诸侯国进贡他们的名产：包裹好了的杨梅、菁茅，装在筐子里的彩色丝绸和一串串的珍珠。九江进贡大龟。这些贡品从长江、沱水、潜水、汉水到达汉水上游，改走陆路到洛水，再到南河。

“华阳、黑水惟梁州。岷、嶓既艺，沱、潜既道。蔡、蒙旅平，和夷厎绩。厥土青黎，厥田惟下上，厥赋下中，三错。厥贡璆、铁、银、镂、砮磬、熊、罴、狐、狸，织皮，西倾因桓是来，浮于潜，逾于沔，入于渭，乱于河。”这段文字是说：华山南部到怒江之间是梁州。岷山、嶓冢山治理以后，沱水、潜水也就疏通了。峨嵋山、蒙山治理后，和夷一带也取得了治理的功效。这里的土是疏松的黑土，这里的田是第七等，赋税是第八等，还杂出第七等和第九等。这里的贡物是美玉、铁、银、刚铁、作箭镞的石头、磬、熊、马熊、狐狸、野猫。织皮和西倾山的贡物沿着桓水而来。进贡的船只行于潜水，然后离船上岸陆行，再进入沔水，进到渭水，最后横渡渭水到达黄河。

“黑水、西河惟雍州。弱水既西，泾属渭汭，漆沮既従，沣水攸同。荆、岐既旅，终南、惇物，至于鸟鼠。原隰厎绩，至于猪野。三危既宅，三苗丕叙。厥土惟黄壤，厥田惟上上，厥赋中下。厥贡惟球、琳、琅玕。浮于积石，至于龙门、西河，会于渭汭。”这段文字是说：黑水到西河之间是雍州。弱水疏通已向西流，泾河流入渭河之湾，漆沮水已经会合洛水流入黄河，沣水也向北流同渭河会合。荆山、岐山治理以后，终南山、惇物山一直到鸟鼠山都得到了治理。原隰的治理取得了成绩，至于猪野泽也得到了治理。三危山已经可以居住，三苗就安定了。这里的土是黄色的，这里的田是第一等，赋税是第六等。这里的贡物是美玉、美石和珠宝。进贡的船只从积石山附近的黄河，到达龙门、西河，与从渭河逆流而上的船只会合在渭河以北。织皮的人民定居在昆仑、析支、渠搜三座山下，西戎各族就安定顺从了。

上面的怪石、磬、瑶、琨、砺、砥、砮、琳、琅玕（gān）都是石贡。我们来看一下这些石贡都是做什么用的。

怪石 一定不是用来制器的石材，而是用于赏析的。汉代的王充在《论衡·自纪》中说：“诡于众而突出曰怪。”即使算不上雅石，也是奇石无疑。当时的中央政府由于某种精神上的需要而有意地采进“怪石”。

磬 制作乐器的石头。在中国雅石中，对石头是从色、质、形、声

四大构成要素来进行全面评价的。声是身为造型艺术门类的雅石中的一个特殊要素。磬石不但用来制作乐器，而且在中国民间传说中与钟馗同是用于驱妖逐邪之神。所以自古在宗庙中都是有磬石来制磬以驱邪敬神，其是中国礼祀中的神器。

瑶 又称玛瑙，就是我们今天所说的雨花石，古人称为美玉，《说文解字》解释为："石之美者。"泛指是似玉的美石和美玉。在古代，它是用来充当精美的佩饰的。所谓的瑶佩就是指在身上佩戴雨花石。有人将产雨花石的石坑称为"瑶圃"。如：论及雨花石产出时说"羽化需千年，伏卵积瑶圃"。因为古人常把它镶嵌在琴上，所以有瑶琴的名称，如岳飞词《小重山》的下半阙："白首为功名。旧山松竹老，阻归程。欲将心事付瑶琴。知音少，弦断有谁听。"

琨 "石之美者"。

琳 青色的玉。

琅玕 像珠子的美石，青琅玕是孔雀石的一种。

砺 磨石，即表面比较粗糙的石头。这种石头虽不直接用于欣赏，但是加工用于欣赏的美石的必要牺牲品。孔子说："工欲善其事，必先利其器。"利器用什么制作？就是"砺"。各类器物的加工使用不同的手段，而石头的加工是用磨的办法。所以《尔雅·释器》中说："金谓之镂，木谓之刻，骨谓之切，象谓之磋，玉谓之琢，石谓之磨。"磨砺、砥砺后来被人们引申为一种修养。如《史通·品藻》中说："砥节砺行，终始无瑕。"过去是"宝剑锋从磨砺出"，现在有了机器，则出现了"生活是把人磨圆的砂轮机"，但道理是一样的。

砥 细的磨石。

砮 可制箭镞的石头。

从上面的例子我们可以看出：政府所要采进的石贡，不是供建筑用的石材。除用于制作兵器的"砮"石外，都是用于精神需求的礼器和佩饰以及加工时所用到的磨石。

《尚书·禹贡》记载了这些"禹"的功绩，并总结性地说："禹赐玄圭，告厥成功。"也就是说，禹被赐给玄色的美玉，表示大功告成了。这里表明禹得到的极高的赏赐是一件黑色玉质的雅石。

从这些记载来看，我国很早就在许多地方形成了以石为贡，以此来满足中央上层的精神需求。由此看来，收集用于审美的雅石已不只是个人爱好、玩玩而已了，而成为当时的一种赋税行为、政府行为。作为政府行为，我们还可以推断各地所贡之石：一定有相当的数量，一定要有一个相应的验收标准，参与其中的人群应有一定的规模，对雅石的产地一定也会有人用心探寻，更能有人汇集这方面的知识和经验。

第四节　觅石手册——《山海经》

《山海经》是中国文化史上一部不可多得的珍贵资料汇编集，从战国初年到汉代初年经多人写集而成。汉成帝时刘向、刘歆父子奉旨校勘。该书涉及到学术领域的各个方面，诸如宗教学、哲学、历史学、民族学、天文学、地理学、动物学、植物学、医药卫生学等，内容包罗万象，可以称得上是一部当时的生活日用百科全书。

在中国占学术统治地位的儒家学者一直恪守着《论语·述而》中孔子说的“子不语怪力乱神”，所以历史上曾经有人把《山海经》视为志怪齐谐之书。又由于书中有关于医药、咒禁、神怪等的记述，所以鲁迅也在他《中国小说史略》里说它是“盖古之巫书”，这当是平情之论，不是学术观点。袁珂在《山海经校注·序》中则这样说：“《山海经》匪特史地之权舆，亦乃神话之渊府。”这里说《山海经》是中国神话的“渊府”，为历来研究中国神话的学者所公认。中国的四大神话：女祸补天、羿射十日、共工触山、嫦娥奔月，皆各有其寓意地存在于《山海经》中。它们一直以来都是中华民族启迪智慧并鼓舞人们自强不息的精神和斗志。但《山海经》中更重要的是袁珂这句话前面所说的，是“史地之权舆”。非但如此，这里所记的山川地貌及物产并非子虚乌有，很多已被现代测绘技术所证实。特别是其对地方物产的记载，更是弥足珍贵。而且，其中对石头的记载也是被写书人、编书人所注重的内容。

《尚书》是按禹治水、铸九鼎为九州而划分地形的；《山海经》是使用五方空间的结构，以南、西、北、东、中的顺序展开来对自然地理现象进行表述的，不受行政区划的限制。刘秀在刘向父子完成校勘工作后，深深体会到书中所记的内容真实可靠，所以写了《上山海经表》，以证实《山海经》所记内容的真实性。他说：书中记载“其事质明有信”，并指出“博物之君子其可不惑焉。臣秀昧死谨上”。

《山海经》五山中，行文用字2.6万多个，其中使用单独的“石”字114处，单独的“玉”字237处，总共占全文的1.3%，可谓篇幅很大了。因此，可以说《山海经》是一部采石必备手册。它用这样大的篇幅记录石头，是为了满足当时社会的物质与文化需求，所以刘秀才敢冒死把这部书推荐给当时的朝廷与皇帝。

第五节　中国最早的“石痴”

春秋时集录纵横家言论的《阙子》中记载了这样一件事：“宋之愚人得燕石梧台之东，归而藏之，以为大宝。周客闻而观之。主人父斋七日，端冕之衣，衅之以特牲，革匮十重，缇巾十袭。客见之，俯而掩口，卢胡而笑曰：‘此燕石也，与瓦甓不殊。’主人父怒曰：‘商贾之言，竖子之心！’藏之愈固，守之弥谨。”这段话的大意是：宋国有一个很愚蠢的人在梧台的东边得到一枚“燕石”，回家把它好好地收藏了起来，认为得到了最好的宝贝。周围的客人听说了这件事后要求看看那枚宝贝石头。主人斋戒七日，穿礼服、戴礼帽，杀公牛来祭祀，皮革的箱子套了十个，还用十条丹黄色的整条布将石头包裹起来。客人看了那石头，俯身掩口，“嘎嘎”地笑出声来，说道：“这是燕石啊？和瓦片没什么差别。”主人气愤地说：“商人的话，小人之心！”随后把那枚燕石藏得更加稳妥，看守得更加小心了。

这个故事说明：在那个时代，已经有人非常重视收藏雅石了，最起码一枚燕石在收藏者的眼里已远远超过一头公牛和十袭布的价值了，并且以神圣的礼仪来供奉它。这个故事同时还说明了一个问题：收藏雅石，不同于一般物品的收藏买卖。对于没有太高文化修养的商人来说，宋人收藏的雅石自然会使其感到奇怪和不理解。这是社会进步导致的进一步社会分工，使一部分人开始通过对雅石的收藏、供奉来满足其心理需求了。这也是石头所承载的文化内涵与天人合一精神的必然结合。这个宋人（专业赏石人士）的出现，说明中国的石文化已达到了有“专业人才”的阶段。

事物的发展总是由低级向高级进化的。整个社会所体现出的财富体系，根据政治经济学的原理可包括艺术在内的社会的上层建筑，而它是

社会经济基础的反映。一旦社会财富达到一定水准后，分工就会越来越细，有的分工甚至会显得格格不入。所以，上文中的一般的商人就不能理解“宋之愚人”所需要的文化需求了。

石头首先是物质的。人类从一落生就依存于大大小小的石头。石头大者为山为岳，石头小者为泥为沙，多少巨石零落成泥才使我们得以土生土长。人为万物之灵，不只是会索取，还会利用世界及创造世界。人在改造着物质世界的同时，更重要的是还在不断地改造着自己的精神世界。当一件雅石承载了欣赏者所具备的文化内涵后，欣赏者的价值取向可能就会在不具备相应文化内涵的人眼中显得不可思议了。这时欣赏者所对比的就不是物质世界，而是在与神灵对话。人类如果没有了精神的需求，也就没有了自己。雅石就是以物质的形式来承载丰富多彩的大千世界和人生。

文化的发展也是在从实践到理论，再从理论到实践的不断升华过程中逐步发展起来的。春秋战国时期是一个学术空前发展的时期。当时，诸子百家各圆其说，所以后来宋人寄情于石、敬石如圣也就不足为奇了。其实，这位宋人只是那个时期众多爱石人的一个代表。他的出现说明：中国石文化已从以珠宝为财富的宝玉石和以石为制器之材的发展阶段，进入以精神需求为目的的雅石文化阶段了。

精神世界的影响是对人生最大的、最高层面的影响。继诸子百家的学术思想之后，对后世影响比较大的莫过于在中国思想史上鼎足三分的道、释、儒三家的哲学与意识形态观念了。我们以时为序所说的这三家学说，其代表人物是老子、释迦牟尼和孔子。这三家共同构成了中国思想史发展的脉络，形儒、内道、敬佛是中国传统文化人所追求的平衡点。

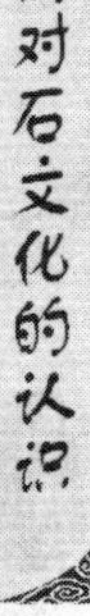

形儒，即领悟儒家学说的入世思想。人始终是社会中的一个人，勤恳工作、贡献社会、建功立业对于每个人来说都是应该努力的方向。

内道，即内心常反思、修身养性、清静无为、无为而治、与世无争。虽无为但要治、虽无争但有思，少些功利心、少些比较心。

敬佛，即体察因果，以行善断恶为正宗。佛家讲因果（梵语 *hetu-phala*）。《华严经》中说：“假使百千劫，所做业不亡，因缘会遇时，果报还自受。”佛偈（jì）写道：“青青翠竹，尽是法身；郁郁黄花，莫非般若。”偈是佛教诗歌的一种体裁。“般若”是智慧的意思。

由形儒、内道、敬佛得知万物皆可领悟。人有千面，物有千性；天地精神，万物与共；人能弘道，道法自然；悟其所持，虑于己心。人若皆能如此，石就能成为人类的智慧源泉；而以石道为师，人生很可能会翻开新的一页。

这三家学说在相当长的一个历史阶段都在深刻地影响着中国石文化的方法论，成为中国石文化实践中主要指导思想的构成部分。在佛教没有从西域传到中原内地的早期，中国石文化主要就是以老子和孔子的哲学思想作为理论指导的。下一节我们就先对道、儒两家进行介绍，而与佛学相关的内容将在以后的相关章节中再述。

第六节 老子的悟石精神与孔子的石以载道

中国文化有两条主流，即老子与孔子学说。这两家学说就像长江与黄河两大江河对中国人的滋养一样，是中国人在精神领域里的长江与黄河。“无为”与“作为”在彼此的平衡中，构建起了博大的中国文化的背景。因此，两家之说虽有不同，但又是相互补充的，对于指导人生起着异曲同工的妙用。

中国近代文化的启蒙导师梁启超说：“道家哲学有与儒家根本不同之处。儒家以人为中心，道家以自然界为中心。儒家、道家皆言‘道’，然儒家以人类心力为万能，以道为人类不断努力所创造，故曰：‘人能弘道，非道弘人。’道家以自然界理法为万能，以道为先天的存在且一成不变，故曰‘人法地，地法天，天法道，道法自然’。”

两者最主要的区别在于理论上的偏重点不同和价值观念不同。老子的价值观以自然主义为基本取向，注重天然的质朴之性和内心的宁静和谐，主张超越世俗、听任自然。孔子的价值观以人本主义为基本取向，注重道德的完善和人格的提升，强调积极进取、投身社会事业。老子崇道，孔子尚仁。这两方面都对人们认知石文化起了重要的指导作用。如果说《山海经》在如实记录石资源方面是一部百科全书，那么老子与孔子学说则是先秦石文化的理论基础，是中国石文化的理论之源。

一、道家的以石悟道

老子，姓李，名耳，谥曰聃，字伯阳，楚国苦县（今鹿邑县）人，约生活于公元前571年至公元前471年之间。《史记·老庄申韩列传》中说老子曾做过周朝的守藏史，即周朝国家图书馆的图书管理员。他是中国人熟知的一位古代伟大思想家，留传至今的《道德经》开创了中国古代哲学思想的先河，同样也开创了中国古代美学的先河。他的哲学思想和由他创立的道家学说，不但对中国古代思想文化的发展做出了重要贡献，甚至稍后一些的孔子也曾向他请教过儒学的核心问题“礼学”。作为世界观和方法论，其思想对指导中国石文化的发展产生了深远影响。

继承和发扬老子道学的是庄子。庄子名周，生于公元前328年，卒于公元前286年，略晚于老子，他的著作《庄子》一书被道教名为《南华真经》。道家美学思想中的“见素抱朴”、“道法自然”、“恬淡为上”、“气韵生动”对雅石的鉴赏起到了积极的指导作用。

道家美学的重要特征是强调了审美的超功能性或超功利性，即与天道相和的“天和”。它要求审美情感必须是一种内向的精神观照。老子的美学核心是“自然无为”，突出了个体生命寻求自由的要求，并在矛盾的对立和转化中观察美与艺术的问题，讲究无为而无不为，总体上趋于冷静的思考。继承老子学说的庄子则强调追求无限和自由、强调“天然”。“重生”、“养生”、“保生”将人的生命价值抬升到整个宇宙，达到所谓“天地与我并生，万物与我为一”、“独与天地精神往来”的境界。因此，在看来是玩世的生活态度后面包含着对人生的热爱，使人的生活达到一种自由的独立境界，及要求人去顺应自然、师法自然的理念。

在艺术追求上，道家强调人与外界对象的审美关系，是内在的、精神的、实质的美，是艺术创造的非认识性的规律。

《老子》第二十五章中说：“有物混成，先天地生。寂兮寥兮，独立而不改，周行而不殆，可以为天地母。”还说：“人法地，地法天，天法道，道法自然。”道法自然，石为天工造化，属自然之物，自然之石自身载道。以石悟道是以道家思想为主体的赏石观的具体体现，是受老子思想影响而形成的赏石指导思想。

在这一主导思想的影响下，几乎中国所有的造型艺术门类都受到了

积极的影响，“师法自然”成为赏石的境界和评价的方法。唐代画家张躁有一句在造型艺术中的不朽名言：“外师造化，中得心源”，这八个字同样概括了赏石的目的与意义。通过对自然奇石的观察，人们从中体会出人生意义、人生情趣的哲理，悟出万物演绎的共有之道。客观的自然奇石是道的根本，悟是赏石者的修养、阅历所形成的审美过程。能在载道之石上悟出感人之道就进入了艺术领域，自然奇石就成了艺术雅石了。

二、儒家的以石载道

孔子（公元前551—前479年），名丘，字仲尼，鲁国陬邑（今山东曲阜东南）人，是儒家学派的创始人。他做过管理仓库的“委吏”和管理牛羊的“乘田”，且虚心好学、学无常师。30岁时，他收徒授业，创办私立学校，开中国私塾之先河。35岁时奔齐，为齐高昭子的家臣。51岁时，任鲁国中都宰。由于为政有方，“一年，四方皆则之”，后由中都宰提升为鲁国司空、大司寇。55岁时，弃官离鲁，周游列国。公元前484年，季康子派人把他从卫国接回。他先后删《诗》、《书》，订《礼》、《乐》，修《春秋》，对中国古代文献进行了全面整理，同时也形成自己的一整套“仁学”思想理论。他的学说经孟轲的发展，特别是汉董仲舒向汉武帝建议独尊儒术后位居中国文化正统地位两千多年。孔子的后学们把他的言行语录辑录在一起编成了一部《论语》，随后儒家另一位集大成者孟轲有《孟子》一书传世，这两本书再加上《礼记》中的《中庸》和《大学》两篇，构成了中国式教育的四书，是古时每个读书人的必读之书。

儒家美学的基本特征是反复论述美与善的一致性，要求美善统一，高度重视美与艺术的陶冶、协和，以提高人们伦理道德情感的心理功能，强调艺术对促进社会和谐发展的积极作用，并充分地、明确地、自觉地从人的内在要求出发，而不是从外在信仰出发去考察审美和艺术。从这个层面上来说，儒家美学突出了美的自然形式包含有社会内容这一观点。这使得儒家美学具有崇高的道德精神，但同时又使美等同于善，漠视了美不同于善的独立价值，继而使得人们对于自然美的欣赏常常偏离到某种狭隘的、道德比附的说教上，要求自然附会和符合人世的现实规范与秩序，从而束缚了对自然的正确理解和观赏。

儒家美学还与社会生活、政治状态紧密相关联，所谓“礼之用，和为贵”。作为其重要美学原则的“和”，本身就包含了合乎规律性与合乎目的性的统一，其着眼点更多地不是对象、实体，而是功能、关系、韵律。它强调对立面的相互渗透与协调，而不是相互排斥与冲突；强调情理结合、情感中潜藏着智慧以得到实现人生的和谐和满足，而不是非理性的迷狂或超世间的信念；强调的是情感的优美和壮美，而不是宿命的恐惧或悲剧性的崇高。

从儒家哲学的整体来看，其讲求内修为外治服务。其心路历程就是我们常说的“修身、齐家、治国、平天下”。与此相似，儒家美学在艺术上也是以伦理、道德、责任为标尺，要求美的方面必须诉之于感官愉快并具有普遍性；另一方面必须与伦理性的社会情感相联系，从而与现实政治有关。这就是中国艺术审美十分注重主题思想性的重要传统依据。

在《孝经·至圣》中，孔子说“天地之性人为贵，知自贵于物”，指出了人的主观活动在赏石中的中心地位。在《论语·雍也》中，孔子也说道：“知者乐（yào）水，仁者乐山。知者动，仁者静。知者乐，仁者寿。”一直为历代爱石人所标榜。

在赏石方面，孔子在《论语·泰伯》中的一句话：“天下有道则见，无道则隐”，也是值得深思的。

在孔子这些思想的指导下，人们对石头的美丑有了一种以人为本的主观能动性。即自然之石的美，只有人去欣赏它才称其为美。如：前面所说的宋之愚人和周之商贾所看的同是一枚燕石，前者视如至宝，后者鄙若瓦甓。孔子的学说讲究人化自然，即用人的学识来审视事物，石头也不例外。欣赏自然的石头要能够起到一定的教化作用，要对人的思想有益，赏石活动是应寓仁于石的；如果石不载道就没有意义了，甚至是玩物丧志、君子不为的事情。只有以石载道，品石才能成为雅事。中国古代的赏石人很多都是以此为指导。

前面提到过，中国石文化中出现了宝、玉、石分离的现象。而玉与石的分离也是受到孔子思想影响的。在孔子所订的《礼记·玉藻》中说：“君子无故，玉不去身。君子于玉比德焉。”在儒家正统的教育体制下，《礼记》与《诗经》、《尚书》、《周易》、《春秋》并为五经，成为知识分子入仕的考试指定用书。在这种强大的功利趋势下，重“玉”成为不可回避的主流文化，而雅石文化也正是在这样的背景下逐渐发展走向

看重石质的主流。

三、道家赏石美学和儒家赏石美学的关系

道、儒两种学说是对立的统一体。之所以说是两家，就在于说明两者一定是不同的，但这种不同恰恰是一种互补的关系。

两种学说的不同在于：儒、道两种学说一个主张出世，一个主张入世。既可“独善其身”又能“兼济天下”，在人生旅途中是最难能可贵的。道家突出的是“大美不言”的自然规律，儒家强调的是人为的发现以及主题内容的发掘。二者的互补为中国艺术发展提供了新鲜、立体而丰富的动力。道家强调“天人合一”的“天和”，对自然界抱着珍贵爱惜的态度，使审美的态度充满了感情的光辉；儒家则强调“和为贵”的“人和”，强调社会道德伦理前提下的价值。

道、儒两家的学说也是相互交融的。道家的庄子激烈地提出要反束缚、超功利的审美态度，儒家学说之中也有。儒家美学思想很多时候又是以道家美学为寄寓和归结的，因此当“道不行”、“邦无道”或离沦乱世时，道家的“道与冥同”的“天地境界”便成为儒家寻求抚慰、远慕的精神归宿了。

无论是老子的天道观还是孔子的人道观，实际上是中国石文化理论发展上的两个方面。儒、道两家思想，一个刚健有为，一个柔顺因循；一个入世进取，一个潜隐退守，这是它们达到相通和互补的真正前提。所以，许多中国古代文人才能入世为儒、出世为道，或者熔儒道于一炉，张弛相济、进退自如。一个通过赏石来加强自身修养，一个通过赏石来从自然中寻找一条自我拯救的人生道路。二者相映才能有赏石情趣，且这两个方面的影响一直沿袭至今。

第七节　汉代的辨石指南——《说文解字》

下面，我们先看一下中国最早的解释术语和事物名称的辞典里，有没有对“石”的解释，以冀正本清源。《尔雅》是中国第一部辞典，我

们认真地进行了检索，结果非常失望。可能是由于“石”是人们太熟悉的事物了，所以“习焉不察”（就是说太熟悉了就用不着说了）。整部《尔雅》十九部，“石”字总共也没有出现过几次，而且都是用来解释别的词语的。至于“石”本身，就根本没有这个条目。既然辞书没有，那我们再来看具有释义功能的字典。

《说文解字》是我国最早的一部字典。作者许慎（约公元58—147年），汝南召陵（属今河南郾城）人，字叔重，东汉经学家、文字学家。他曾任太尉、南阁祭酒等职，性情淳笃、博通经籍，有“五经无双许叔重”之誉。他还精通文字训诂，总结出汉字的象形、指事、会意、形声、转注和假借六书的造字方法，并用21年时间著成了十五卷的《说文解字》一书。书中收单字9353个，异体字1163个，均按540个部首排列，是一部详尽地说解文字原始形体结构及考究字源的文字学专著。许慎自己在序中也说了他写《说文解字》的目的：“将以理群类，解谬误，晓学者，达神恉。分别部居，不相杂厕也。万物咸睹，靡不兼载。厥谊不昭，爰明以喻。”由此我们可以知道：许慎的初衷就是让人们能够通过读他的这部书理解各种事物，消除各种对事物错误的解释，让学习的人明明白白。《说文解字》这部书确实在这些方面做了很好的工作，开了字典之宗风。唐以后，科举考试规定要考《说文解字》。所以这部书在中国文化史上有着极其重要的作用，是万象之事典，也就是说这部书实际上全面地记录了那个年代已知的各种名相。

但是我们发现在《说文解字》这样一部权威性著作里，对“石”字一条却疏于解释。书中对“石”字的解释异乎寻常的简单：“石：山石也。”就这么几个字，等于没有解释，甚至会让人产生只有山石才是石的错觉。清高宗乾隆时，以纂修《四库全书》为名，大兴文字狱。很多知识分子纷纷为避事而从事小学（文字学）的考据研究。清代研究《说文解字》的有四大名家，其中最有影响的是段玉裁，著有《说文解字注》。该书对《说文解字》的缺略之处进行了认真的考证、充实，但对“石”字还是没有什么更详细的解释。“石”字不但是一个字，而且还是形成形声字的表意成分，是部首。《说文解字》中以“石”字为部首的字共57个，大多数没有太细的解释。而与“石”有不解之缘的“玉”字也是一个部首字，以其为部首且含义与石字相近的有40个。玉是石的一种。《说文解字》一书对玉的解释是“玉：石之美。有五德：润泽

以温，仁之方也；鳃（sāi）理自外，可以知中，义之方也；其声舒扬，尃以远闻，智之方也；不桡而折，勇之方也；锐廉而不技，絜之方也。”这样不但解释了字义，而且还进行了发挥，即说玉是美的石头。这个比较说明：不是古人不注意石头，而是早就被“美的石头”所吸引了。在中国石文化史上，玉的内涵是比较宽的，而不仅是矿物学意义的玉（角闪石）。那么石头美的标准是什么？许慎根据自己的见地从五个方面对美石进行了阐述：晶润的光泽、致密而透明的组织、舒扬致远的声音、坚韧的质地、绚丽的色彩，具备这五个方面的都被认为是玉。在古人这样对玉进行定义的情况下，我们应该将石和玉整合在一起进行考察。

接着，我们就将《说文解字》中“玉”字部首的字列在下面的表内：

序号	描述			
1	瑀：石之似玉者	玖：石之次玉黑色者	玤：石之次玉者	珉：石之美者
2	珁：石之似玉者	瑨：黑石似玉者	玲：石之次玉者	琨：石之美者
3	琅：石之似玉者		琇：石之次玉者	碧：石之青美者
4	玴：石之似玉者		瓔：石之次玉者	
5	璅：石之似玉者		珣：石之次玉者	
6	璡：石之似玉者			
7	璔：石之似玉者			
8	璁：石之似玉者			
9	琥：石之似玉者			
10	璓：石之似玉者			
11	璒：石之似玉者			
12	瑄：石之似玉者			

续表

序　号	描			述
13	璶：石之似玉者			
14	琟：石之似玉者			
15	瑦：石之似玉者			
16	瑂：石之似玉者			
17	璒：石之似玉者			
18	玜：石之似玉者			
19	玗：石之似玉者			

以上共29个字，都不是玉，而是石。左边19列，是石之似玉者，其余的都是石头。

其实，玉字部首的字在《说文解字》中真正被解释为“玉”的只有五个，分别是“珂、玘、珝、琡、珙”，许慎解释用的是“玉也”。有一个字“玫”字，解释为“玉屬”。

还有几个字不是名词。如动词的三个：“靈”：靈巫。以玉事神。“玨”：二玉相合为一珏。“班”：分瑞玉。形容词的两个：“瑍”：石之有光，璧瑍也。“瑶”：玉之美者。另有一个是“琛”：寶也，是对宝的一种解释。现在的宝字是后来的简化字，不在讨论范围之内。

通过这个分析，我们统计了一下：“玉”部的字共40个，名词34个，而真正的“玉”只有5个。其实是“石”的有29个，占总数的85%还多。

这些字在《说文解字》中作为名词占了绝大多数，表达的都是“石之美者”。比如这里的“瑶、琨”，其实就是我们所说的雨花石。被解释为石之美的“玉”字，因为人们为了更准确地确认其不同特色，所以要有不同的字来表示。至于比较普通的石头，因为没有必要进行过细的划分，所以石部的字就相对少一些。

同理，有的石由于有特殊的用途及意义，古人就把它们单列出来了，如“宝”就是这样的。“古质而今妍”，因古人尚质，远古的先民们

在与石头打交道的长期实践中首先将质优的宝石单列出众石而为一族，这就是“宝”与“石”的分离，出现了“宝”。“宝”是玉类的总称，引申为一切珍贵的物品。《说文解字》：“宝（寶）：珍也。玉部曰‘珍宝也，二字互训’。从宀（mián）、玉、贝。缶（fǒu）声。”按清代段玉裁在《说文解字注》一书的说法是家内有玉有钱为“宝”。这里把钱放在一旁，单说玉。《说文解字》中说：‘玉’，石之美有五德者。许慎将岩矿物质的“石”赋予了人文的理念。五德所指的是儒家的“仁、义、理、智、信”。因《说文解字》成书于东汉，儒家已在学术中享有了独尊的地位，而恰巧“玉”字确实是五笔，但造字之初儒家的学说还没有出现，因此不足以说明先民造字的初衷。不过这使我们看到了先人对石的评价办法，赏石理论由此进入了“质、文”并重的完整阶段——尚“质”，并将石“质”融入文化范畴中。从此可以看出：古人选石之首位标准是宝，第二位的是玉，最后是非“宝”非“玉”的石。“宝”与“玉”在众石中数量稀少，所以很难达到质、文两全。有了“质”，人才会在此基础上进行再创造（尚文），但此时宝与玉是以质取胜，而非以文取胜的。以文取胜的石头更多的是“宝”与“玉”之外的“雅石”。

举世闻名的传国之玺“和氏璧”正是尚“质”之石。因尚“质”，人们不惜将优质的石进行人为的加工，因而出现了“玉不琢不成器”的谚语。但质、文兼备太难得了。我们试想一下：在重谶（chèn）纬的漫长岁月中，如能出现一块具有龙形或有龙的图案的石头，不知会有多少阿谀奉迎之士会辗转呈献给以真龙天子自诩的君王。但历代典籍未见记述，可知古人偏重“质”而对其他众石则目不暇接了。

当然宝石有宝石的定义，其为：硬度较大，色泽美丽，受大气和化学药品的作用不起变化，产量稀少而极为贵重的矿物统称宝石，如金刚石、星彩刚玉……宝石中还有有机的，如象牙也算在内，这就是尚质的具体体现。我们认为：宝石是石中之奇，其如果能很好地体现石之雅趣，那就等于没有瑕的和氏璧，是完美无缺的了，也是我们盼望的治好了胳膊的维纳斯。

我们知道：石头在人类社会中有着不可忽视的作用，因为我们人类赖以生存的世界是由石头构成、由石头承载起来的。人的生活，包括举手投足都很难直接或间接地离开石头，要知道就连电子产品中的硅都是石头呀。可见，在许慎那个年代，即造字之初，人们对石头的认识已达到相当细致的程度了。

汉代以前，人们对石头已建立了一套相当繁杂的鉴识系统，并给不同石头进行了命名。总的说来，汉以前中国石文化已经达到了相当高的水平。如：有慧眼选石的女娲氏；有庋藏雅石的“宋人”；有系统汇编及介绍石头资源的应用手册——《山海经》；有伴随人们精神文化生活的雨花石；有指导启迪雅石鉴赏的道、儒两家完整的思想方法；还有将石头按部就班、分门别类的辨石指南——《说文解字》。

中国文化自摆脱了口传心授的原始方式后，有结绳的、有铸于钟鼎的、有契于简牍的、有留迹于丝帛的，但自古至今一直未泯的是碑刻。战国时的石鼓、秦皇的政令、熹平的石经国子监进士的题名，都是勒石宣道的；而文化人赖以传递信息的工具又非笔砚莫属。文人有四宝：砚、墨、笔、纸。墨、笔、纸三物是日常消耗品，砚可算作是文人的“固定资产”了，所以文房四宝以砚为宝首。前面我们就说了，在仰韶文化时期就有了相当于砚的石制研磨器。但是真正意义上的、专门用来制砚的石头在《说文解字》中已经定义得很精确了，其“石部”中就有了砚字。许慎的解释是：“石滑也。从石见声。”即我们现在所说的只有能发墨而不损笔的石头才可以用于制砚。砚是雅石的制器，是石中天工造化与能工巧匠结合的典范，也是实用器具与艺术欣赏熔于一炉的珪臬。有关砚石的内容在后面的章节中还有详述。

第二章

南北朝时期的赏石、辨石活动

春秋战国及两汉时期是中国学术文化发展的第一个繁荣时期，其间经历了诸子百家的百家争鸣、百花齐放后，又罢黜了百家，独尊了儒术。然而，一花盛放不是春，万紫千红才是春。接踵而来的又一个学术开放时期就是南北朝了。魏晋南北朝时期是个战乱不止、混乱纷扰的历史时期，但也是思想活跃、文化繁荣、科学上有重大进展的历史时期。魏、蜀、吴三分汉室，统一和平的大环境没有了，各诸神仙纷纷披挂出场、五胡乱华、民族相融，各家学说又是八仙过海、各显其能。在相互竞争中，中国文化的发展在这一时期有了长足的进展，中国石文化也在这样背景的荡涤中向前发展。

第一节　这一时期的审美方式对赏石理论的影响

这一时期，黄老之术形成的玄学异常活跃。玄学是魏晋时期的主要哲学思潮，是道家和儒家融合而出现的一种文化现象，也可以说是道家之学的一种新的表现方式。其在中国传统哲学的发展历史中是一个极其重要的环节，对于中国传统哲学乃至整个传统文化的某些基本性格的形成起着决定性的作用。它在沟通当时作为外来文化的佛教思想与中国传统文化方面，也起到了重要的桥梁作用。玄学家们做出了特殊的理论贡献——“自然合理”论。但由于儒学的一些弊病和社会政治原因，也出现了品核公卿、裁量执政的清谈横议之风。

这一时期儒学已从在野的文化变成了拥有正统地位的文化，庠序中的学子们均尊孔读经。儒学的核心是一种世俗道德伦理体系，其体系以依经训释、考据讲解为主的经学面目出现，活力远不如玄学、佛学。

佛教起源于古印度恒河流域一带，后来传到了中国。《魏略·西戎传》记载从公元二年开始有人传授佛经。佛教在传播过程中巧妙地与中国的本土文化相结合，迅速发展起来，对中国文化起到了重要的影响作用，以致于后来的国学导师梁启超说不研究佛教就不会懂中国的文化。

南北朝时期最有影响的佛教美学思想是庐山东林寺的慧远。慧远是中国佛教净土宗的祖师，极力推崇禅学，《出三藏记集》中说他“每慨叹‘大教东来，禅数尤寡，三业无统，斯道殆废’”，强调“禅非智无以穷其寂，智非禅无以深其照，则禅智之要，照寂之谓”的禅智论。他的《庐山诸道人游石门诗序》体现了其“念佛三昧”虚静的审美学说：“夫崖谷之间，会物无主。应不以情而开兴，引人致深若此，岂不以虚明朗其照，闲邃笃其情耶。并三复斯谈，犹昧然未尽。俄而太阳告夕，所存已往。乃悟幽人之玄览，达恒物之大情，其为神趣，岂山水而已哉？”南北朝时期，我国最著名的艺术理论家刘勰就是这一思想的直接发挥者，其《文心雕龙》更是中国石文化不得不加以借鉴的一部指导书。《南齐书·文惠太子传》所述“多聚奇石，妙极山水”，就记载了文惠太子造园林置石的情况，并被山东临朐北齐崔芬墓壁画所印证。

这个时期还有一个值得一提的就是：谶纬是否对中国石文化的发展产生了影响？谶纬之学主要以古代河图、洛书的神话及西汉董仲舒的天人感应说为理论依据，将自然界的偶然现象神秘化，并视为社会安定的决定因素。我们今天看到的很多自然形态的奇石，有的形象栩栩如生如龙似凤，有的于石上画如名人的肖像。而在漫长的中国社会发展中，当今只出现过香港回归时有人收藏的“香港地图”奇石，及有人拾到的带有刘少奇肖像图案并要送给王光美的石头。但是一部《二十六史》却没有一处记载在以龙为图腾的中国，哪个皇帝登基立国时有臣民为皇帝献礼以证天命的。有最优秀的史学家司马迁在《史记》中写汉高祖刘邦斩

白蛇、《魏书·释老志》中载汉明帝夜梦金人的，但在各种祥瑞中却没有出现以石形、石纹来比赋天人感应的，也没有用石头像什么的来穿凿附会于帝王的。这说明在那个时代：第一，赏石人的队伍还没有达到相应的数量，所能采集到的雅石数量种类有限；第二，对质、文的理解与现在不同。我们在“说文解字”一节里提到了那时的人更注重“石之美者”。那么石之美者是什么？首先是石头的质地，即有五德的玉石，现在以那个标准去觅，也很难有达到足以图说政治的图谶之石。“质”不好的就更不用提了，人们讲究的“文质彬彬”、“不野不史”就等于是大海捞针了。万一图影歪斜，被疑心多虑者捕风捉影就不是小事了。不是有人说了一句“清风不识字，何故乱翻书”就被杀头的吗？

总之，中国艺术的三大精神支柱——儒、释、道三家以及玄学、谶纬都在对赏石文化进行渗透并产生着积极的影响。儒、释、道三家都在“正心”的基础上开始对心灵与精神展开追求。这种追求体现在艺术中，便淡化了宗教的色彩，成为一种收束心性的自我修养方式、一种自然惬意的生活方式、一种内在的人格理想情操、一种恬淡清幽的审美情趣与空灵清澈的艺术境界。

儒、释、道共同的美学意义都是审美式的人生态度和人生境界，一个主动、一个主静、一个主空。随着中国石文化在魏晋南北朝的发展，特别是这一阶段儒、释、道三足鼎立长期共存的局面下，追求完美、怡情悟道成为主流，一度没有像唐、宋古文运动那样强烈的“文以载道”。这正是中国石文化发展源远流长却长而不广的原因。

第二节　寓情于石的陶渊明与醒石

陶渊明（公元 365—427 年），字元亮，别号五柳先生，晚年更名潜，卒后亲友私谥靖节。东晋浔阳柴桑人，是安贫乐道与崇尚自然的代表。陶渊明因出身低下，在晋代门阀制度下常被人讥笑。他少时是在农村度过的，在他自己做的《归园田居》中说：“少无适俗韵，性本爱丘山。”环境的影响使陶渊明与山石为伍，成为我国历史上较早的风流爱石人。在其隐居的江西宜丰的东皋岭有一块与他常年相伴的石头，每当他酌酒憩时则倚石为榻，世称“醉卧石”。明朝林有麟的《素园石谱》

对此石有录："陶渊明所居东里有大石。渊明常醉眠其上，名之曰醒石。"所以也有称"醉石"为"醒石"的。1946 年此石被毁改为石碾，去为"五斗米折腰"了。现仅存遗址可观。

后世不少人以此石抒情吊古，为我们勾勒了一幅幅靖节伴石图。宋朝程师孟的《醉石》诗云："万仞峰前一水傍，晨光霁色助清凉。谁知片石多情甚，曾送渊明入醉乡。"清朝袁枚的《过柴桑乱峰中蹑梯而上，观陶公醉石》中曰："先生容易醉，偶尔石上眠。谁知一拳石，艳传千百年。金床玉几世恒有，眠者一过人知否？不如此石占柴桑，胜立穹碑万丈长。"

陶渊明在美学上被奉为"平淡之宗"，他所赏的石是"时醉时醒"。自魏晋时起，道、儒、释三教日趋交流、合融，体现出中国文化强劲的糅合力和中国古代士人广阔的兼容性。中国古代诗人往往集道、儒、释于一身，而又往往随着生命际遇的变化，或者时道、时儒、时释，或者既儒、且道、又释，或者融和三家而偏诸一端。陶渊明偏于儒、道而时儒、讨道，总的来说还是道占上风。但是他的道是渗和了儒的道，使他现出了道、儒融溶的共同特征以及这种融溶生成的"守朴含真"、"平淡简古"的美学取向。所以他不一定去寻觅什么怪石、巧石、奇石，平平坦坦的石头也自生雅，如我们当今广西出产的大化石、彩陶石，并非一定要取瘦、透。自然恬静、平淡古朴也足以为上乘的雅石，有时甚至比那些花里胡哨的石头更雅。

《老子·八十章》中曰："甘其食，美其服，安其居，乐其俗"的理想和庄子《缮性》中的"古之人，在混茫之中，与世而得澹漠焉。当是时也，阴阳和静，鬼神不扰，四时得节，万物不伤，群生不夭，人虽有知，无所用之，此之谓至一。当是时也，莫之为而常自然"的境界是被陶渊明所印证了的。当时，陶渊明为逃避乱世而去偏僻山乡，过着"采菊东篱下"的悠然生活，完全是超越现世的"灵境"、"仙源"。他勾画出的桃花源式的生活环境是人们向往而又难以企及的，但却影响了一代又一代的人：有的从艺术上去追求，有的从社会上去追求。在紧张节奏的工作之余，人们倚靠在山间天然的巨石上歇歇，以石醒酒、以石醒志；人们观赏古朴自然的雅石，在平淡中静虑杂念"守朴含真"。

陶渊明的著作中很自觉、自如地运用了道、儒、释三学"托象传言"的方式，并涉猎其中的理论。他是一个为意抉象、以意附意的"意

象”高手，所以其平易蕴多义、平易中有多义的诗风，是我们欣赏雅石时最值得学习与借鉴的。

历代以石为题材的诗歌是中国石文化中不可或缺的组成部分，同是生活在南北朝的另一些诗人也多被陶渊明所感染。透过他们的诗歌，我们可以看到他们对自然之石的热爱。谢灵运《过始宁墅》中的诗句：“白云抱幽石，绿篠媚清涟。”阴铿的《开善寺》中的诗句：“古石何年卧，枯树几春空？”就连《古诗十九首》中也有类似的诗句，如“青青陵上柏，磊磊涧中石”……这些都是南北朝文人赏石取向的反映。在咏陶渊明及醉石的诗歌中，唐代的颜真卿做了一首古诗：“张良思报韩，龚胜耻事新。狙击不肯就，舍生悲缙绅。呜乎陶渊明，弈叶为晋臣。自以公相后，每怀宗国屯。题诗庚子岁，自谓羲皇人。手持《山海经》，头戴漉酒巾。兴逐孤云外，心随还鸟泯。”活脱脱地勾画出陶渊明的抱负、风度、心境，可谓是陶公的知音。通过“手持《山海经》”的描述，我们可知陶渊明已具有相当丰富的与石头相关的知识，尤其是对人性化的石性的认知。他也是一个追求人格美即艺术化人生的人，力求返归真我。与陶渊明所居不远有中国佛教净土宗的祖庭庐山东林寺，而他对人生的参悟常与佛教暗合，不能说不与净宗的开宗大师慧远的接触有关。

陶渊明守朴含真、平易多义、自然恬静、平淡简古的视石和赏石的精神一直在影响着后世的赏石人。

第三节　以石炼丹的葛洪与《抱朴子》

葛洪（公元283—363年）是东晋时的道教理论家、医学家、炼丹术家。字稚川，自号抱朴子，人称“葛仙翁”，丹阳句容（今属江苏）人。司马睿做丞相时，用为掾，且任谘议、参军等职，赐爵关内侯。后来他听说交趾出丹砂，就不做官了，一心采丹炼丹，最终隐居广东罗浮山。葛洪为炼长生不老之药，在他的抱朴庐旁建有炼丹台、炼丹井，至今遗址尚存。他是中国古代少有的一位鼎鼎有名的科学家，在医学和制药化学上有许多重要发现和创造，在文学上也有许多卓越的见解。他的著作约有五百三十卷，流传至今的主要有《抱朴子》和《肘后救卒方》。《抱朴子》是一部综合性的著作，分内篇二十卷，外篇五十卷。内篇说的是神仙方药、鬼怪变化、养生延年、禳邪祛病等事，属于道教的内容；外篇言“人间得失，世事臧否”，但其中《金丹》、《仙药》、《黄白》等部分是总结我国古代炼丹术的名篇。他的思想基本上以神仙养生为内、儒术应世为外，主张立言必须有助于教化，提倡文章与德行并重，反对贵古贱今。英国学者李约瑟对葛洪在化学领域里的贡献做出了极高的评价，他说：“整个化学最重要的根源之一，地地道道是从中国传出来的。”

道教炼丹分为内丹和外丹。内丹是指以身体为炉灶，修炼精、气、神而在体内结丹，丹成则人可成仙。外丹则是指用炉鼎烧炼丹砂等矿石药物所生成的丹药，按照道教的说法，人们服用后可以起到长生不死的功效。《抱朴子·内篇》卷四专述金丹。为了炼丹，葛洪寻找了大量石头，研究石头的性理。他的这种炼丹实践对人们认识各种矿物起到了积极的作用，特别是那些石与石在一定条件下产生的变化。炼丹的方法主要是飞炼，即是升华。如他“以曾青涂铁，铁赤色如铜”，曾青指蓝铜矿或孔雀石（碱式碳酸铜），把它涂在铁的表面，便呈现赤色，犹如铜的颜色一样。按现代的概念，就是铁能从铜盐中置换出金属铜。葛洪曾做过汞与丹砂还原变化的实验。他在书中说：“丹砂烧之成水银，积变又还成丹砂。”丹砂，又叫朱砂，就是红色的硫化汞，它加热后可分解出水银。汞再与硫化合，又生成红色硫化汞。这是人类最早用化学合成法制成的产品，也是炼丹术在化学上的一大成就。葛洪还在实验中发现了多种有医疗价值的化合物或矿物药。至今，中医外科普遍使用的“升丹”、“降丹”，正是他在化学实验中得来的药物。

葛洪的炼丹术后来传到了西欧，也成了制药化学发展的基石。他在1500多年以前就具备这样的化学知识，可见其对各种石头的认知程度了。

葛洪还在他的名著《神仙传》中讲道：“麻姑自说云，接侍以来，已见东海三为桑田。”提出了海陆变迁的现象，这也是较早观察到的关于地壳变化现象的记录。可以说，葛洪在中国石文化史的贡献是：深入了解岩石体性，为我们在雅石鉴真方面留下了弥足珍贵的经验。

葛洪科学严谨的治学态度更是我们学习的榜样。他家境贫寒，但是学识渊博，在《抱朴子外篇·勖学》里说：“孜孜而勤之，夙夜以勉之，命尽日中而不释，饥寒危困而不废，岂以有求于世哉，诚乐之自然也。”葛洪不但重视学习书本知识，而且重视学习民间的实践经验，乐于拜有知识的人做老师。他的从祖葛玄在吴的时候炼丹学道，有一套技艺曾经传授给了弟子郑隐。葛洪知道后，就去拜郑隐为师，把那套技艺学了过来。他还曾经到广东拜南海太守鲍靓为师。鲍靓精于医药和炼丹的技术，见葛洪虚心好学、年轻有为，不但把技术毫无保留地传授给他，并且把精于灸术的女儿鲍姑也嫁给了他。葛洪在向书本和民间学习的同时，还特别注意对客观事物做深入细致的观察。他的观察力十分敏锐，这也是他在学术上有所发现的重要条件之一。葛洪治学除了重视读、问、看外，还十分重视实验，这些都充分表现在他对炼丹术的研究上。他在继承和发展了前人成果的基础上，把炼丹术具体化、系统化了；并且他在罗浮山日夜厮守丹炉，这些均反映出他孜孜不倦地进行实验的精神。

在浙江杭州的西湖之北，有一道山岭就是以葛洪的名字命名的，这正是后人对他的纪念。葛岭上有座宝石山，多奇峰怪石，山上还有座来凤亭，亭前有一卵形巨石，搁置山巅，名落星石，又称寿星石。山顶北临空挺立一巨石，称作看松台，上刻“屯霞”二字。西行为川正洞，为巨岩倾叠而成，石几榻，可供休憩，风景如画，令人心旷神怡。这里的山岩呈赭红色，岩体中有许多闪闪发亮的红色小石子，当朝阳或落日红光洒沐之时，分外耀目，仿佛数不清的宝石在熠熠生辉。葛岭之巅有个初阳台，就是葛洪炼丹之所。葛岭的半山腰有抱朴道院，也称葛仙庵抱朴庐，就是葛洪设炉炼丹修炼之地，现为全国二十一道教重点宫观之一。每当清晨日出之际，道院霞光万道、不可捉摸。在初阳台上，每年能于农历十月初一日见到日月并升的奇景。在这里，我们也纪念和缅怀这位石文化的科学探索者。

第四节 “兴福石”上印禅机

佛教起源于恒河流域，其创教人是古净梵国的乔达摩·悉达多，它在东汉时期逐渐传入我国，并在南北朝时期迅速发展。公元547年，杨炫之著的《洛阳伽兰记》中记载仅河南洛阳就有佛寺1300多座，杜牧《江南春》一诗则有“南朝四百八十寺，多少楼台烟雨中”的名句。佛教中称修行的场所为伽兰。寺是中国古代的官署，因汉明帝礼遇浮屠，

所以用在中国规格很高的寺里给讲经说法修行的僧人居住，以后除在佛教内部还使用伽兰这个名字外，外面的人都因袭使用“寺”作为佛教道场的称呼了。两晋以来，佛法隆盛，寺庙蜂起，僧尼云集，迨及萧梁，此风更炽。梁武帝不仅崇佛，还以佛学为治国安邦之策。佛门昌隆如斯，南朝的佛教被称为佛教的王国。梁朝五十五年间，尤其是梁武帝在位的48年间，其信佛之程度乃为历代帝王中所绝无仅有。由于佛教的兴盛，文人也普遍接受佛法的熏陶。这一时期，文人在研习佛教教义的同时，也礼佛、讲经，并参与佛教的实践躬行，因此表现佛理的艺术创作和以佛理进行艺术审美的内容自然也在增加。江苏常熟虞山北麓破龙涧的兴福寺就是在这种背景下出现的。

兴福寺创自南齐延兴至中兴年间，由邑人郴州刺史倪德光舍宅为寺，初名大慈寺。萧梁大同三年（公元537年），扩建寺院，在大雄宝殿西北角发现了一块大如伏牛的奇石，纹筋暴出，左看像“兴”字，右看像“福”字，取其祥瑞，故改名为“兴福寺”。这一奇石就是兴福石。

兴福石是泥盆纪时沉积形成的石英砂岩，坚硬、性脆，在地壳运动的挤压下形成断裂的解理。这些解理酷似汉字书法的笔画，并巧妙地构成了“兴”、“福”字样。由于兴旺祥福能带给人们心理的愉悦，又由于萧梁时佛法甚兴，兴福寺现出天成“兴福”的消息一时间不胫而飞，吸引了大量信士与香客，每日来看这尊文字雅石的人络绎不绝。

而这正是寺僧们对机说法的殊胜因缘。通过“兴福石”，寺僧们为前来顶礼膜拜的人讲说佛教的教义。

佛教认为：众生平等，一切众生皆有佛性。众生包括有情众生、无情众生。无情众生是花草树木、山河大地、泥沙土石，都有法性，法性与佛性是一个性。《华严经》云：“情与无情，同圆种智。”泥沙土石皆有法性，佛教讲究因缘。“兴福”是中国人祈愿，及弘扬佛法与实证佛性的契机。在中国佛教中，特别是禅宗开示中，以石头作为话头的说法参修的很多。佛法认为石头也具有灵性，是众生之一。石头既是我们的朋友，又是我们的师长。石头中孕育着无量的世界、无量的道理。一块石头就是一个世界。所以，通过与石头对话可以得道，观照石头可以观照自心。通过对石头的礼敬、观想还可以开发智力，到达智慧的彼岸。所以释迦牟尼佛于灵山说法，拈花一笑，开创禅宗，不用言语，用的是大地众生。后达摩来到中国，面石悟道。石里藏有无限禅机，有“兴

福”也罢，没有“兴福”也罢，主要是“观石悟性”。因此，“观石悟性”是佛教禅宗美学所追求的一种境界，对后来的赏石活动起到了重要的影响作用。“兴福石”在中国石文化史上的意义正是在于以石为“话头”设禅机，对机说法、开发智慧。“兴福石”同时也是现存最早的、室内专供观赏的石头。

兴福寺不仅名盛一世，而且法脉流长，除“兴福石”之外，还有一个原因，这就是唐代诗人常建写的一首脍炙人口的诗《题破山寺后禅院》(破山寺即兴福寺)：“清晨入古寺，初日照高林。曲径通幽处，禅房花木深。山光悦鸟性，潭影空人心。万籁此俱寂，惟闻钟磬音。”宋朝的赏石家米芾更是精心地抄改了这首诗。

“曲径通幽处，禅房花木深。”这其中的意境曲折深邃、无限耐人寻味。在这隐逸的情境中，人觉得心境空灵、万物一片沉寂，清幽的环境使得杂念顿去。而在禅门中有一则故事：有一僧人问云门文偃：“如何是佛法大意?”师曰：“春来草自青。”这话说明：在对大自然的欣赏中去获得佛性的了悟，是禅宗的主要证悟途径之一。大自然所显示的禅机使得禅僧们常到冷幽静谧的树林深处观照自然胜景，返境观心，顿悟瞬间永恒的真知。这种体验，在中国的赏石文化中是一种境界。空灵中孕育着无限禅机，万物尽在无形当中；寂静中蕴藏楚楚生机，大千世界自有恒运。欣赏自然之幽和释迦牟尼佛的拈花示众一样，都是让人们从大自然中去证悟禅机，去证悟“诸法寂灭相，不可以言说”的道理。只有这样，禅宗的境界才会现出“石不能言最可人”的感悟。这当然又是“兴福寺”、“兴福石”给我们的启迪。

1983年，兴福寺被列为国务院确定的汉族地区佛教全国重点寺院。

第五节　生公说法，顽石点头——虎丘白莲池的顽石

南北朝时期，佛教界产生了很多大师，他们的智慧为中国文化增添了亮丽的光彩。在众多佛教高僧大德中，道生法师是其中的佼佼者。“生公说法，顽石点头”久已传为佛教的佳话，也在中国民间广为流传。

道生，一般称为生公，是晋宋间的义学高僧。他本姓魏，钜鹿人

（今河北省钜鹿县），寓居彭城。《佛祖统记》记载道生分析《泥洹经》经文的义理，得出“一阐提人皆得成佛”的结论。当时很多旧学大众因为还没有见到过《涅槃经》，以为其违背经说，把他摈出僧众。“一阐提”是说那些不信因果，无有惭愧；不信业报，不见现在及来世；不亲善友，不随诸佛所说教诫的人。总之一句话，就是不信佛的人。道生是一位钻研群经、不怕疲苦的人，且悟性极强，被人们称为神悟。他最大的特点是与庄子一样，注重“得意忘言”，特别是对根本精神的发挥。他凭着淡泊的操持、卓越的深见和真诚的勇气，在那个时期提出并竭力使佛教中国化、合理化。他不是一字一句地去死抠佛教的名相，而是注重发挥佛学的精神，这对中国唐代禅宗复活起了重大作用。

元嘉六年，道生去了虎丘山（在今苏州的虎丘公园），聚石为徒，旬日之中，学徒数百。他讲述《涅槃经》，说到一阐提皆有佛性，群石皆为点头。《大乘四论玄义》卷七载：“昙爱法师执生公义云：‘当果为正因’，则简异木石无当果义。”指出一切众生有当来佛果的佛性，只要断坏烦恼，皆得成佛。实际上就是说一切众生皆有佛性。生公的为顽石说法，与屈原的天问一样，是中国浪漫主义艺术的体现：说得道理深奥，讲得话语简明、空灵透彻、平淡切实。他以石为心理活动对象，使情境相融为一体，这是人石对话的一个极好例子。而那些曾经“点头”的顽石现今还在虎丘公园的白莲池中。

《高僧传》说道生：“潜思日久，彻悟言外。乃喟然叹曰：夫象以尽意，得意则象忘；言以诠理，入理则言息。”即要达到在赏石中品题入境，只有潜思日久才能彻悟言外。这正是南北朝时以禅佛理念为指导的、不拘小节、重在整体的品石风格。在道生的影响下，很多佛学的古德在他们说法的开示中经常说：“青青翠竹尽是法身，郁郁黄花无非般若”。及至北宋的苏轼继承了这种理念，说出：“溪声尽是广长舌，山色无非清净身”这句话，意在表达只要心与自然合一，遵循自然法则去赏石、与雅石对话，就能达到“梵音海潮音，胜彼世间音”的意境，而从大自然的禅机中所得到的心灵证悟是最彻底的证悟。这种证悟会“从缘获得，永无退失”。朱熹《春日》诗也说得好：“胜日寻芳泗水滨，无边光景一时新，等闲识得东风面，万紫千红总是春。”所谓“等闲识得东风面”，是指只要悟得宇宙自然的本性面目，那么触处皆春、触处皆道、处石有灵。

现在，“点头石”是人们到苏州虎丘游玩的一个重要名胜景点。

第三章

唐宋时期对石文化理论的探讨

隋代时间比较短，我们就将其一并放在唐宋时期里讲述。隋炀帝大业元年（公元605年）在西苑筑五湖四海，湖中造蓬莱、方丈、瀛洲三山，叠山置石是其中重要的造园手段。

而唐宋在中国文明社会的长河中是最为重要的一个时期，其文化科技都得到了充分发展，使中国封建社会达到了高峰时期。

唐代与石文化相关的诗、书、画、塑方面的成就都达到了历史的空前水平。诗歌中出现了诗圣杜甫、诗仙李白、诗魔白居易；书法中出现了楷书第一的颜真卿、颠草书圣张旭、狂草书圣怀素、小草书圣孙过庭；画家中出现了画圣吴道子、丹青宰相阎立本、南宗画祖王维；雕塑界中出现了塑圣杨惠之；艺术理论方面出现了司空图的《诗品》、孙过庭的《书谱》、遍照金刚的《文镜秘府论》。这些相关艺术都为雅石艺术的发展提供了借鉴。

唐代的中外文化交流也十分频繁活跃。西域及各附庸国的方贡不绝，而鉴真和尚又东渡把中国的文化传出去，玄奘法师则西行留学讲学。阿倍仲麻吕、遍照金刚、圆仁入唐巡礼，同时也为唐代的文化注入了新的生机与活力。

所谓“藏世收藏”的各个领域都出现了新的气象和登峰造极的人物。

此时，中国石文化中出现了一批显赫的人物。唐代李勉就是中国最早的、有记载的、宰相级的赏石家，他收藏有罗浮山的“海门山石”。牛僧儒、李德裕都是宰相，也都爱赏雅石，而且都有在爱石上镌款的习惯。牛僧儒庋藏的雅石上都要镌刻“牛氏之石”字样，李德裕则喜欢镌刻“有道”二字，以彰石道。这些事例说明了当时的赏石爱好者已从知识分子晋升到了达官显贵。

在武德年间，广东肇庆的端州砚石已经问世，清供四大名石也均已形成。开元年间，制作江西婺源歙砚用的龙尾石已有出产。至此，加上甘肃临潭洮河砚石和山东青州红丝砚石，就形成了四大石砚的格局。

唐宋时期，有关砚的论著开始出现，并为数颇丰。如唐柳公权的《论研》、宋欧阳修的《砚谱》、高放翁的《砚评》、苏轼的《研评》、米芾的《砚史》、高似孙的《砚笺》、唐积的《婺源砚图说》、洪景伯的《歙砚谱》及洪迈的《歙砚谱》等都是比较突出的著作。宋代景佑年间，歙州知令钱仙芝查访歙砚产地后发现：此地已被沙引入，并汇成大溪。遂采取措施，把大溪移还故道，令其复出。这也是有记载的、宋代的一次大规模开采砚石的行为。

第一节　颜真卿《麻姑仙坛记》中的海陆变迁

颜真卿（公元709—785年），字清臣，琅琊临沂（今山东临沂）人，曾为平原太守，人称颜平原。安史之乱时，其因抗贼有功，入京历任吏部尚书、太子太师，封鲁郡开国公，故又世称颜鲁公。他是孔子贤徒衍圣公的后裔，处处克复礼、不畏权贵、刚正不阿。德宗时，李希烈叛乱，他以社稷为重，亲赴敌营晓以大义，终为李希烈缢杀。唐德宗下诏文评价他说：“器质天资，公忠杰出，出入四朝，坚贞一志。”

颜真卿也是一名著名书法家，其楷书位列“颜、柳、欧、赵”四大家之首。他还是一位为了艺术一生追求与探索的杰出艺术家，其艺术审美观十分值得我们在鉴赏雅石中借鉴。他曾编著五百卷的大型类书《韵海镜源》，可惜因战乱而轶。现有他的后人为其整理的《颜鲁公文集》和清代黄本骥辑录的三十卷本《颜鲁公集》。颜真卿与诸葛亮、文天祥

三人因都有过“受命于危难之际”辅佐君王的经历，被后人尊为三忠。

颜真卿在历史上是一个难得的全才人物。但由于他的书法成就太大了，以致其他方面的卓越成就几被淹没。这里我们要说的是他在石头认识方面做出的突出贡献。

颜真卿是世界上最早通过岩石里存在的古生物化石遗骸，证实了葛洪在《神仙传》里说过的“沧海桑田”变化的人。这是继葛洪之后我国学者又一次在地质学上的突出贡献，而且他的科学结论在世界地质史上遥遥领先。

他于大历三年（公元768年）到抚州。到任后，为了解当地民情民风，他按图索骥地来到江西抚州的南城县麻姑山。经过一番实地考察和比证历史记载，他写下了洋洋洒洒900字的碑文，这就是被历代书法家誉为“天下第一楷书”的《麻姑仙坛记》，全称《有唐抚州南城县麻姑山仙坛记》。这通碑文中记载了其登麻姑山的亲眼所见。“石崇观高石中犹有螺蚌壳，或以为桑田所变”，颜真卿通过事实确认了葛洪在《神仙传》有关海陆变迁记载的正确性，这是世界上最早对沉积岩中古生物化石的记录。

颜真卿的巨著《韵海镜源》是一部综合性的百科全书，其中一定有不少关于石文化的记述，我们今天虽然看不到了，但是从他的其他艺术论述和书法艺术作品中还是能得到不少有益启示的。下面我们引用一段颜真卿的好友、大家熟知的茶圣陆羽在《释怀素与颜真卿论草书》中记述的颜真卿与其弟子草圣怀素和尚研讨书法时讲的艺术原理：“素曰：‘吾观夏云多奇峰，辄常师之，其痛快处如飞鸟出林、惊蛇入草。又遇坼（chè）壁之路，一一自然。’真卿曰：‘何如屋漏痕？’素起，握公手曰：‘得之矣。’”这段精彩的对话向我们揭示了重要的艺术创作与鉴赏原则。

中国赏石文化在颜真卿及其以前，重在思想、原理等认识论方面。张旭—颜真卿—怀素的书法师承脉络说明了艺术学习的过程是师法自然的过程，如多观察夏云奇峰的形态、开合的变化、浓淡的变化。要能体会飞鸟出林、惊蛇入草的速度，又要有天崩地坼的力度，更重要的还要能有雨天屋漏沿墙而流的弯弯曲曲、似断非断的韵律。这些议论均为自然物象的描述，而这种从自然物象中寻找灵感、得自然之助的方法就是艺术家善求诸物、法外取象的反映，亦是一种悟性。相互比照，虽然这些物象本身与艺术表象并没有太大和太直接的关联，但是能从周围自然物象中有所体悟，进而刺激艺术创作与艺术欣赏的灵感。如王羲之观鹅、张旭观公孙大娘舞剑器、怀素夜闻嘉陵江涛声等，对于艺术的认知和欣赏要通过对自然奥妙的体察，才能有想象力，才能呼唤出主观的能动性。正如刘勰《文心雕龙·神思》所说的只有达到“思理为妙，神与物游”，才是真正体味到了雅石的真谛。

第二节　白居易的《太湖石记》

白居易生活在公元772年至846年间，字乐天，号香山居士，下邽（今陕西渭南）人。贞元十六年中进士，历任左拾遗、东宫赞善大夫、江州司马、杭州、苏州刺史、太傅等职。他是一位伟大的现实主义诗人，由于对诗歌创作具有极高的热情，他被后世誉为“诗魔”。而他对石道也很有研究，是中国历史上第一位以雅石为题材记述、评价雅石的赏石家。

在白居易生活的年代，士大夫赏石已蔚然成风。不但一些中下层知识分子和官吏喜欢欣赏雅石，就是一些达官巨儒对雅石欣赏与收藏也都津津乐道。所以，白居易喜好雅石也体现在他的《三年为刺史》诗中，其说道：“三年为刺史，饮冰复食蘖。唯向天竺山，取得两片石。此抵有千金，无乃伤清白。”诗中讲的是他在杭州当刺史三年，最大的收获就是收藏了两枚价值千金的“天竺石”，且是自己觅拾的。天竺是指杭州，南朝时这里有很多寺院，号“吴越三百六十寺，南宋四百八十寺”，被称为东南佛国。其中有座很有名的天竺寺，天竺石即出于此地。

唐朝的历史上曾经有两大政治集团相互斗争、高官争权，那就是著名的“牛李党争”。这两大宰相级的高官牛僧儒和李德裕都是当时的石迷。白居易的《太湖石记》就是在会昌三年（公元843年）时，牛僧儒请他为其所收集的太湖石进行分类与品题后写成的。

《太湖石记》中记载牛僧儒嗜石是这样写的：“今丞相奇章公嗜石。石无文无声，无臭无味，与三物不同，而公嗜之何也？众皆怪之，走独知之。昔故友李生名约有云：‘苟适吾意，其用则多。’诚哉是言！适意而已。公之所嗜，可知之矣。公以司徒保厘河洛，治家无珍产，奉身无

长物，惟东城置一第，南郭营一墅，精葺宫宇，慎择宾客。性不苟合，居常寡徒，游息之时，与石为伍。石有族，聚太湖为甲，罗浮、天竺之徒次焉。今公之所嗜者甲也。先是公之僚吏，多镇守江湖，知公之心，惟石是好，乃钩深致远，献瑰纳奇，四五年间，累累而至。公於此物，独不廉让，东第南墅，列而置之。富哉石乎，厥状非一：有盘拗秀出，如灵邱鲜云者；有端严挺立，如真官神人者；有缜润削成，如珪瓒者；有廉棱锐刿，如剑戟者；又有如虬如凤，若跧若动，将翔将踊，如鬼如兽，若行若骤，将攫将斗。风烈雨晦之夕，洞穴开皑，若欲云喷雷，嶷嶷然有可望而畏之者；烟霁景丽之旦，巖萼霮（dàn）䨴（duì），若拂岚扑黛，霭霭然有可狎而玩之者。昏晓之交，名状不可。”

《太湖石记》中表述出了唐代对后世赏石有着深刻影响的几个重要方面：

第一，对石种进行了分类。如上文中提到的“石有族”是说石头是有类别的。族就是类。

第二，历史上第一次对石种划分出级别，并按级排序：“聚太湖为甲，罗浮、天竺之徒次焉。”就是说太湖石为甲级、罗浮石为乙级、天竺石为丙级，余类推。

第三，历史上第一次依雅石大小分等定品：“石有大小，其数四等，以甲乙景（丙）丁品之，每品有上中下，各刻於石阴，曰‘牛氏石甲之上’、‘景（丙）之中’、‘乙之下’。”这就是在同一级的石种中再排出甲、乙、丙、丁四等，四等里再细化分上、中、下三品。

第四，唐代赏石人员的组成已从“仕”这个阶层的群体晋升到公侯宰相这种一人之下、万人之上的高官群体。《太湖石记》主要是记述当时丞相牛僧儒所收藏的太湖石。

第五，唐代太湖石的收集不仅是用于园囿置石叠山，而且已经步入厅堂。《太湖石记》中明确记有牛僧如的太湖石有“百仞一拳，千里一瞬，坐而得之”。表明他收集的这些石头一定不是置于庭园的，同时也指出了雅石有浓缩自然山岳的功效。

第六，说出了唐人赏石的目的：“‘苟适吾意，其用则多。’诚哉是言！适意而已。”是为了适合自己的精神需求。不像秦朝阿房宫、汉朝上林苑那样，为了表达恢弘气派。另外从收藏的角度来说，他们认为天然的艺术更是难得。“相顾而言，岂造物者有意於其间乎？将胚孕军凝结，偶然成功乎？然而自一成不变以来，不知几千万年，或委海隅，或沦湖底，高者仅数仞，重者殆千钧。”

第七，反映出唐代赏石人对雅石的痴迷程度。“公又待之（石）如宾友，亲之如贤哲，重之如宝玉，爱之如儿孙。”珍爱雅石就像珍爱“儿孙”一样。

白居易的《太湖石记》证明：赏石已不是艺坛中的小品，而开始成为文化雅宴中的一道正菜。

第三节　柳宗元第一次把握雅石四要素

柳宗元生活在公元773年至819年，字子厚，祖籍河东（现在山西永济），人称柳河东，贞元九年进士及第，并与韩愈一同为唐宋古文运动的领军人。后因参与王叔文集团的政治革新受到牵连，他在宪宗即位后被贬为永州（现在湖南零陵）司马。永州十年，他受到了艰苦生活的磨练。元和十年（公元815年），他奉诏回京，旋即又改贬为柳州（现在属广西）刺史。柳州地处荒僻、环境恶劣，但多产奇石。柳宗元在尽力为百姓兴利除弊的同时，也对当地的物产如奇石、石砚多有留心。他在《柳州山水近治可游者记》中写道：“其下多秀石，可砚。”他在柳州四年病卒于柳州，年仅47岁，世人因他为柳州刺所以都称他为柳柳州。后人为纪念缅怀他，修建了柳侯祠，现在广西柳州柳侯公园内。

柳宗元在被贬后有时间到自然环境中散心，接触到了恬静的山山水水，并写了不少以物托志、脍炙人口的游记名篇。在对雅石的鉴赏方面，他第一次明确认知并提出了雅石物理属性的“形、质、色、声”四大要素，至今还深深地影响着雅石的评价与欣赏。他还写了一个便条——《与卫淮南石琴荐启》，“荐”是琴的底座。这篇文章是写给当时的淮南节度使卫次公的。字数不多，全文如下：

“叠石琴荐一。右件琴荐，躬往采获，稍以珍奇，特表殊形，自然古色。伏惟阁下禀夔、旦之至德，蕴牙、旷之元踪，人文合宫（zhǐ）之深，国器专瑚琏之重。艺深攫醳（yì），将成玉烛之调；

恩叶歌谣，足助薰风之化。愿以顽璞，上奉徵音，增响亮于五弦，应铿锵于六律。沉沦虽久，提拂未忘，傥垂不御之恩，敢效弥坚之用。”

其意思是：叠石是产自广西柳州龙壁山的一种页岩，表面呈自然古色、有光泽、层理有序，多形成山川平原景致，在唐代多用于制砚。柳宗元曾以叠石砚赠给好友刘禹锡，刘用过后给予了很高的评价，并以《谢柳子厚寄叠石砚》诗表达：“常时同砚席，寄砚感离群。清越敲寒玉，参差叠碧云。烟岚余斐亹（wěi），水墨两氛氲。好与陶贞白，松窗写紫文。”

在这里，他对雅石提出了要“珍奇、特表殊形”、石质弥坚、颜色自然、声音铿锵的要求，且应从形、质、色、声四个方面来评价雅石。第一次把握了形、质、色、声雅石物理四要素。这四要素在当今雅石的评价中仍然沿用，不过有时是把经质与色的变化衍生出来的“纹”单独强调出来，或是把声与纹置换了。其实，柳宗元的四分法是最为合理的。纹是质与色的变化，没有必要单列，列出反而摆不正各要素间的关系。而将纹换声更是顾此失彼。丢了必要的，生塞上本来就处于附庸地位、不伦不类的纹，可谓画蛇添足、徒加冗赘。由此看来：柳宗元不愧是古文运动的领军大师，其所著不是轻易可易一字的。

第四节　卢楞伽《六尊者像》与中外石界的交流

空谷传声，文化是可以穿越时空的。中国石文化既有本土自生的内容，也会受到外域文化的影响，同时更会进一步向外传播、有来有往。在日本的推古天皇时期，中国带有“灵山石”炉顶的“博山炉”传到百济国，再由百济国流传到日本。特别是在唐代空前繁荣的时代背景下，有国与国政府间的交流，也有个人的往来。那时，大唐帝国的附庸从四面八方来朝奉职贡。佛教、景教、回教在传教过程中也从不同侧面携带着他们固有的文化传入中国。继东晋的高僧法显，穿越塔克拉玛干大沙漠，经竭叉国（今新疆喀什）渐入葱岭，后经新头河（印度河）进入北

六尊者像

天竺。后来转入印度，进入恒河流域，复至海边乘舟泛海至狮子国（今斯里兰卡），历时 14 年。他南海寄归后写出了《佛游天竺记》，感动和激励着很多中国人为寻求人生真谛而陆续远方求学。唐代玄奘法师就是继法显之志，为究学之境而不辞辛劳出境学习知识的又一位对外交流使者。日本、高丽也纷纷派出一批批遣唐使赴中国学习。日本孝廉八年（公元 756 年）在京都建“正仓院”绘“怪石”图就是因为受到中国石文化的影响。唐代的中西文化交流，对石文化的发展起到了很大的推波助澜作用。卢楞伽《六尊者像》中胡人供石的情景和砣矶石的外流正是这种石文化交流的例子。唐代文化事业繁荣发达，能文善诗的人很多，所以在文字方面也留下不少资料。但是，在唐以前用绘画的形式把雅石记录并留传下来的却很少，且都是像山东临朐北齐崔芬墓中摹绘的置石的壁画。因而，能让我们看到的雅石原型很少，但是到了唐代，绘画作品中开始出现雅石，为我们留下了关于雅石更真实的记录，进而为我们进一步了解唐代的赏石活动开启了一扇大门。

阎立本职贡图

唐代被誉为丹青宰相的宫廷画家阎立本画的《异国来朝图》、《职贡

图》都反映了那一时期异国来朝贡纳的物品。《职贡图》中有异域贡石，番人将玲珑细长的雅石或扛或捧地贡献给皇帝。苏轼在《阎立本职贡图》中描写职贡图是“横绝岭海逾涛泷，珍禽瑰产争牵扛”。这里说的“瑰产”其中就包含雅石。卢楞伽的《六尊者像》也同样绘有外域人以雅石作为礼品敬送的场面。它过去鲜为人知，而宋徽宗时的《宣和画谱》中提到卢楞伽画的《行道僧》时评价说：“《行道僧》，颜真卿为之题名，时号二绝。”并说楞伽所画类皆佛像，还将卢氏所画十六大阿罗汉像录入谱中，然而后人均未见其画迹。在《六尊者像》中，外域人手捧雅石都是写实的记录。因雅石所献的都是受人尊重的尊者，可见是份厚礼。这些绘画作品使我们更详细地了解到了一些赏石的细节。所以，这些画面的内容表达出：

第一，王公显贵已有欣赏雅石的需求了。送礼一般是送被送的人不太容易得到的，并且是稀有精致的东西。另外还得让收礼的人喜欢。这些绘画中的雅石都是作为很厚重的礼品出现的。因此可以说：唐朝贵族已形成了欣赏雅石的风尚，否则不会反复出现在不同画家的重要绘画作品中。

第二，这些绘画中的雅石都是用一定的器具来放置的，如盆、座。唐人能很好地掌握不规则石体的安放重心。

第三，画作中这些送礼的雅石体量都在供石范畴之内，都是比较易于搬移并且容易让人上眼的。

第四，这些送礼的雅石一般都具有良好的质地、古朴的色泽和怪异的形态。

第五，画面中人物形像多为外域之人。

所以我们说：这些都反映了中西交流和雅石文化在不同社会文化背景下的相互交融、渗透。

唐代石文化的另一传播途径是外流。我国胶东半岛与朝韩和日本相望。司马迁在《史记·秦始皇本记》中说：“齐人徐市等上书，言海中有三神山，名曰蓬莱、方丈、瀛洲，仙人居之。请得斋戒，与童男女求之。於是遣徐市发童男女数千人，入海求仙人。”到了唐代，胶州半岛被誉为海上丝绸之路。砣矶就是一个岛，旧称龟岛，位于山东烟台长岛与大钦岛之间的渤海中部，属长岛县，其最有特色的就是岛上的彩石。砣矶岛由于山石坚牢不易碎，历经海水冲蚀造就出了各种各样的彩石，或立或卧、或曲弯，形态各异。砣矶石色彩以青碧色为主调，夹杂赤、黄、黑、紫、白、绿等，并形成各种图案，十分吸引人。用这样的雅石制作成盆景，具有“一峰则太华千寻，一勺则江湖万里”的妙境。而且，砣矶雅石随着谴唐使的出出进进与商贾贸易往来被运到高句丽和东瀛，并对那里的雅石欣赏产生了积极而深远的影响。

第五节　南唐后主李煜及他的研山

南唐后主李煜生于公元937年，卒于978年，初名嘉，字重光，号钟隐，徐州人。在宋已奉正朔后，于金陵僭继后主位，没有自己的年号，苟安于江南一隅。宋开宝七年（公元975年），宋太祖屡次遣人诏其北上，均辞不去。同年十月，宋兵南下攻金陵。第二年十一月城破，李煜肉袒出降，被俘到汴京，封违命侯。太宗即位，进封陇西郡公。太平兴国三年（公元978年）七夕是李煜42岁生日，宋太宗赵炅(jiǒng）怨他《虞美人》词中有：“故国不堪回首月明中”句，赐宴下牵机药鸠死。死后被宋追封陇西公，赠吴王，葬洛阳邙山。

李煜在政治上虽庸碌无能，但其艺术才华却非凡：善词文、工书画、妙于音律。他曾置澄心堂于内苑，引文士居其间。尝著杂说百篇，时人以为可继曹丕的艺术理论著作《典论》，今集十卷，诗一卷，失传，现存诗18首。李煜是“花间词”派的代表，凭着高度的鉴赏力破除浮靡的词风，使词精而不浮、艳而不淫，形成了自己独特的清丽风格。所以，有人说他是一位才华横溢的开山词宗。由于在政治上不可能有所作为，所以他把更多的精力投身到艺术领域当中。他以舞文做画、文房四宝相伴，且在砚、纸、墨鉴赏方面的造诣极精，将龙尾枣心砚澄、心堂纸、李廷墨称为天下之冠，现在看来依然是名实相符、评判精当。澄心堂纸是中国历史上最负盛名的纸，就是以他的澄心堂命名的。他还专门设立了砚官，在婺源督造龙尾砚。由于他的审美见地，在选砚、用砚上便表现得格外与众不同。他很注重古朴、天然，收集了一些具有自然山峰形态又可以研墨的研山。而且，他对研山的石质要求相当严格，所选石质要达到“贮水不涸，呵气即泽”的水平。

下面，我们通过宋代的米芾所写的《研山铭》来看一下李煜的研山

是什么样子。米芾在《研山铭》里总体地描述研山是："五色水，浮昆仑。潭在定，出黑云。挂龙怪，烁点痕。极变化，阖道门。"砚上的山峰形态不一，有"华盖峰"、"月岩"、"方坛"、"翠岚"、"玉笋"、"上洞口"、"下洞三折通上洞予尝神游于其间"。其石质是"龙池遇天欲雨则津润"、"滴水小许在池内经旬不竭"。这一尊雅石砚山可以说是空前绝后的天工制器。研是研磨的意思，砚是用来研磨墨的。《释名》卷六《释书契》中说："砚者，研也；可研墨使和濡也。"所以研山即自然山形雅石砚。

李煜的研山入宋后辗转流入到米芾之手，他对此研山珍爱有加。受李煜的影响，自宋以来形成了喜爱与制作研山的风气。20 世纪 80 年代，在四川大邑县安仁镇宋代窖藏中发现了唯一可以见到的研山实物。然而，其他研山，特别是李煜的研山，到现在还是没有看到实物，只能从米芾的《研山图》中看到绘画所记录下来的，不过这已可使我们通过这一斑而略窥全豹了。

第六节 苏轼的雪浪石和《怪石供》

苏轼生活在公元 1037 年至 1101 年间，北宋文学家、书画家、雅石家，字子瞻，号东坡居士，眉州眉山（今属四川）人，嘉佑进士。神宗时曾任祠部员外郎，因反对王安石新法而求外职，任杭州通判，知密州、徐州、湖州。宋代的密州是现在的山东，这里素以有奇峰、怪石、幽谷而闻名的诸城。徐州所辖有灵璧，那里出产著名的灵璧石，湖州也是太湖石的产地。后来苏轼又因作诗出了著名的"乌台诗案"而定罪"谤讪朝廷"被贬黄州，而黄州是长江雨花石的产地。哲宗时他任翰林学士，曾出知杭州、颖州等，官至礼部尚书。后又贬谪层峦叠嶂、峻峭山峰、石蛋垒叠的惠州，留下东坡坐石在现在海南岛上的儋州。北还后第二年病死常州，但是他在常州的洗砚池却永远地留给了后人。苏轼多才多艺，诗词、书画、赏石样样精通，各有建树。他一生为宦多处，足迹所到之处也都与雅石结下了不解之缘。特别是现在，关于苏轼对雅石的不少著述仍然在启迪着我们当代的赏石艺术活动。只可惜林语堂在《苏东坡传·原序》中没有将苏轼的赏石经历总结进去。

苏轼对石头的赏玩收藏种类极丰，其爱石现在仍有传世。如雪浪石与米芾所拜的石丈齐名，并且现今实物犹存，在河北定州北城区自来佛街武警医院“雪浪斋”亭内。斋亭为六角亭，亭内雪浪石立于莲花石盆之上，黑质白纹，似雪浪纷飞，两侧怪石垒砌、古朴典雅。

苏轼还为这尊雅石撰写了铭文。铭文是这样写的：“予于中山后圃（今定州一中院内）得黑石，白脉。如蜀孙位、孙知微所画石间奔流，尽水之变。又得白石曲阳，为大盆以盛之，激水其上，名其室曰雪浪斋云。”曲阳在定州的西边一点，宋朝时属定州。那里是中国著名的四大石雕之乡。

河北定州苏轼“雪浪石”

苏轼还为此石写了一首有名的雪浪石诗：“太行西来万马屯，势与岱岳争雄尊。飞狐上党天下脊，半掩落日先黄昏。削成山东二百郡，气压代北三家村。千峰右卷矗牙帐，崩崖凿断开土门。揭来城下作飞石，一炮惊落天骄魂。承平百年烽燧冷，此物僵卧枯榆根。画师争摹雪浪势，天工不见雷斧痕。离堆四面绕江水，坐无蜀士谁与论。老翁儿戏作飞雨，把酒坐看珠跳盆。此身自幻孰非梦，故园山水聊心存。”

宋哲宗绍圣元年（公元1094年），苏轼被贬知惠州以后，盆石逐渐埋没。1587年，该石被知州唐祥兴发现。清康熙四十一年（公元1702年），州牧韩逢庥将盆石移至众春园内。众春园乃是清康熙年间设立的行宫，道光二十七年弃置。1947年解放时，众春园被全部拆毁。

1952年，因毛泽东赏雪浪石才又给雪浪石建亭加以保护。

历代文人雅士都对雪浪石倍加爱慕，后世多来瞻仰。而在众多轶事中，毛泽东赏雪浪石被传为佳话。

1952年11月初毛泽东视察定州，一下车就直奔雪浪斋而来。他观赏着雪浪石，玩味着盆唇上《雪浪石盆铭》，并逐字诵读盆上的铭文给当地的陪同人员。铭文写的是：“尽水之变蜀两孙，与不传者归九原。异哉驳石雪浪翻，石中乃有此理存。玉井芙蓉丈八盆，伏流飞空漱其根。东坡作铭岂多言，四月辛酉绍圣元。”毛泽东的细心关注和深刻解

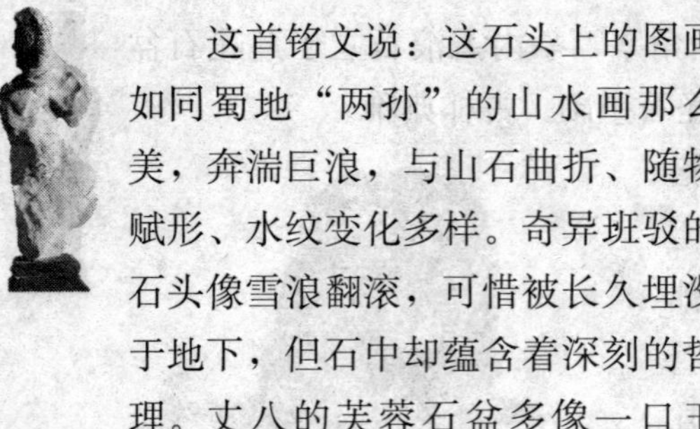

读，使得当地政府对雪浪石倍加重视、给予保护。

雪浪石盆铭局部

这首铭文说：这石头上的图画如同蜀地“两孙”的山水画那么美，奔湍巨浪，与山石曲折、随物赋形、水纹变化多样。奇异班驳的石头像雪浪翻滚，可惜被长久埋没于地下，但石中却蕴含着深刻的哲理。丈八的芙蓉石盆多像一口玉井，飞流就像从空中落下冲刷着石根。正如东坡我做此铭勿需多言，让人们来欣赏感悟其中之妙吧。

苏轼十分喜欢这尊雪浪石，后来他又在扬州得到了一尊雅石，其纹路皱褶如长江风浪，洁白无瑕，于是也将该石品题为“雪浪石”，并将其清供案头盆内，终日观赏，后又将其书斋改名为“雪浪斋”。他定居常州藤花旧绾后，为答谢杭州径山寺长老前来探望之情，曾以诗相赠，落款中署名“雪浪翁苏轼”。雪浪石还被明代林有麟绘刻在《素园石谱》中，广传于世。

苏轼爱石有加，让我们看一下他写的下面这首诗：《仆所藏仇池石希代之宝也，王晋卿以小诗借观，意在于夺仆，不敢不借。然以此诗先之》，诗中说：“海石来珠宫，秀色如蛾绿。坡陀尺寸间，宛转陵峦足。连娟二华顶，空洞三茅腹。初疑仇池化，又恐瀛洲蹙。殷勤峤南使，馈饷扬州牧。（仆在扬州，程德孺自岭南解官，以此石见遗。）得之喜无寐，与汝交不渎。盛以高丽盆，藉以文登玉。（仆以高丽所饷大铜盆贮之，又以登州海石如碎玉者附其足。）幽光先五夜，冷气压三伏。老人生如寄，茅舍久未卜。一夫幸可致，千里还相逐。风流贵公子，窜谪武当谷。见山应已厌，何事夺所欲。欲留嗟赵弱，宁许负秦曲。传观慎勿许，间道归应速。”这是苏轼为他的爱石“仇池石”写的一首诗，表达了对其的情怀。他借蔺相如“完璧归赵”之典故，委婉地表达出自己的心意，而不致令对方有太大的难堪。曾几对苏轼的仇池石也是深为折叹，写有《沈朋远教授有东坡仇池石韵赋予所蓄英石次其韵》诗：“维南有丝溪，溪石如水绿。瞻相百里间，抱负一夫足。声名作灾怪，攻取及背腹。在者略无奇，溪神为颦蹙。蛮烟瘴雨地，故旧实州牧。坐令数

峰青，飞过大江渎。何尝说向人，恐类和氏玉。公然遭夺攘，不使得藏伏。广文到吾庐，索隐妙蓍卜。东坡韵险艰，句句巧追逐。幽人所好山，已占一林谷。又兼小峥嵘，无乃太多欲。端如耐久朋，相与会心曲。大胜轻薄儿，浮云变何速。”

苏轼的“仇池石”是他表弟程德孺送给他的一块绿色英石，当时正值他宦途失意。见到此石时，苏轼想到了一个梦：不久前任颍州知州时，他曾做梦到过一处洞府，榜书“仇池”，醒后打听才知为道教十六洞天之一“小有洞天”的余脉。杜甫在《秦州杂诗》中也曾提到：“万古仇池穴，潜通小有天。”苏轼由石联想梦，遂取名“仇池石”，视之为“希代之宝”，后世甚至因此而有“画不如英石”之说。

苏轼还在《壶中九华》诗中说道：“湖口人李正臣蓄异石九峰，玲珑宛转，若窗棂然。余欲以百金买之，与仇池石为偶，方南迁未暇也。名之曰壶中九华，且以诗识之。”苏轼想以重金买到壶中九华，并对其进行了描述：“我家岷蜀最高峰，梦里犹惊翠扫空。五岭莫愁千嶂外，九华今在一壶中。天池水落层层见，一作石泉影落涓涓滴。玉女窗明处处通。念我仇池太孤绝，百金归买碧玲珑。”虽欲百金买“碧玲珑”而未果，但这一尊“壶中九华”苏轼还是时时挂惦在心。事过八年后，他又赋《予昔作壶中九华诗其后八年复过湖口则石已为》：“江边阵马走千峰，问讯方知冀北空。尤物已随清梦断，真形犹在画图中。归来晚岁同元亮，却扫何人伴敬通。赖有铜盆修石供，仇池玉色自璁珑。家有铜盆，贮仇池石，正绿色，有洞水达背。予又尝以怪石供佛印师，作《怪石供》一篇。”以见其对“仇池石”的喜爱和对“壶中九华”的觎心，但也只能发出“念我仇池太孤绝”和“尤物已随清梦断”的哀婉。

苏轼做徐州太守时效陶渊明在云龙山上常醉卧山石，此石因此得名东坡石床，现在徐州的云龙书院内。他还在徐州周边的灵璧县写下了《灵璧张氏园亭记》夸赞张氏的怪石。

在登州时苏轼则收集北海石，即山东蓬莱的长岛球石，并著有《北海十二石记》。记载登州长岛的石头：“五彩斑斓，或做金文。……皆秀色粲然。”那时的登州即现在的蓬莱。苏轼还亲自觅拾长岛球石，并在他的《文登蓬莱阁下石壁千丈为海浪所战时有碎裂淘洒岁久皆圜熟可爱土人谓此弹子涡也取数百枚以养石菖蒲且作诗遗垂慈堂老人》中这样描

述道："蓬莱海上峰，玉立色不改。孤根捍滔天，云骨有破碎。阳侯杀廉角，阴火发光彩。累累弹丸间，琐细成珠琲。阎浮一沤耳，真妄果安在。我持此石归，袖中有东海。垂慈老人眼，俯仰了大块。置之盆盎中，日与山海对。明年菖蒲根，连络不可解。倘有蟠桃生，旦暮犹可待。"

苏轼在黄州（今湖北省黄冈市黄州区）写了《记赤壁》、《怪石供》和《后怪石供》三篇专门记述雨花石的文章。他说黄州"岸多细石，往往有温莹如玉者，深浅红黄之色，或细纹如人手指螺纹也。既数游，得二百七十枚，大者如枣栗，小者如芡实。又得一古铜盆，盛之，注水粲然。有一枚如虎豹首，有口鼻眼处，以为群石之长"。这三篇文章实际上都是在说这二百多枚雨花石的事。黄州所产的石头就是我们所说的玛瑙质的卵石，被统称为雨花石。苏轼不仅喜欢这类石头，而且告诉了我们他的审美取向和欣赏方法，即水显。这一方法在很多石种中都得到应用，一直到现在还是觅石和赏石的重要手段。

书画家多爱砚石，苏轼更是一位藏砚大家。12岁时，他就自己掘石为砚，且四大名砚都有收藏。福建省宁化县文化馆就藏着苏轼的端砚。他推崇朴素大方的型制、讲求实用雅观，但砚石一定上乘，主要突出砚石之美。苏轼还亲自从黄州到徽州采集砚石。他说："我生无田，食破砚。"后人说他："东坡无田食破砚，此地研田飞碎金。"至于鲁砚《鲁直所惠洮河砚铭》中说："洗之砺，发金铁。琢而泓，坚密泽。"他对鲁砚中的琅琊羲之砚这样评价道："石黑如漆，温润如进玉，金星遍布，有大如哺养者，细致发墨。叩之有金声，制砚上品也。"

现存的苏轼画幅《枯木怪石图》，米芾题诗，是中国文人画的典范，更是石玩与书画的完美结合。图中画枯木一枝，虬屈的姿态有如扭曲挣扎而生的身躯，显示了无穷的活力，气势雄强；又配以怪石，且此石怪就怪在似快速旋转状，造成画面的运动感，显示出它的生命力。石后再画醮墨细竹数枝，示以无限生机之感。画作借物抒情、喻物于己，借枯木顽石寄情遣兴，写出胸中意气，让人领会到"胸中原自有丘壑"。总之，苏轼绘画求"象外"之意，曾说"论画以形似，见与儿童邻"。米芾在《画史》中说："子瞻作枯木，枝干虬屈无端，石皴硬，亦怪怪奇奇无端，如此胸中盘郁也。"石之盘旋，确实"怪怪奇奇"，王安石三难苏学士让苏东坡增广了见闻，顿悟大千世界，无奇不有。人间有多少气象，就有多少奇石。苏轼所画的怪石就是他广见怪石的升华再现。此外，他的画石遗迹还有《古木竹石图》。

第七节　石圣米芾的拜石与相石法

米芾（fú），中国艺术史上声誉甚隆的人物，在中国石文化中被尊为“石圣”。

湖北襄樊米公祠内的米芾雕像

他生于北宋仁宗皇佑三年（公元1051年），初名黻，41岁时改名为芾。字元章，号襄阳漫士、海岳外史鹿门居士、无碍居士、净名庵主、淮阳外史等。因米芾自称楚国氏之后，楚国氏远祖为火正祝融、鬻熊，故自题偶作楚国米黻（芾）、火正后人、鬻熊后人。其祖籍太原，后迁湖北襄阳（今湖北襄樊），最后定居润州（今江苏镇江）。宋徽宗时曾做了被古人称为“南宫舍人”的礼部员外郎一职，所以又被人称为“米南宫”。又因世居襄阳，人称“米襄阳”。他少年聪颖，6岁读诗，8岁习字。10岁时所写的字就有了唐代书法名家李邕的笔意，且代人书写碑文。21岁时开始工作，任校书郎，并先后在浛光、临桂、长沙、杭州、无为、涟水等处做地方官。米芾因其母曾做过英宗皇帝高氏皇后的乳母而被一些朝臣认为出身冗浊，因而仕途上调换过18次工作，但没有担任过太高的职务。崇宁二年（公元1103年），他时年52岁，被宋徽宗召为书画博士，后出知淮阳军（今江苏邳县东），在任时罹患头痛。因晚年学禅有得，知将没（mò），提前一个月与亲朋好友作别，烧焚其所好书画奇物，造香楠木棺，饮食坐卧书判其中，前七日不茹荤，仅更衣、沐浴、焚香、清坐而已。及期，便请群僚，举拂示众一首禅偈：“众香国中来，众香国中去。”掷拂合掌

畀（bì）归、坐化涅槃，时为大观二年（公元 1108 年），享年 57 岁。其子米友仁根据米芾遗嘱，护送米芾毗荼，葬瘗于丹徒五州山之原。墓在今江苏镇江市南郊鹤林寺附近的黄鹤山，占地约一亩，从山角到墓坟有 60 级台阶，分四段，平台三座。墓前有石坊，上刻楹联："抔土足千秋，襄阳文史宣和笔，丛林才数载，宋朝郎署米家山。"墓外围用石砌成，直径约 4 米。周围翠柏苍绿，墓前竖石镌刻着碑文。米芾的生前好友蔡肇为其撰写了《故礼部员外郎米海岳先生墓志铭》。

米芾精通石、书、画、词，是中国艺术史上不可多见的全才。沙孟海说米芾是"筚路蓝缕"的第一辈印学家，所以会篆会刻的印学家应该首先推北宋的米芾 。在书法上，米芾与苏轼、黄庭坚、蔡襄合称"宋四大家"。在绘画上，他与其子米友仁创"米家山水"的新画法。一生著有《书史》、《画史》，《砚史》、《宝晋斋长短句》、《宝章待访录》、《海岳名言》、《山林集》、《海岳题跋》，后人辑有《宝晋英光集》。

2002 年 12 月 6 日 17 时 13 分，一次特别的拍卖会——"2002 年秋季艺术品拍卖会"上，一幅书法作品的拍卖价为 2999 万元人民币，每字折合人民币 76.9 万元。随着中贸圣佳国际拍卖有限公司拍卖师的槌落，"709"号拍品——米芾的《研山铭》手卷被手持"599"号牌的中国文物流通协调中心购得。因为没有一家竞争对手，从买家报价到最后成交不足 10 秒钟。

研山铭

这是一幅高 36 厘米、长 138 厘米、水墨纸本的书法作品。这幅《研山铭》共分三段。第一段为米芾用南唐澄心堂纸书写 39 个行书大字："研山铭五色水浮昆仑潭在顶出黑云挂龙怪烁电痕下震霆泽厚坤极变化阖道门宝晋山前轩书。”第二段绘研山图，用篆书题款为：“宝晋斋研山图不假雕饰，浑然天成”。“研山”是一块山形砚台，在研山奇石图的相应部位，用隶书标明：“华盖峰、月严、方坛、翠峦、玉笋下洞口、下洞三折通上洞、予尝神游於其间、龙池、遇天欲雨则津润、滴水小许在池内、经旬不竭。”第三段为米芾之子米友仁的行书题识。

这幅作品的成功拍卖不仅是中国书画收藏界的一件大事，同时也是中国石文化史的一件大事。

研即是砚。研山是一种天然峰峦形成的砚石，在底部山麓处琢平可受以水磨墨，既可作为文房清供，又能为临池濡墨。兼有石癖、砚癖的米芾对研山极为重视。《志林》记米芾得一研山而抱眠三日。米芾由于无尚地景慕东晋名士王羲之，便以晋人书风为指归，寻访了不少晋人法帖，连自己的书斋也取名为“宝晋斋”。爱屋及乌，他看上了晋代苏仲容遗留在固山甘露寺的宅地，想晚年在那里修行。为此，他忍痛割爱地以研山易。易后仍在感情上不能平静，念念思之，因此作了《研山图》以求心理上的平衡。《研山铭》中的研山就是前面提到的南唐后主李煜的心爱之物，后来辗转被米芾收藏。研山在宋代不只一方，这里提到的一方名为宝晋斋研山。宋代的《渔阳石谱》中就有记载，明代的《素园石谱》还将此石绘出，且与今天看到的《研山铭》中所绘无异。这方研山是山峰形的端石凿成，可惜现在下落不明。

明代石雕“米芾拜石”

米芾可谓中国石文化史中对石头最钟情的一位大爱石家，他拜石的故事更是为而后的爱石人树立了榜样。北宋崇宁三年至大观元年（公元 1104 年），米芾知军无为（今安徽无为县）。《宋史·文苑》载：“知无为军，……无为州治有巨石，状奇丑，芾见大喜曰：‘此足以当吾拜！’具衣冠拜之，呼之为兄。”《素园石谱·石丈》中说：“米芾知无为军，初入州廨。见，立足。颇奇曰‘此石当我拜，呼曰石丈’。”称石为兄、为丈都是对石头的特别敬重。兄丈即兄长的意思，拜丈也就是礼敬兄长、礼敬师长。古人称年长的人为丈，今日普遍以妻父

为丈，这只是丈字其中的一种用法。米芾在900多年前所拜的“石丈”高约8尺（约2.6米），两人合抱不及，秀、瘦、雅、透似人形，系安徽巢湖石。米芾于闲暇之余在宝晋斋读书挥毫，每天抱笏揖拜石丈。拜石从此成为历代赏石活动最高的形式，并蔚然成俗。明代万历年间，有一位贯中西艺术的“知识型”太监，即当时的司礼监掌印宦官田义，他在京西驼铃古道模式口街北侧为自己修建了精美细腻、琳琅满目而又不逾礼制、气势恢宏的以石刻为主体的墓园古建，其中视向享殿的一幅生动的浮雕石刻即是米芾拜石。权位倾国、多才多艺且为明代三朝皇帝所宠信的大内总管也要让自己在百年后与米芾拜石为伴，可见米芾拜石在中国社会中的深刻影响力。明代林有麟的《素园石谱》也刊刻了石丈。清代乾隆皇帝在修颐和园时也在昆明湖北岸佛香阁西效仿米芾拜石，置石丈于长廊西端石丈亭内，表明自己见到石头就心生崇敬。雅石在赏石活动中成为师表、神圣精灵，垂范永世，这是中国石文化的一大幸事，也是中国石文化史上最珍贵的圣物。

因米芾在无为为官清廉、勤政爱民，时人感其德政，在他离任去世后，于米公军邸中米芾的书房“宝晋斋”故处建造“米公祠”。“石丈”曾立于“墨池”南侧。徽宗南渡，“宝晋斋”毁于兵燹，“石丈”没于土中。时至清嘉庆年间，朱君麟将“石丈”移至公廨，并建“拜石亭”一座。晚清浙江盐运使，甲科举人方六岳手书“拜石亭”三字。现今亭虽不存，而亭匾尚在。2002年10月，为更好地保护这处世人瞩目的历史文化遗产、弘扬民族文化精髓，无为县人民政府启动米公祠修复工程。他们依照清嘉庆年间《无为州志》收载“墨池图”为蓝本，恢复宝晋斋、墨汕、投砚亭、聚山阁、杏花泉井等重要景点，历时三年多时间。米芾所拜之石丈尚安在，并得到安徽无为县人民政府的妥善保护，使我们可以到那里拜

安徽无为米公祠中保存的米芾拜石的“石丈”原物

石和缅怀石圣米芾。

宋代的《渔阳石谱》中说："元章相石之法有四。语焉：曰秀、曰瘦、曰雅、曰透四者。虽不能尽石之美，亦庶几云。"以秀、瘦、雅、透来论石是对中国石文化继往开来的总结，成为千年沿用的通训。这一相石法是严谨精到的、雅石评价的方法，自然焕发着耀眼的光辉。米芾相石法是中国石文化发展史上最重要的里程碑，它的出现标志着石玩进入了雅境，与诗歌、书画等共同构筑起了中国灿烂的传统文化，成为中国文化不可分割的组成部分。由于有了相石法，奇石中的不美、不雅的因素就有了修剪的利器，炼石成艺，使赏石拓宽了文化的内涵，成为君子雅事。米芾也自然转贤为圣了。

我国各行各业均有所崇拜的圣人。如：货殖以管夷吾为圣、儒术尊孔丘为圣、绘画有吴道子、书法有王羲之、茶艺有陆羽……那么，何以为圣？圣者通也，而不一定是最早的。佛教为什么以悉达摩·悉达多为佛？佛教严格要求"佛在以佛为师，佛灭以律为师"。循法为业，以律为师，"律"释为"法"。佛子以戒为师，严持毗尼，即得清净。这里的律、戒、法都是指行为准则。毗尼是梵语，即戒律。清净是成果。各行各业弥不以史为鉴、以律为师。在中国石文化发展史上，无论是理论的贯通，还是爱石的人格力量，米芾都是当之无愧的石圣。米芾的"相石法"即相当于佛教的"诸行无常、诸法无我、涅磐寂静"的"三法印"，为判断是不是佛法的标准。米芾的"秀、瘦、雅、透"正是评石标准"善、美、雅"的三法印。同时，其被尊为石圣还因为他对石的"通与敬"能够起到很好的榜样作用，深受后代爱石人的敬仰膜拜。

米芾对后世的影响深远。元代陆友著有《研北杂志》一书，书中写道："宋人王铎，字振之，嗜石成癖，慕元章为人，以赂为襄阳令，后果得之，号'王襄阳'。"大意是说王铎这个人受到米芾为人的影响，为了能被人也称为"襄阳"，就干脆想办法到米芾的家乡去做官。可见米芾的魅力非同一般了。

米芾世居的家乡——汉江，四季鸭绿、岘山叠翠、山川钟灵。其后裔现仍聚居在湖北襄樊市东北隅近20公里的米庄、米集。米芾虽超凡脱俗，自嘱葬于丹徒五原州山。而其家乡人在经历了金宋战争后，遵成宪于元大德年间仰慕米氏高风，为纪念先贤、训诲后世于汉水之滨创修了米家庵，位于今湖北省襄樊市古樊城朝觐门内、长虹大桥樊城桥头东

侧、解放路2号。明代同为襄阳人的太子太保吏部尚书郑继之于万历年间返乡养亲，正式为祠宇命名为“米家祠”。米芾第十六世裔孙官至太朴寺少卿、江西按察史的明代赏石家米万钟谒祖时为米公祠撰写《米氏宗谱序》和《米氏宗祠序》。清同治、光绪年间祠堂大修后，文渊阁大学士单懋谦题写了“米公祠”门额。1951年人民政府接管“米公祠”，米芾二十七世裔孙米高秦将家藏的46通（tòng）石刻捐出供世人瞻仰。米公祠是后世爱石人学习石圣以石为师、敬重自然，缅怀石圣风雅事迹，顶礼皈依石圣的庙堂。它于1956年被湖北省人民政府公布为省重点文物保护单位，2006年又被国务院公布为国家重点文物保护单位。

湖北襄樊米公祠

第八节　杜绾的《云林石谱》

杜绾，字季阳，号云林居士，京兆万年（今陕西西安）人，北宋著名宰相杜衍之孙，生卒不考。他于南宋绍兴癸丑年（公元1133年）所作的《云林石谱》是中国石文化史上最重要的一部系统著作。虽然宋代还有渔阳公的《渔阳石谱》、常懋的《宣和石谱》，但均不及他的《云林石谱》完备。可以说，《云林石谱》是中国石文化发展过程中的里程碑。

孔传在为《云林石谱》所作的序文中写到其几个方面的内容：1. 赏石的目的：“仁者乐山，好石乃乐山之意，盖所谓静而寿者，有得于此。”2. 写作的目的：“窃尝谓陆羽之于茶，杜康之于酒，戴颙之于竹，苏太古之于文房回宝，欧阳永叔之于牡丹，蔡君谟之于荔枝，亦皆有谱，为石独无，为可恨也。”3. 雅石的类型：“虽一拳之多，而能蕴千岩之秀。”通过此篇序文，我们看出杜绾的赏石观是《论语·雍也》所述孔子的观点，是通过雅石欣赏修养成为“仁者”，并通过赏石活动起到长寿的作用。另一方面孔传也说了《云林石谱》中的石头是有大有小的，有置设于园馆的，也有置于几案的。我们从书中涉有砚石、琢石、生物化石和制器来看，孙序最后说：“居士之好石博雅，克绍于余风。”更是说明了选石的意义在“雅”。这也是后世“雅石”之称的由来。可见，《云林石谱》是一部专述具有文化内涵的雅石集录。

《云林石谱》共三卷，有116个石品。全书继承了柳宗元的色、质、形、声四元素的知识，并按这些元素来介绍和评价雅石。其中有数十个条目都记载了叩击时有无声音。一般情况是按其产地、采法、石状、品评高下等纂例，分别叙述色、质、形、声。

四大供石在《云林石谱》中都从这几个方面进行了分析，可以说是对柳宗元认识的进一步明朗化和实践。比如：

灵璧石：“宿州灵璧县地名磬山，石产土中。岁久深数丈，其质为赤泥渍满。土人多以铁刃遍刮三两次，既露石色……刷治清润，扣之铿然有声。石底多有渍土不能尽去者，度其顿放即为向背。石在土中，随其大小具体而生成物状。或成峰峦巉岩透空，其状妙有宛转之势。或多空塞，或质偏朴，或成云气、日月、佛像，或状四时之景。须藉斧凿修治磨砻以全其美。或一面，或三面，若其四面全者即是从土中生起，凡数百之中无一二。”这里说到了石色、清润、扣之有声和透空、佛像、四时之景等形状。

太湖石：“产洞庭水中，石性坚而润，有嵌空穿眼，宛转险怪势。一种色白，一种色青而黑，一种微青。其质、纹理纵横笼络隐起于石面，遍多坳坎，盖因风浪冲激而成。谓之弹子窝，扣之微有声。”

英石：“英州含光真阳县之间，石产溪水中，有数种。一种轻而滑微青色，间有白脉笼络。一微灰黑一线绿，各有峰峦嵌空穿眼宛转相通。质稍润，扣扣微有声。”

昆山石：“平江府昆山县，石产土中，多赤积渍。既出土，倍费挑剔、洗涤。其质磊魂，云萦遶乱峰一种色深青，石理如刷丝，扪之辄隐手。又一种轻而滑，或以磁末刷制而然。率者皆温润，扣之有声。间有质朴全无巧者，石性稍矿，不容人为，非若灵璧可增险怪”。“巉岩透空”、“扣之有声”、“色洁白”。

以上是《云林石谱》的编纂体例。这种编纂体例对后世影响很大，

几乎成了石谱编纂的成规。一直到清代乾隆年间，沈心在著《怪石录》时还是以这种模式作为介绍、评价雅石的方法。他在《怪石录》自序中说："余来官署，得著详石出处，及质色纹理，迥非凡品。"仍与杜绾一脉相承。

《云林石谱》在文房彩石方面留下的记录也是最早、最精到的。而在砚石方面的记载如下：

红丝石："青州县红丝石产土中。其质赤黄、红纹如刷丝萦绕石面而稍软。扣之无声。琢为研。先以水渍之乃可用。盖石质燥渴，颇发墨。"

婺源石："徽州婺源石产水中者皆可这砚材。品色颇多。一种石理有星点谓之龙尾。盖出于龙尾溪，其质坚劲，大抵多发墨。前世多用之，以金星为贵，石理微粗，以手摩之索然有锋芒者少妙。以深溪为上，或如刷丝罗纹枣心，或如瓜子，或如眉子两两相对。又一种，色青而无纹，大抵石质贵清润，发墨为最。"

紫金石："寿春府寿春县紫金山，石出土中。琢为砚甚发墨。扣之有声。"

其关于雕刻图书印记的滑石类软石种的记载如：

石州石："石州产石深土中，色多青紫，或黄白。其质甚软。颇似桂州府滑石。微透明。土人刻为佛像及品物，甚精巧。或雕刻图书印记字样，画极深妙。"

浮光石："光州浮光山石，产土中。亦洁白质，微粗。望之透明，扣之无声，仿佛如阶州者。土人琢为方斛器物及印材，粗佳。"

辰州石："辰州蛮溪水中出，石色黑，诸蛮取以砻刃。每洗涤，水尽墨，因名黑石。扣之无声，仿佛如阶州者。土人琢为方斛器物及印材。粗佳亦堪治为砚，间有温润，不可多得。"上述三种石料皆属滑石类，石质过软，未能被文士选用。

古生物化石的记录：杜绾继葛洪、颜真卿等人对科学的探索精神，运用已掌握的地质学知识，对鱼类和植物化石的成因进行了初步探寻。

鱼龙石："掘地取石破而得之，亦多鱼形，与湘乡所产无异。岂非古之陂泽鱼生其中，因山颓塞岁久，土凝为石，而致然欤？"值得注意的是当时就有制做假鱼化石的了。"土人多做伪，以生漆点缀成形。"可能造假、售假的还不少。所以《云林石谱》还告诉人们应当如何辨别鱼化石的真伪，即可“刮取烧之，有腥气，乃可辨”。

松化石：“顷因马自然先生在山，一夕大风雨，忽化为石，仆地悉皆断截。大者径三尺，尚存松节脉纹。土人运而为坐。其至有如小拳者，亦堪至几案间。”说宋代已将木化石纳入雅石范畴了。

除上面这些类别以外，矿物晶体、纪念石、名人名石、石制器等在《云林石谱》中都有相应的记录。我们可以说《云林石谱》是宋代的一部“雅石专业辞典”。

通过《云林石谱》我们还可以体会到：在宋代，雅石的交易已不是罕见的事了。书中多次谈到“土人”如何，证明赏石之风已为一般世人所知：有的雅石甚至价值千金；有的还为了牟取暴利而制假售假、以次充好。书中提到李正臣家的雅石很多：“然石之诸峰，间有外来奇巧者相粘缀，以增险怪，此种在李氏家颇多。”这些都足以说明宋代赏石已经蔚然成风。

杜绾的赏石理论对后世的影响是深远的，以致后人竞相效仿。所以清乾隆年间修《四库全书》时“惟录绾书”，其余石谱“悉削而不载”，足见其权威。

第九节 寿山艮岳与花石纲

宋徽宗，名赵佶（公元1082—1135年），在位25年，国亡被俘受折磨而死，终年54岁。赵佶生活穷奢极侈，大肆搜刮民脂民膏，修建华阳宫等宫殿园林。崇宁年间，他命户部侍郎孟揆组织人工于河南开封的上清宝箓宫之东筑山，号“万寿山”。周四十余里，其最高一峰九十步，上有介亭。竣工后，他亲撰《艮岳记》。这座万寿山因在国之艮位，所以取艮岳名。为了修好艮岳，他派朱勔（miǎn）设立苏杭应奉局，搜寻民间的奇花异石，运送汴京，修筑“丰亨豫大”的艮岳。为此，朱勔横征暴敛，害得许多百姓倾家荡产、家破人亡。谁家只要有一花一石被看中，朱勔就带人用黄纸一封，标明这是皇上所爱之物，不得损坏，然后拆门毁墙地搬运花石，用船队运送至汴京。甚至由于搜集来的花石太多，运送的船只不够，就截劫粮船和商船，把船上货物倒掉，装运花石。由于运石主要是走水路，水运的队伍那时称为“纲”，所以这支运

输队伍就被称为“花石纲”。花石纲在江河里穿梭似地来往，而民夫们为运送花石日夜奔忙。就这样，他将北宋政府历年积蓄的财富很快挥霍一空。“花石纲”曾用船运一块四丈（约 13 米多）高的太湖石，一路上强征了几千民夫摇船拉纤。遇到桥梁太低或城墙水门太小，朱勔就下令拆桥毁门。有的花石体积太大，河道不能运，朱勔就下令由海道运送，常常船翻人亡。人民在此戗压之下，痛苦不堪，爆发了宋江、方腊等农民起义，这就是小说《水浒传》的真实历史背景。公元 1125 年 10 月，金军大举南侵，金军统帅宗望统领的东路军在北宋叛将郭药师引导下，直取汴京。赵佶接报，连忙下令取消花石纲，下《罪己诏》，承认了自己的一些过错，想以此挽回民心。为了抵御金人围城，人们利用艮岳的建筑材料，拆屋为薪、凿石为炮，一代名园夷隳。现在原艮岳的很多好石头因秀透耐焚而得以残存，却随着时间的推移又多易主转鼻徙移到他乡。

艮岳的兴建说明：从唐代开始，喜爱雅石的人地位越来越高，而赵佶是最高统治者。这次采集石头的活动可谓空前绝后，并出露了一大批名石。艮岳是中国石文化发展历程中最值得深思的，不深思就不免玩物丧志，同时更要避免因上之好而佞臣趋骛。因为最繁荣的背后利益的驱使会使文化走向悲哀。徽宗是一个昏庸与才艺双绝的皇帝，善于画雅石，更是喜爱雅石玩，其所画的太湖石传世《祥龙石》现藏于北京故宫博物院。而皇帝一爱就有人向他讨好，其中六大贪贼之一的朱勔就是中国石文化史上一个最重要的反面典型人物，足以让后来赏石者引以为戒。下面把《宋史》卷四七〇《朱勔传》录下，以在赏石过程中谨防这种败类：

北京故宫博物院藏宋徽宗手绘《祥龙石》

“朱勔，苏州人。父冲，狡狯有智数。家本贱微，庸于人，梗悍不驯，抵罪鞭背。去之旁邑乞贷，遇异人，得金及方书归，设肆卖药，病人服之辄效，远近辐凑，家遂富。因修莳园圃，结游客，致往来称誉。

始，蔡京居钱塘，过苏，欲建僧寺阁，会费钜万，僧言必欲集此缘，非朱冲不可。京以属郡守，郡守呼冲见京，京语故，冲愿独任。居数日，请京诣寺度地，至则大木数千章积庭下，京大惊，阴器其能。明年召还，挟勔与俱，以其父子姓名属童贯窜置军籍中，皆得官。

徽宗颇垂意花石，京讽勔语其父，密取浙中珍异以进。初致黄杨三本，帝嘉之。后岁岁增加，然岁率不过再三贡，贡物裁五七品。至政和中始极盛，舳舻相衔于淮、汴，号‘花石纲’，置应奉局于苏，指取内帑如囊中物，每取以数十百万计。延福宫、艮岳成，奇卉异植充牣其中。勔擢至防御使，东南部刺史、郡守多出其门。

徐铸、应安道、王仲闳等济其恶，竭县官经常以为奉。所贡物，豪夺渔取于民，毛发不少偿。士民家一石一木稍堪玩，即领健卒直入其家，用黄封表识，未即取，使护视之，微不谨，即被以大不恭罪。及发行，必彻屋抉墙以出。人不幸有一物小异，共指为不祥，唯恐芟夷之不速。民预是役者，中家悉破产，或鬻卖子女以供其须。斫山辇石，程督峭惨，虽在江湖不测之渊，百计取之，必出乃止。

尝得太湖石，高四丈，载以巨舰，役夫数千人，所经州县，有拆水门、桥梁，凿城垣以过者。既至，赐名‘神运昭功石’。截诸道粮饷纲，旁罗商船，揭所贡暴其上，篙工、柁师倚势贪横，陵轹州县，道路相视以目。广济卒四指挥尽给挽士犹不足。京始患之，从容言于帝，愿抑其太甚者。帝亦病其扰，乃禁用粮纲船，戒伐冢藏、毁室庐，毋得加黄封帕蒙人园囿花石，凡十余事。听勔与蔡攸等六人入贡，余进奉悉罢。自是勔小戢。

既而勔甚。所居直苏市中孙老桥，忽称诏，凡桥东西四至壤地室庐悉买赐予己，合数百家，期五日尽徙，郡吏逼逐，民嗟哭于路。遂建神霄殿，奉青华帝君像其中，监司、都邑吏朔望皆拜庭下，命士至，辄朝谒，然后通刺诣勔。主赵霖建三十六浦闸，兴必不可成之功，天方大寒，役死者相枕藉。霖志在媚勔，益加苛虐，吴、越不胜其苦。徽州卢宗原竭库钱遗之，引为发运使，公肆掊克。园池拟禁籞，服饰器用上僭乘舆。又托挽舟募兵数千人，拥以自卫。子汝贤等召呼乡州官寮，颐指

目摄，皆奔走听命，流毒州郡者二十年。

方腊起义，以诛勔为名。童贯出师，承上旨尽罢去花木进奉，帝又黜勔父子弟侄在职者，民大悦。然寇平，勔复得志，声焰熏灼。邪人秽夫，候门奴事，自直秘阁至殿学士，如欲可得，不附者旋踵罢去，时谓东南小朝廷。帝末年益亲任之，居中白事，传达上旨，大略如内侍，进见不避宫嫔。历随州观察使、庆远军承宣使。燕山奏功，进拜宁远军节度使、醴泉观使。一门尽为显官，驺仆亦至金紫，天下为之扼腕。

靖康之难，欲为自全计，仓卒拥上皇南巡，且欲邀至其第。钦宗用御史言，放归田里，凡由勔得官者皆罢。籍其赀财，田至三十万亩。言者不已，羁之衡州，徙韶州、循州，遣使即所至斩之。”

第四章

明清时期石文化理论与实践的发展

元朝统治时间比较短，对中国石文化发展影响不大。值得一提的有尝试以石治印的文人王冕。王冕（公元 1287—1359 年），元代著名画家、诗人，字元章，号煮石山农、放牛翁、会稽外史、梅花屋主等，浙江诸暨人。画梅以胭脂作没骨体，或花密枝繁，别具风格，亦善写竹石，曾尝试使用青田石作印材治印。其他的比较有影响力的有：赵孟頫（fǔ）（公元 1254—1322 年）字子昂，号松雪道人，翰林学士，元朝名画家，善于画山水竹石，收藏有雅石"太秀华"、"苍剑石"。郝经（公元 1223 年—1275 年）翰林侍读学士，字伯长，赏石明志，撰《江石子记》赞雨花石。

明清两代，中国石文化最大的发展是专著不断涌现、名家辈出。文彭购石治印，开创文人以石治印之路，开始了绚丽的印石文化。这时期有名的专著有：明代有计成的《园治》、李渔的《闲情偶记》、文震亨的《长物志》、曹昭的《新增格古要论·异石论》、江贞的《歙砚志》、叶天球的《歙砚志》、《辨歙石说》、王守谦的《灵璧石考》、张应文的《清秘藏·论异石》，特别是林有麟附图的《素园石谱》。清代有沈心的《怪石录》、陈元龙的《格致镜原》、胡朴安的《奇石记》、梁九图的《谈石》、高兆的《观石录》、徐毅的《歙砚辑考》、毛奇龄的《后观石录》、王晫的《石友赞》、汪扶晨的《龙尾石辨》、马丕绪的《砚林脞录》、吕锦文

的《怀砚图》、何傅瑶的《宝砚堂辨》、宋荦（luò）的《怪石赞》、成性的《选石记》、谷应泰的《博物要览》、闵麟嗣的《黄山松石谱》、马汶的《皱云石图记》、吴绳年的《端溪研志》、朱栋的《砚小史》、计楠的《端溪砚坑考》、吴兰修的《端溪砚史》、谢堃的《金玉琐碎》、姜绍书的《韵石斋笔记》、钱朝鼎的《水坑石记》。李时珍的《本草纲目》和徐霞客的《徐霞客游记》，也从不同侧面为人们认识石头起到了积极的做用。

此时，青田石、寿山石、昌化石和巴林石四大印石相继进入中国石文化大家庭。

以石比兴，曹雪芹还写出了《石头记》。明清两代营造紫禁城、圆明园、颐和园也都极大地推动了石文化的发展。

第一节　米万钟与败家石(青芝岫)

米万钟（公元1570—1629年），字仲诏，号友石，米芾第十六世裔孙，入籍宛平。官至太仆寺少卿，后因忤宦官魏忠贤被削籍。《明史·列传第一百七十六·文苑四》载：“米万钟，字友石。万历二十三年进士。历官江西按察使。天启五年，魏忠贤私党倪文焕劾之，遂削籍。崇祯初，起太仆少卿，卒官。”

他自幼随父来京，勤奋好学、博才多艺，不仅诗文驰名于当时文坛，而且在石刻、琴瑟、篆隶、棋艺、绘画以及造园艺术方面均擅长，造诣很深。时人把他与董其昌并提，称赞他“驰骋翰墨，风雅绝伦”。万历二十三年，他25岁时考中进士，此后便出京到河南、四川、江苏等省担任过三个县的县令，历时15年，深受南方山水园林的熏染，对我国南方的水乡秀色和杰出的园林建筑产生了浓厚的兴趣。米万钟毕生著述很多，但他一生最为喜好的是山水花石，而且有很深的研究。

他在京师置有三座园墅，即勺园、湛园和漫园，皆以奇峰怪石取胜。

勺园在北京西郊海淀，现在是北京大学的一部分，水源充沛，以水面、弯堤、偏径、高柳、白莲和临水楼台构成一幅烟水迷离的图景。据《春明梦余录》描述：“园仅百亩，一望尽水，长堤大桥，幽亭曲榭，路穷则舟，舟穷则廊，高柳掩之，一望弥际。”米万钟还自己绘制了一幅

《勺园修禊图》，让我们还可以看到勺园的大体布置情况。勺园情景相借，正如他自己所述："更喜高楼明月夜，悠然把酒对西山。"勺园造园的美与米万钟喜好雅石有一定的关系，里面的叠石、置石与京师内外诸私家园林相比，均高出一筹。当时京城里的人也把米氏藏石称为一奇，有了"米家石"一说。

湛园在勺园的附近，园中有石丈斋、石林、古云山房等构筑，米万钟所蓄奇石大多置放在古云山房。

漫园在什刹海西海之东，园内有山石池沼、松柳掩映，中建三层高阁。米万钟当时经常邀集友人在此园社集，觞咏唱和，欣赏什刹海风光，写下《漫园初成》。诗中写道："纪胜无劳出郭舆，卧游眺听日堪书。岚冲石发萦山带，梵挟松弦韵木鱼。狎立风烟俱老大，惯亲鸥鸟独迂疏。偶从图画新摹得，疑向江乡乍卜居。""三年放作北山农，时看狂云失乱峰。归沐栖虽仍落落，乐饥流幸枕淙淙。鉴湖他日无须乞，彭泽清时好自容。桃李笑非零露地，且依秋水醉芙蓉。"在诗中，他将什刹海比作江南水乡、浙江的鉴湖（镜湖、庆湖）和江西的鄱阳湖。

而且，北京皇家园林里有两尊名石都是米万钟在北京西部的房山发现的：一是现存北京中山公园的"青云片"，一是颐和园的"青芝岫"（俗称败家石）。

北京的房山出产一种石灰岩，其质地、形态近似太湖石，被称作北太湖石。米万钟为寻求园林置石，不辞辛苦地踏遍荒野。后他在房山的群峰之中发现一块北太湖石，长 8 米、高 4 米、宽 2 米，形同灵芝、突兀凌空、昂首俯卧、色青而润、叩之声音清脆。他当即面石顶礼膜拜、赞叹不止，亟思罗致于新修葺之勺园供置，使勺园"以石取胜"，并借此在觅石成风的亲朋中显赫一番。由于对此石十分中意，他先开山铺路，分段引水，掘水井待严冬，淘水泼冰，用 40 匹马拉石滑行运输，结果整整花了 12 天时间巨石方才运至良乡道上。当此巨石运出山区到平原良乡时，朝中不少大臣、官员和文人都前去良乡观赏这尊以大、奇、灵、秀为特色的置石佳品。此石当时轰动京城，大大超过了皇家御苑的置石品位，为此也惊动了奸宦魏忠贤私党。米万钟对奸臣当政者不屈不谀，当然难以摆脱魏忠贤的陷害。该私党"五虎"之一的倪文焕编造罪状，使米万钟遭受诬陷，因而获罪丢官。轰动京都的灵秀巨石从此搁置良乡，停止运送。人们疑惑不解，一些文人墨客向米氏探询。米万

钟唯恐说出真情将会惹出更大祸害，就托言因运石而力竭财尽，表示无奈。此后人们越传越出奇，遂将此石称为“败家石”，该巨石就因米氏败家而出名。

米万钟虽然获罪丢官，但他对雅石艺术的追求仍很执著，写下了《大石出山记》一文记其事。而且，他专为这块心爱的雅石盖了一间草棚，怕它因风吹雨淋日晒而加快风化。为防止丢失和人为破坏，他还专门雇了人昼夜看守。百年之后，清乾隆皇帝去河北易县西陵为父亲雍正扫墓。路过良乡时，太监禀报米万钟觅石获罪等细节，乾隆大感兴趣，御驾亲往。巨石一露，果见石姿不凡，乾隆大喜过望，即降旨将其移进清漪园内。

北京颐和园的青芝岫

当时乐寿堂的正门——“水木自亲”已经修好，门只有一米多宽，以这尊置石的体量，难以进院。乾隆就下令拆墙破门，硬是把这块巨石安放在现在的地方，并在它左右又分别竖起了两块形状别致的太湖石，以烘托气氛。据说：皇太后因此大为不悦，认为此石“既败米家，又破我门，其名不祥”，母子之间还闹了一场不小的别扭，由此可知此石身世确实不凡。乾隆把此石置在乐寿堂后，经常观望欣赏，并根据此石的形状和润色，同时也考虑到母亲的讳忌，取意石岩突兀如青芝出岫，给

其起名“青芝岫”，并将三个字刻在石头上。与此同时，乾隆采取各种方式说服太后，有关大臣和太监等也非常领悟乾隆的爱石心态，各施技艺，渲染“青芝岫”美在何处、意在何处，叙说“吉祥”神韵，并深入浅出地与皇权联系起来，请太后到现场观看。结果太后被感悟，终于认同此石，至此一场母子矛盾烟消云散。由于多年风化，现在“青”字已脱落，“芝岫”二字还清晰可辨。乾隆的《青芝岫诗》也残留于石上，东侧的“莲秀”，西侧的“王英”均清晰可见。

可以说，米万钟是继北宋苏东坡后又一位推动雨花石欣赏的领军人。明万历年间，他从四川铜梁改官南京六合知县。六合县是中国最驰名的雨花石产地，那时雨花石被称为六合石、灵岩石。在米万钟临赴任前，他的挚友黄汝亭曾赠他一诗：“米公弄石如弄丸，十年改邑不改官。为经鸟道三巴邑，去听秋涛十月寒。”寓有规劝其收敛癖石之意。不料米万钟到六合以后，立即被当地灵岩山涧随处可见的纹色斑斓的石子给吸摄住了。

他不但对雨花石叹为奇观，命人采之重渊、广为搜集，并出高价求购珍品。明代的姜绍书在《韵石斋笔谈》中说：“邑令所好，风行景从。”一时间，乡人纷纷投入搜探之列，不少藏家也多愿意割爱献宝。不多时，雨花石的声价竟等同珠宝，米万钟也因此蓄藏了难以数计的雨花石珍品，并把它们置于官窑名瓷盆盎之中。明代孙国敉（mǐ）在《灵岩石说》中描述米万钟“手自品题，终日不倦。或请宴示客，拭几焚香，以次荐目。激赏移时，授简命赋”。经米万钟品题的雨花石，如“平章宅里一阑花”、“雨中春树万人家”、“桃花流水杳然去”等，极富诗情画意。这种引用古典诗文品题雨花石的做法，也成为后世雅石品题的一种常见形式。米万钟的钟情和雨花石自身的魅力不仅热及一方，也使其夫人近朱者赤了。他的陆夫人受其影响，也练就了一种特殊的品鉴雨花石的方法，只要听到石头在衣袖中发出的碰击磨荡声，“便知某石以文绮胜，某石以泽润胜，审音定品，不烦目击，出石视一一如券”。凭听觉就能评品石子，可见陆夫人鉴赏雨花石已至炉火纯青的境界，令人称奇。

米万钟在六合时间虽不长，但府上就积聚了许多精品，使他大喜过望。为此，他建了“醉石斋”用以展示各种美仑美奂的雅石。公务之余，他常于“衙斋孤赏，自品题，终日不倦”。凡有客来，他常常邀请

品茗共赏、喜形于色，并赋诗“非声非色非香味，别有幽芳来袭人”。

米万钟不但赏石，而且供石。每请人观赏这些石子，都要“拭几焚香，授简命赋”之后，才叫书童捧上石子，继而把客人引导至石斋，端出上乘雅石，最后才从袖中亮出极品，可谓郑重其事。他珍藏的雨花石很多，其中有一枚如柿而扁、彩翠错杂、千丝万缕，即锦绣不及也。有一天，他乘船泊燕子矶，月下把玩，失手将石子坠入江中，捞取不得。第二年，他又系缆于其处，忽见江南五色光萦回不散，便肯定地说：“必吾石也!”泅求之，果如所言。后此石与他心爱的“七十二芙蓉砚山”一同为其殉葬了。可见，所殉葬的那枚雨花石当是雨花石中千年难觅的神品。

明代姜二酉也记载了米万钟与石结缘的一些细节：“万历丙申岁，米友石来尹兹邑。簿书之暇，觞咏于灵岩山。见溪流中文石累累，遣舆台蹇裳掇之，则缤纷璀璨，发缕丝萦。其色白如霏雪，紫若蒸霞，绿映远山之黛，黑回瀚海之波……友石得未曾有，诧为奇观，更具畚锸采于重渊。邑令所好，风行景从。源源而来，多多益善。自兹以往，知音竞赏，珍奇琳琅……”这段文字记载了一个很重要的史实：米万钟掀起了第一次“六合文石”热。雨花石到了米万钟这样的大文人手中，才算真正遇得知音：“自兹以往，知音竞赏。”正如《灵岩石说》中发出的感叹：“噫，一石子显晦亦有时也!”可见雨花石至此时才大见天日。米万钟任六合令时搜购雨花石，县令都带头收藏，于是采石、卖石、藏石之风在全县盛行。当时，不但文人雅士，即便是老百姓也卷了进去。明代的陈继儒记载道：“甲午八月，游秣陵（南京），贾客以白瓷盎贮五色石以售之，索价甚高”，号称“石头与黄金同价”。当时，大兴收藏“六合文石”（即雨花石的古称）之风，形成了盛极一时的“雨花石市”。可以说，中国历史上第一次“雨花石热”同米万钟的表彰之力有着直接关系。

清·于敏中《日下旧闻考》卷四十四中说米万钟“嗜石成癖，宦游四方，所积惟石而已”。他曾经将所蓄奇石请画师吴文仲绘成一卷，其中有一块“形如片云欲堕”的青石，系米芾所玩赏的遗物。米万钟所蓄奇石依陈衍的《奇石记》记载，最著名的有五尊，都是传世数百年的旧物：“一灵壁石，高四寸有余，延袤坡陀，势如大山，四面如画家皴法，岩腹近山脚特起一小方台，凝厚而削”；“一灵壁石，非方非圆，浑朴天成，周遭望之皆如屏嶂，有脉两道作殷红色，一脉阔如小指，一细如丝缕，自项上凹处垂下，如湫瀑之射朝日。石高可八寸许，围径尺，其声铿亮，色纯黑，凝润如膏”；“一英德石，高四寸，长七寸，如双虬盘卧，玲珑透漏，千蹊万径，穿孔钩连”；“一兖州石，大如拳，灰褐色，魄岩浑雅，坚致有声”；“一仇池石，大亦如拳，声如响磬，峰峦洞壑奇巧殊绝”。

我们还可以通过与米万钟同代的作品领略其奇石的风采。如：现藏北京故宫博物院的蓝瑛所绘的《拳石折枝花卉》册，其中十开均画湖石，并有自题“丁酉花朝画得米家藏石并写意折枝计廿页”字样，由此可以断定这批湖石即米万钟家所藏。北京大学图书馆珍藏米万钟《绢本画石长卷》，每石皆有写貌、题赞。其跋云：“天启丁卯夏日，避暑奕园，予见怪石屏列，各令名、写貌、并赞。石隐米万钟。”所加图章有：“多藏古书画”、“古今怪言知已”、“燕秦一畸人”、“北地米万钟诏之印”。

米万钟自己也十分重视对雅石的记录，绘有《灵岩石子图》，并请胥子勉作《灵岩石子图说》。

米万钟毕生好学、学识渊博、尤擅长书画，其作品风雅绝伦、气势浩翰、运笔流畅，与当时华亭董其昌、临府邢侗、晋江张瑞图三人齐名，时称“南董北米”。今北京故宫博物院珍藏有米万钟许多画卷和墨迹。其中有一幅书法作品是他在一块白绫上写的《烂柯山》绝句一首：“双丸阅世怪他忙，为羡仙翁岁未央。假尔片时成异代，人天却比洞天长。”这首绝句笔墨飞舞，毫无馆阁气味。北京故宫博物院还藏有他的一幅《墨石图》。前燕京大学图书馆编印的《勺园图考录》中有米万钟画的《勺园修禊图》。他还著有《画石谱》、《篆隶订伪》、《澄澹堂文集》、《澄澹堂诗集》等。

米万钟于59岁时病故，葬于米家坟，大致位置就在北京大学燕南园西北角一带。他的好友陈继儒题其画石卷写到米万钟：“非独友石，友其德也。”而这正是米万钟赏石的真谛。

第二节　林有麟的《素园石谱》

林有麟（公元1578—1647年），字仁甫，号衷斋，松江府华亭县

（今上海市）人，喜好雅石书画。他做过四川龙安府知府，颇得民望。素园位于现在的上海松江区松江镇景德路 40 号，曾是林有麟的宅邸，现仍存留，五进建筑，有湖石异峰等物。《素园石谱》一书写于林有麟 35 岁时，纪昀在《四库总目提要》说他："善山水，妍雅茂密，可追来人。著素园石谱，有万历四十一年（公元 1613 年）自序。"《素园石谱》全书共四卷，所记之石，主要是素园中玄池馆所庋集的雅石和"检湘编自宣和帝而后有绘图哦咏者"。凡百余种，具绘为图，缀以前人题咏，图文并茂，以绘图和形式详细介绍了他"目所到即图之"。书中所记的雅石，始于蜀中永宁石，终于松江普照寺达摩石。

《素园石谱》是继《云林石谱》后在中国石文化史上的另一部重要典籍。其与《云林石谱》的不同之处在于：1. 图文并茂。2. 以雅石为主，不像《云林石谱》那样宠杂。3. 配有品铭、题咏。4. 开始对底座供石予以注意。它比较详细地展示了明代的赏石风采，是明代赏石理论与实践的集中概括。特别值得一提的是：《素园石谱》使我们对于史书上记载的从宋宣和以后到明代的古人收藏石头的形象有了直观的了解。

《素园石谱》还把赏石意境从以自然景观缩影和直观形象美为主的高度，提升到了具有人生哲理、内涵更为丰富的哲学高度。这是中国古代赏石理论最为重要的一个方面。他说："余尝谓法书、名画、金石、鼎彝皆足令人自远，而石尤近于禅，生公点头，箭机莫逆，而南宫九华谓可神游其际。此老颠书纵横千古或从此中悟入。虽然九州之外复有九州，五岳一拳犹可芥纳，若作是观则齐安小儿，江头数饼已具有嵩、华、衡、岱微体矣。"该书末所列宋徽宗"花石纲"遗石的"宣和六十五石"的摹画就是非常珍贵的重要史料。

毋庸讳言，《素园石谱》的内容也有颇多错讹。比如：许多历史名石的形象都是作者所臆测的，大多与现存的实物不符，典型的有宋代苏轼的雪浪石、醉道士石，米芾的"石丈"等。而且，其中有相当一部分文字记载都是照搬照抄宋代杜绾的《云林石谱》、赵希鹄的《洞天清录》及明人有关笔记史料，却均不注明出处，给后人释读带来许多困难。在明代的交通条件下，想做得很全确实是相当不容易的，而林有麟著书时才 35 岁，可能还涉世不深、见识有限。

《素园石谱》一书是迄今传世最早、篇幅最长的一本画石谱录，也是人们耳熟能详的一部了解古代赏石概貌的重要历史参考文献，对后世影响很大。2001 年 11 月在北京海王村拍卖公司举办的“中国书店 2001 年秋季书刊资料拍卖会”上，一本张学良收藏的 1924 年上海美术工艺制版社刊印的线装书:《素园石谱》一函四册，系首册扉页钤有朱文“孔祥熙”方印，右下方钤有白文“定远斋汉卿凤至藏书之印”一方，每册首页均钤有朱文“张氏家传”和白文张学良藏书斋“定远斋”的“定远斋主人”印。它从 2000 元起价，最终以 4180 元被一位来自张学良故乡的辽宁人买走。由此看来，少帅张学良也对雅石有雅兴。

第三节　李时珍与《本草纲目》中的石药

明代在中国石文化的发展史上还有一个重要的方面，那就是从石中斟选矿物为药。以石为药，相对说来要对石头的性质具有深刻的认识与理解。著名医药学家李时珍留下的不朽名著《本草纲目》，就为我们在赏石与健康方面提供了丰富的经验。

李时珍，字东璧，号濒湖，蕲州（今湖北省蕲春县）人，生活在明武宗正德十三年至明神宗万历二十一年（公元 1518—1593 年）。他所著的《本草纲目》不仅在医药学上功绩卓著，同时在矿物学方面也是成果斐然，被英国生物学家、进化论的奠基人查尔斯·罗伯特·达尔文评誉为“中国古代的百科全书”。

《本草纲目》全书五十二卷，记载药物 1892 种，列出无机界的水、火、土、金石。其中金石部 160 种，并分为金、玉、石、卤四类。

李时珍对石头有着比较精到的见解，说：“石者气之核，土之骨也。大则为岩巖，细则为砂尘。其精为金玉，其毒为礜（yù）为礁。气之凝也，则结而为丹青；气之化也，则液而为矾汞。其变也，或自柔而刚，乳卤成石是也；或自动而静，草木成石是也。飞走含灵之为石，自有情而之无情也；雷震星陨之为石，自无形而成有形也。大块资生，鸿钧鏽鞴（bài），金石虽若顽物，而造化无穷焉。身家攸赖，财剂卫养。金石虽曰死瑶，而利用无穷焉。是以禹贡周官列其土产，农经轩典详其性功。”

《本草纲目》还载：“金陵雨花台小马脑，止可充玩耳”，说明李时

珍对于雅石赏玩并不陌生。但是他研究石头主要是用于医药，所以很重视药物岩矿对人体的作用、副作用，还有毒性。这为我们健康地赏石奠定了一个良好的基础。自然界里的岩石有时与生物有近似之处，这就是它对于人类的利与弊，即是香花还是毒草。不认清这些石头的本质，可能会出现这样的情况：原本是想通过赏石达到乐山长寿的目的，其结果却背道而驰，反而图怡情而伤了身。所以《本草纲目》虽不尽言石之美，却是我们绝不可忽视的一部正确体察岩石、分清香花与毒草，以亲君子而远佞人的良师益友。

李时珍在《本草纲目》中对水晶这样写道："性坚而脆，刀刮不动，色澈如泉，清明而莹，置水中无瑕不珠者佳。"即告诉我们水晶的最简单判断方法。

他在《本草纲目·玛瑙》中还记载："玛瑙，文石，摩罗迦隶。赤斓红色，似马之脑，故名。亦名玛瑙珠。胡人云：'是马口吐出者，谬言也。'多出北地，番—西番。非石非玉，坚而且脆，刀刮不动。其中有人物鸟兽形者更贵。"其评价贵贱的方法是看玛瑙中有没"人物鸟兽形"，即看有没有承载文化内涵。这一方面说明李时珍可能也有雅石收藏，从另一方面也可看出玛瑙在当时的市场行情。

另外，李时珍把珊瑚列入到金石部，说："珊瑚生海底，五七株成林，谓之珊瑚林。居水中直而软，见风日则曲而硬，变红色者为上。"

他在写作《本草纲目》时也参考了宋代杜绾的《云林石谱》，如在"太一余粮"一药时说："《云林石谱》去：鼎州祈阁山出石。石中有黄土，目之为太一余粮。色紫黑粗，块大小圆扁，外多粘缀碎石，涤去黄土，即空虚可贮水为砚。"

在说到"玉"时，李时珍先通过引用《说文解字》里关于玉的五德来一步引入，并且说："产玉之处多矣，而今不出者，地方恐为害也。故独以于阗玉为贵焉。古礼玄珪，苍璧、黄琮、赤璋、白琥。玄璜以象天地四时而立名尔。"还说："暖玉可辟寒，寒玉可辟暑，香玉有香，软玉质柔。观日，玉洞见日中宫阙，此皆希世之宝也。"这里说的是把玩与欣赏雅石或隐或现的图文。

李时珍提到姜石时说"以色白而烂不碜者良"、"烂不碜"，就是指形状不一和造型各异。可我们平时欣赏的姜石恰恰就是以形的变化为"良"的，即以形取胜。

《本草纲目》中的“绿青”即我们今天所说的“孔雀石”。李时珍说：“石绿，阴石也。生铜坑中，乃铜之祖气也。铜得紫阳之气而生绿，绿久则成石，谓之石绿。而铜生于中，与空青、曾青同一根源也。”他在说出了美丽的孔雀石的产出状后，又郑重地在“气味”中解释说：“有小毒。”

他在《本草纲目》“石炭”中则记载：“石炭，南北诸山产处亦多，昔人不用。故识之者甚少……今则人以代薪炊爨，锻炼铁石，大为民利。”但是“人有中煤气毒者，昏瞀至死。惟饮冷立即解”，这可以说是我国关于一氧化碳中毒死亡的较早记载。

在《本草纲目》“砒石”中还记述了土法烧炼砒霜的危害及怎样预防砷中毒：“初烧霜时，人在上风十余丈外立，下风所近，草木皆死。”

但由于历史条件和技术水平的限制，《本草纲目》中的大部分条目不够科学，如书中说铅粉辛寒无毒，事实上是有剧毒的。这是时代的烙印，也是我们古为今用时所应特别注意的，不能泥古而不化。尽管如此，瑕不掩瑜。《本草纲目》仍然是一部具有世界性影响的博物学巨著，达尔文一点也没有说错。尤其是在以人为本的今天，赏石与健康的关系越来越受到人们的重视，李时珍的思想和方法给了我们极大的启示。

第四节　郑板桥画石

郑板桥名燮，字克柔，号板桥，生活在公元1693年至1765年，清代著名画家、“扬州八怪”之一。江苏兴化人，乾隆进士，曾任山东范县、潍县县令。做官期间，因擅自开仓赈济、拨款救灾，被获罪罢官。后来长期在扬州以卖画为生，成了杰出的画家。郑板桥常画石，把一腔嫉欲之心寄于所画石中，常呼石为石豹、石君子、石大人，著有《板桥文集》。

晋葛洪说：“美之所在，虽污辱，世不能贱；恶之所在，虽高隆，世不能贵。”中国古代赏石贵质、尚内涵，古人以石头为题材的绘画中往往能反映出一种以丑为美的趋势，如宋徽宗赵佶画的“太湖石”、苏轼画的“怪石”。苏轼在称颂画家文同画的《梅竹石图》中提到：“梅寒而秀，竹瘦而寿，石文而丑。”郑板桥也善画石：美石、丑石、雄石、

秀石尽有，而丑石最妙。他在题画《石》款中对丑石进行了阐述发挥：“米元章论石，曰瘦、曰绉、曰漏、曰透。可谓尽石之妙矣。东坡又曰，石文而丑。一丑字，则石之千态万状，皆从此出。彼元章但知好之为好，而不知陋劣之中有至好也。东坡胸次，其造化之炉冶乎！燮画此石，丑石也。丑而雄，丑而秀。弟子朱青雷索子画不得，即以是寄之。青雷袖中倘有元章之石，当弃弗顾矣。”这里，郑板桥从寄情于石的心得中提炼出他的画石法，体现以“丑”做石的魂。稍后，刘熙载在《艺概》中继承了这一主张，说道：“怪石以丑为美，丑到极处，便是美到极处。一‘丑’字中，丘壑未易尽言。”由此将丑石之审美发挥到了极致。但是刘熙载只是在郑板桥画石法的基础上谈石，还是没有得到米芾的相石真谛。

但是，美与丑是可以相互转换的。19 世纪，法国维克多·雨果的《巴黎圣母院》中被克罗德神父收养而成为巴黎圣母院鸣钟人的、又聋又丑的加西莫多，就是以丑的形象表现美的一个例证。但这只是表现美的一种方式，而不能以丑代美。画石若要画出鲜明的个性特征，就要有法。平平正正、光光润润可以体现雍容平和之美，而“瘦、绉、漏、透”更易表现郑板桥孤傲倔强、满腹忧郁、忧愤于世、坚贞自抱的愤慨，他寓画于石，创造出了“波礫奇古形翩翻”的形象。而如果运用这种个性化的模式去画大化石、彩陶石就不一定合适了。有不少人把“瘦、绉、漏、透”奉为相石大法，这其实是不正确的。

我们知道中国传统绘画大多以“课徒”的方式授业，并以临摩古人法式为主要的学习手段，不似西洋绘画从写生、素描入手。文人画石并不重在形似，而在于寄情，要表达一定的情绪。以丑为形式的表现手法，在郑板桥之前就有。如白居易的《咏双石》诗，开头两句：“苍然两片石，厥状怪且丑。”北宋苏轼在评文同的画时说文同画的石头“石文而丑”。所以郑板桥使用“丑而雄，丑而秀”的手法来表达“一块元气结而石成”，并不是什么丑石观，也谈不上是对雅石的评价方法。

我们从《郑板桥集》和其他与郑板桥有关的文献资料中还没有发现他有收藏雅石的爱好。虽然郑板桥是值得我们尊重的书画家，但不一定是赏石家，他的画石法也与赏石的相石法不是一码事。其画法只能说对赏石有一定的借鉴作用，不能爱屋及乌把他列入赏石家之列。

说到郑板桥与雅石，还有一则故事：郑板桥年少时，其家乡江苏兴化县内有一位米姓的先生，善篆。一次米先生得了一方素有“石帝”之称的田黄石，郑板桥闻迅前去观看。乡党们竞相争购，米先生一时无措，正看到了眼前火盆里的炭火，灵机一动，计上心来，便以火盆为题出联，谁对上了，就把这方田黄割爱转让给谁。

他的上联是“炭黑火红灰似雪”。一时间，所有想买这方田黄的人还真是都对不上来，满屋哑然。郑板桥也被难住了，怏怏地回到家中。恰逢他的继母郝氏和乳母黄妈妈，正在磨麦子。只见她们先把黄灿灿的麦粒一次一次地丢进磨眼，磨好后又将磨下来的面粉用筛子筛一遍。筛子下，撒着雪白的粉；筛子上，留着红色的麸。郑板桥忽有所悟，跑回米家，当众对出了下联：“麦黄麸赤面如霜”。语惊四座满屋子的人，大家都翘指赞叹。米先生当即取出田黄，用纯熟的刀法刻上“郑燮”二字，送给了郑板桥。由此看来，郑板桥是非常喜好收藏田黄石的。

清代有一位比郑板桥早些的画家石涛，倒是一位值得研究的爱石人。石涛（公元1642—1707年），清初“四画僧”之一，被誉为“百代宗师一僧人”。原姓朱，名若极，小字阿长，明靖江王朱赞仪十世孙，幼时由太监带走，髡发为僧。更名元济、超济、原济、道济，自称苦瓜和尚，游南京时，得长竿一枝，因号枝下叟，别署阿长、钝根、山乘客、济山僧、石道人、一枝阁，他的别号很多，还有大涤子、清湘遗人、清湘陈人、靖江后人、清湘老人、晚号瞎尊者、零丁老人等。他以“搜尽奇峰大草稿”的精神融诗、书、画于一炉，在园林叠石方面也有很高的造诣。《嘉庆扬州府志》记载清代扬州的万石园就是“以石涛和尚画稿布置为园”。王振世在《扬州槐胜录》也说道：“上人兼工垒石，扬州余氏万石园出自上人之手。”“上人”是对出家僧人的一种尊称。钱咏的《履园丛话》中写道：“片石山房二厅之后，湫以方池，池上有太湖石山子一座，高五六丈。”表明山石很有奇峭之俊朗、石子山气魄雄伟，让人留连。里面还有石屋两间是相连相通的，虽然不能爬到小山上去，但是还是可以看到山石重叠别具匠心。石石相叠有序而且石纹连成一片，好像天然浑为一体，犹如破笔之作的画幅。隔开来看远山，在奇崛之中又有自然之处：一峰耸峙，万石相错，比桂林奇峰犹见惊巧，令人叹为观止。这就是石涛在扬州给人们留下的一幅杰出的“万石园”叠山。

第五节　蒲松龄聊斋赏石

蒲松龄（公元 1640—1715 年），字留仙，一字剑臣，别号柳泉居士，室名聊斋，淄川蒲家庄人。生于明末，卒于清初，终生科举不第，以教书为业，晚年成岁贡生。“性厚朴，笃交游，重名义，而孤介峭直，尤不能与时相俯仰。”所著《聊斋志异》脍炙人口、广为流传、饮誉海内外。除《聊斋志异》外，还有《聊斋杂记》，其中的《石谱》记述了百余方雅石。

由于科举考试屡试不中，他“斗酒难消垒块愁”，于康熙十一年（公元 1672 年）到同邑名人毕际友家教塾。毕家有个后园，因其中置石很多，所以取名“石隐园”。从此蒲松龄与雅石结下了不解之缘，他的“垒块”也就消了。

石隐园在山东淄博市淄川区洪山镇蒲家村蒲松龄故里。园中雅石不胜枚举，有凤翔、双鹰、九象、峨豸（zhì）、太朴、垂云、菡萏、石丈、魁星、海岳十尊，总名为“石中十友”。蒲松龄有《咏石隐园十友》诗云：“石隐园中远心亭，门对青山四五层。凤翔双鹰飞禽样，九象峨豸走兽形。太朴垂云生得好，菡萏月窟最玲珑。宋朝魁星石灵璧，万古流传十友名。”

石隐园是在米芾第十六世明代的赏石家孙米万钟精心指导下建成的，整个石园构思精巧、匠心独具。《淄川县志》载：“石隐园位于藏书楼后，面积十亩，园内怪石林立，松柏杂植，奇花异草香飘四溢，令人陶醉；那远心亭、蔓松桥、万笏山、石坊、春堂、霞倚轩、蝴蝶松等。”蒲松龄就是在这种环境中与石对话、与石相依，把一腔孤愤寄情于石。他有一首《和毕盛钜石隐园杂咏·万笏山》诗说道：“参差众峰出，万窍鸣天籁。若遇米南宫，仆仆不胜拜。”表达了他对石圣米芾的崇敬和对雅石的衷情。

由于悟石已通石灵性，所以在蒲松龄的笔下，奇石也成了他写妖鬼、刺贪官、惩恶扬善、愤笔嫉世的创作素材。《聊斋志异·石清虚》一文中借石叙情，颂邢氏人品之高尚，鞭挞恶势力的残忍，抒发对人生遭遇的满腔孤愤时写道：有邢氏，“好石，见佳石不靳重直。偶渔于河，有物挂网，沈而取之，则石径尺，四面玲珑，峰峦叠秀。喜极，如获异珍，雕紫檀为座，供诸案头”。这里对供石的描写并不是子虚乌有的，既是蒲松龄借石叙情的典范，也是他在石隐园里研究和体悟的心得积累。《异史氏》曰：“物之尤者祸之府。至欲以身殉石亦痴甚矣。而卒之与石相终始，谁谓石无情哉。”可见是以石明事。

石隐园对蒲松龄的一生影响很大，直到 69 岁时他还赋诗《石隐园》：“年年设榻听新蝉，风景今年胜去年。雨过松香生客梦，萍开水碧见云天。老藤绕屋龙蛇出，怪石当门虎豹眠。我亦蛙鸣间鱼跃，俨然鼓吹小山边。”

蒲松龄就这样在石隐园的特定环境下，终日伴石教书、寄情于石、以石娱目，藉石韵而增神志、悟石德而修性。由于留心于雅石，每每对雅石的产地、成因、特色等一一探究，他终于编撰了《石谱》一书，详细记载了 100 多种雅石的产地、形态、色泽、声韵及鉴别方法。

现在位于淄川蒲家庄的蒲松龄纪念馆内其爱石遗风尚存，他所珍爱的雅石依然倩姿玉立、熠熠生辉。下面就介绍一下蒲松龄喜爱的三尊雅石，以见一斑。

“海岳石”是一尊古灵壁石。《淄川区志》载：“灵壁石高 34 厘米，长 62 厘米，配有硬木底座。此石原为明代相石家米仲昭（万钟）收藏，后落入西铺毕家，此石“坚如铁、黝如墨、坚如玉、光如鉴。米仲昭曾说过：‘昔吾家元章（米芾）袖中眷石恨太小，宝晋斋百夫辇致一品石恨太大，惟此石可几可案，可置咫尺，可随千里。’（题米仲昭石卷）”此石山形，中峰屹立，洞深壑幽，两岭相抱，若“山”字。他有《海岳石》诗：“大人何皓伟，赎尔抱花关。刺史归田日，馀钱买旧山。”

蛙鸣石，高 17 厘米，长 50 厘米，石灰岩质，形似蛙鸣、妙在天成、生动传神、极富动感，蒲松龄常爱不移目，因其形类蛙鸣，题名为蛙石。康熙四十七年（公元 1708 年），69 岁的蒲松龄以石举重，锻炼身体，亲手将此石移置石隐园中鱼跃石侧，并吟诗一首，以志此事：“年年设榻听新蝉，风景今年胜去年。雨过松香生客梦，萍开水碧见云天。老藤绕屋龙蛇出，怪石当门虎豹眠。我以蛙鸣间鱼跃，俨然鼓吹小山边。”蒲松龄自注云有石类蛙，余移置鱼跃石侧。该石天然生成、匍匐向前、极富动感，石上部有双穴。

三星石，石高盈尺，石形巧雅，兼具秀、瘦、透、雅，极富天然玲

珑之美。石自上至下，间有三块圆形天然化石，圆形亮点，灯照时闪闪发光、天授神韵、形态别具、犹如三星，是昔日蒲松龄的珍爱之物。

在这里还有蒲松龄为之品题的“山、明、水、秀”奇秀苍然、磊落雄伟的四大太湖石。他品石独具慧眼、依形设意，品题犹重意境、内涵，题后则使人心悦神怡。如鸳鸯石，倩姿翩翩，宛若一对恋人偎偎相依、窃窃私语。因他对石有情有悟、情趣丰富，所以品题都极为恰当。

第六节　以皇家园林为代表的置石

俗话说：园无石不秀。中国园林常以石为魂，历史上很多名园都置有名石。如：苏州留园有冠云峰、瑞云峰、岫云峰、朵云峰、仙掌峰、玉女峰、晚翠峰；苏州怡园有屏风三叠；上海豫园有玉玲珑；无锡寄畅园的美人石；杭州西湖有皱云峰等。皇家御苑更是在江南名园的基础上将置石推向极致。现在我们可以看到：北京紫禁城御花园、颐和园、圆明园、承德避暑山庄等皇家园林都有相当高水平的置石安放。

紫禁城内有四大花园：御花园、建福宫花园、宁寿宫花园、慈宁宫花园。御花园位于紫禁城中轴线的北端，南北长约 90 米，东西宽约 130 米，为皇宫后苑。它始建于明永乐十五年（公元 1417 年），在面积不到 1.2 万平方米的园内矗立着以不同石种组成的 57 座石峰，可以说是石峰星罗棋布、三步一石、五步一峰。这些石峰不但造型各异而且石种不同，其中有太湖石、灵璧石、英德石、海浮石、钟乳石、木化石、晶体石、虎皮石等。

御花园里还有一道靓丽的石景线，它让人们要低头俯视，这就是御花园的石子路。从外表上看，它是由用石子铺成的 900 个画面所组成。其实，这石子路是为后宫嫔妃消闲解闷而设计的，并且是寓庄于谐的、永远的地上画册。图案的内容涉及嫔妃们在宫内应该了解的各种知识，包括花鸟鱼虫、七珍八宝、吉祥图案、龙凤呈祥、历史典故、民间故事、人物传奇等。在嫔妃们漫步路上时，太监为其讲解，从而使她们可以掌握更多知识。石子路工艺十分精湛，选石极为考究，所选用的石子均系 3—6 厘米长的扁平状海卵石，避免了河卵石体形过圆而镶嵌容易松动的质量问题。石子路的铺装工艺现在仍有借鉴的意义。原来，它不像我们今天一般公园所见的石子路，在水泥上将石子按压进去就大功告成了。它是先由设计人员绘制图纸，然后选用结实的大砖依图和所选石子的图形逐一进行雕刻，即每个石子都有自己专用的巢穴，且在穴内镶嵌 2/3，露出 1/3，然后再用桐油发白石灰和精白面粉进行粘结。

被称为“万园之园”、“世界园林的典范”的圆明园自清康熙四十六年（公元 1707 年）起开始营造，经康熙、雍正、乾隆、嘉庆、道光五代，用时 151 年建成，是杰出的造园艺术，更因其精美的建筑和丰富的文化收藏而闻名于世。然而不幸的是这座名园于 1860 年 10 月被英法联军抢掠焚毁，在中国历史上留下惨痛的一页。圆明园是在清代强盛时期所建，置石水平更是卓然赫赫。今园虽毁，但是园中一些石头还稳如泰山地安在。现在，圆明园的遗石多在颐和园、中山公园内安放，如中山公园内的青云片、青莲朵、搴芝、绘月等。

北京中山公园的青云片

原置于圆明园时赏斋的青云片石，高 3 米、长 3.2 米、周长 7 米。其色青奇特、姿态优美，是一尊典型的北太湖石。在中山公园来今雨轩南面，自北向南望去，它像一朵祥云飘然而至。石上刻有乾隆题“青云片”三字，还有不少题诗。乾隆还为此石赋《青云片歌》。而且，此石与颐和园乐寿堂前的青芝岫石，同为爱石成癖的明代米万钟的遗物。这两块石均来自北京房山，后运抵良乡，被迫弃于郊野，乾隆年间将其中大石“青芝岫”运到颐和园，小石“青云片”运至圆明园时赏斋。乾隆三十二年赋诗，刻于石上，诗曰：“诡石居然云片青，松风吹窍韵清冷，英英尘处如为雨，肤寸何殊岱岳灵。”

北京中山公园内的青莲朵

青莲朵是一尊拥有传奇色彩的历史名石，被誉为太湖石之王。现置于

西坛门外小土山前，高 1.7 米、周围 3 米，石上沟壑遍布，质地细密，上刻乾隆御笔“青莲朵”三字。据考：青莲朵系南宋临安（今杭州）德寿宫中故物，原名“芙蓉”。乾隆十六年（公元 1751 年），乾隆南巡时在杭州吴山的宗阳宫游览，发现此奇石，十分喜爱，并与此石结缘。因此石端庄稳重、皱秀兼备、形如欲放的菡萏，故取名芙蓉石。

北京中山公园的搴芝石

北京颐和园的石丈

在四宜轩东侧有一块玲珑剔透的太湖石，高 2 米、宽 1.3 米，上刻乾隆题“绘月”二字。石上半月形的孔洞，犹如明月当空。这就是原置于圆明园四宜书屋的“绘月”石。

搴芝石是原置于圆明园长春园含经堂前的一尊太湖石，如灵芝状。石高 2 米、高 2.5 米，石上刻有清乾隆题“搴芝”两字。现置“辛牲亭”前。

颐和园是当今保存最好的皇家园林。世界遗产委员会评价：北京颐和园始建于 1750 年，1860 年在战火中严重损毁，1886 年在原址上重新进行了修缮。其亭台、长廊、殿堂、庙宇和小桥等人工景观与自然山峦和开阔的湖面相互和谐、艺术地融为一体，堪称中国风景园林设计中的杰作。颐和园里置石也是很多的。

颐和园仁寿门内的寿星石

石丈是颐和园内最具端庄典雅的太湖石，壑穴奇幽、叠障凝翠、褶皱相迭、妙自天成。此石位于举世瞩目的长廊西端，且因置此石而设亭，名为石丈亭。此石来自江南扬州九峰园，

1761年乾隆到扬州时发现并运回京师，因引宋朝米芾拜石的故事，命名为石丈。

颐和园一进东门有寿星石、玉澜堂前有母子石、仁和殿前有四季石、排云殿前有十二生肖石。

第七节 “雨花石”一词的使用

雨花石是一种天然玛瑙质卵石，产于南京市郊及长江两岸的六合、仪征、江宁、江浦等地。因地域不同，石名各异。较早赏玩雨花石的是宋代的苏轼。他不只是随手把玩，而且有一套赏玩石道，记述在他的《怪石供》和《后怪石供》中。米芾也以雨花石作为馈赠朋友的礼品，以启发人们的爱石之心。宋代杜绾在《云林石谱》中称雨花石为“玛瑙石”、“螺子石”，并指出：“真州（今江苏仪征）、六合水中或沙土中，出玛瑙石”，还说：“江宁府水中有碎石，谓之螺子，凡有五色。”元代的郝经收藏雨花石，写了《江石子记》，即简单地称雨花石为“江石子”。明代林有麟在《素园石谱》中称雨花石为“绮石”：“绮石诸溪间皆有之，出六合水最佳，文理可玩，多奇形怪状。”明代陈贞慧在《秋园杂佩》中称其为“五色石”：“五色石子出六合山玛瑙涧，雨后胭痕螺髻，累累濯出。”因雨花石多出自南京六合东南的灵岩山，又称其为灵岩石子。明代姜二酉在《灵岩子石记》中说：“余性好石，尤好灵岩子石。此种出灵岩山之涧中，山在六合，而聚于金陵。”明代李时珍《本草纲目》中称它是“小玛瑙”：“金陵雨花台小马脑，止可充玩耳。”

“雨花”一词与石合用出于宋代张敦颐的《六朝事迹编类》：“雨花台，有云光法师讲经于此，感得天雨赐花，天厨献食。”佛经中近于“天雨赐花”的论述在佛教经典中有很多记载。云光法师把佛经的教义与雨花石巧妙地结合起来，对机说法，弘扬了天雨赐花的佛门教义。

“雨花”成为地名则在明《一统志·南京》中有记载：“雨花台石，聚宝山出。”

明代陆君弼在题为《夏日朱宪昌山人以锦石见贻》诗中说雨花台有玛瑙石时这样写道：“雨花虽擅玛瑙石，其质粗顽仅充砾；君云采自灵岩山，精者齐安不足比。”

我们现在所说的“雨花石”一词最早见于明代徐荣咏《雨花石》诗：“天雨诸香下帝台，大同天子讲经来，尚留子石临江话，恰似房花向日开。”诗中所说的雅石即是雨花石。与徐荣同时的张岱也作了《雨花石铭》，其中说得就更为清楚了：“大父收藏雨花石，自余祖、余叔及余积三世，而得十三枚，奇形怪状，不可思议。怪石供，将毋同。”

雨花石在我国有着极其广泛的群众基础。民国以来，雨花石收藏之风越来越热，周恩来、徐悲鸿、老舍、沈钧儒、梅兰芳等许多政界、文艺界名人几乎都喜欢雨花石。画家陆俨少于抗战期间逗留重庆近七年之久，流连江边，多次淘汰，共得石七枚：翠竹兰草、梧桐仕女、平沙落雁、秋林夕照、梅雀寒林等，并从中领悟画理。周恩来、董必武、邓颖超等还经常到雨花台凭吊革命先烈，并在那里捡拾雨花石。不过，雨花石的名称在演化过程中逐渐趋同。如郭沫若称雨花石为雨花纹石，周恩来称之为雨花玛瑙石。现在已经不再有什么争议了，并且将不产在江岸地区的具有《怪石供》欣赏方式的玛瑙质卵石都归入了雨花石麾下。在传统雅石中只有雨花石与革命先烈相伴，受到了先烈的荫护。特别是雨花台成了革命烈士陵园后，人们为了缅怀烈士，到雨花台总要买些或拣些雨花石，所以没有遇到断层的噩运，形成了很好的历史传承。

第八节　周棠画笔下的石头

中国画家多有以石头为题材的创作，不仅记录了历史上的名石，更重要的是以石寄情。如宋代的苏轼、清代的郑板桥是以寄情为主；宋代的赵佶、米芾，明代的蓝瑛、米万钟、林有麟是以写实为主。在众多写实画石中，清代的周棠是一个重要的代表人物。

周棠，字召伯，一字少白，祖籍浙江绍兴会稽山阴兰亭西侧，因号兰亭西客、兰西，别署蜕翁、酒乡人，生活在公元1806年到1876年。曾做过光禄寺署正。画山水，师石涛。40岁以后，30多年来专攻画石。洋务运动的创导人张之洞的从兄、著名画家、东阁军机大臣张之万称周棠为清代画石第一人。周棠的画作在朝鲜尤受喜爱，且他画石不同于苏轼、郑燮。周棠生活的时代在鸦片战争后，这时学术上出现了欧风东渐，西方以写生为基础的绘画技法开始影响到一些接触新学的画家。在这种影响下，以临摹古画为主要学习创作手段的传统开始与西画写生相结合。周棠以前，石在画面中一般不是主体，而是充当配角。而周棠画石的主体是石，画面中其他素材都是为石而配的，这是他画石的主要特征之一。第二，周棠画石种类丰富。有玲珑剔透的传统画法的太湖石、磬石、英石、雪浪石、木化石、瑯邪石，甚至还有明矾、钟乳石等。第三，周棠所画的石头都是他自己所见与收集的石头，写实性很强。他每画一块石头，都是先把纸放挂在墙上，对石头反复观察、揣摩几个小时，甚至一两天时间方才动笔。因此，我们说周棠所画的石头也是石谱，可惜的是，他的作品集到了1987年才由其曾孙周妙中先生整理问世。

第五章

北洋与民国时期的识石名家

这一时期，政治上的特点是“你方唱罢我登场”。对中国石文化最有影响的则是以近现代科学知识为手段的研究方法。此时，《石雅》一书的出现便是中国石文化的一大飞跃性进步。

第一节 中国地质学之父章鸿钊与《石雅》

章鸿钊（公元 1877—1951 年），字演群，号演存、爱存，笔名半票，吴兴（今湖州）荻港人。清光绪二十四年秀才。光绪二十七年入湖州安定书院和爱山书院就读，同年以第一名的成绩考入上海南洋公学东文书院，光绪三十年赴日本留学。1911 年（宣统三年）6 月毕业于东京帝国大学理学院地质学系，获理学学士学位。回国后应聘北京京师大学堂地质学讲师，是我国主讲地质课的第一位学者。

辛亥革命爆发后，章鸿钊应聘赴南京参加筹建临时政府。1912 年，他创设地质科，任科长，为我国地质事业的开端做出了贡献。1913 年，他创办中国第一个培养地质专门人才的机构——工商部地质研究所，任代理所长、所长，致力于地质教育。后来，他又创办中国第一个地质调查机构——农商部地质调查所，任地质室主任，兼任北京大学、北京高等师范学校地质学和矿物学教授。1922 年，作为中国地质学会发起人之一，他被推为首届会长。新中国成立后的 1950 年，他赴北京参加中国地质工作计划指导委员会第一次会议，在会上致开幕词，并被选为该会顾问。1951 年 9 月 6 日病逝于南京。在追悼会上，李四光在悼词中称章鸿钊为“中国地质事业的创始人”。

章鸿钊一生著述甚丰，在地质学、岩石学、矿物学、古生物学、地质发展史、地质调查史和地质科普等领域内发表了大量学术论文，主要有《地质学与相对说》、《中国研究地质学之历史》、《中国地质学发展小史》、《杭州西湖之成因》、《中国锌的起源》、《中国分省历代矿产图录》以及系统介绍中国石文化的专著《石雅》等。

章鸿钊对石文化有相当浓厚的兴趣。他在 1927 年再版《石雅》自序中说：“原夫石雅之作，非有所歆慕于中而然也，唯一本乎生之所好而已。”《石雅》共分上、中、下三篇：上篇是玉，中篇是石，下篇是金。还有一卷制器，主要是考评石器。章鸿钊在《石雅》自序中说明了他作此书的目的，他说：“若夫物质之学起于后代。古人每不屑于此，故正名辨物，惟古惟难。有名以类从而物以色别者，于是一名数物之例兴焉。亦有同物异形，同名异译，而一物数名之例又兴焉。或因或革，文献已不足征。虽有征焉，而出入纷纭，诠释失据，又将自以得其所会归也。”《石雅》正是为各种石头“正名”和“辨疑”的。因为章鸿钊系统地学习了近代地质知识，所以《石雅》也是最早应用近代科学的方法研究石头的第一部专著，更是自然科学与社会科学结合的典范。

第二节 朱启钤与中山公园的青莲朵

朱启钤（公元 1872—1964 年）字桂莘，号蠖园。光绪举人。1903 年任京师大学堂译书馆监督。后历任北京城内警察总监、交通部总长、代理国务总理、内阁内务部总长。1920 年任《四库全书》印刷督理。朱启钤对中国古建筑艺术颇有研究，曾组织中国营造学社，自任社长。对石文化也颇有研究，著有《蠖园文存》。

民国初年，时任国民政府内务总长的朱启钤发起“公园开放”运

动，首先把明清两朝的皇家社稷坛改建成中央公园（1928 年改名中山公园），于 1914 年 10 月 10 日正式开放。这是北京城第一个近代意义上的“公园”。朱启钤开放公园，并为一些公园重安置石。上面我们所提到的中山公园的青云片、青莲朵、搴芝、绘月就是最典型的例子。

青莲朵是朱启钤后移至现中山公园内的，这尊置石有点不同寻常的经历，记载了历史的变迁、人事的沧桑。

青莲朵原是宋高宗赵构在临安（今杭州）德寿宫中故物，德寿宫原为秦桧的府地，此石是一帝一相所爱。原在德寿宫有古苔梅一株，苔梅苔藓甚厚，花极香；苔如绿丝，长尺余。德寿宫后因无人居住，逐渐荒废，明代画家孙扶和蓝瑛合作，画了一梅一石称《梅石图》，刻于石碑上，名曰“梅石碑”，置于石旁。后乾隆移此石至圆明园并将原名“芙蓉石”改名为“青莲朵”，同时将原碑摹刻一通仍置于石旁。到了民国，朱启钤将石移走，石与碑分离。现碑在北京大学俄文楼西北方土丘之下。该碑造型十分独特，碑身并不很高，上有石雕庑殿顶，下有莲花碑座，碑身上所镌刻的文字因年久风化有些模糊不清了，碑文很难辨认。同治、光绪年间的名士毛澂还写了一首《青莲朵》的诗：“汨罗不管金蟾锁，上阳骨锁青莲朵。回首阿房一片红，疑是湖山旧灯火。”由此可知石与碑存之不易，可惜两物各有所司管辖，可以说是宝刀出鞘、老僧离庙了。相信今后仍会有人像乾隆那样，三刻梅石碑，以志事物。

第三节　张轮远的《万石斋灵岩大理石谱》

张轮远（公元 1899—1987 年），天津武清人，曾在天津南开学校与周恩来同学，任《南开思潮》总编。毕业后，被保送金陵大学，后转考北京大学法律系，又师从国学家黄侃、吴北江。后考取司法官，曾任天津高级法院推事等职，是民国时期雨花石和大理石的著名收藏家。张轮远一生苦心搜求，庋（guǐ）藏雨花石精品三千多枚、大理石石屏百余方，因号其室名“万石斋”。在“万石斋”，他和同样酷爱石头的妻子李淑云一起品评欣赏。张轮远对雨花石和大理石的产地、矿物成分、成因进行过很多研究。从石头的形状、色彩、纹络以及鉴别、保管方法等方面入手，著有《万石斋灵岩石谱》和《万石斋大理石谱》。

张轮远赏鉴雨花石的眼光精审、独特，很见功力。他仿效唐代司空图的《诗品》，将雨花石按质、形、色、纹定为二十四品，品名曰：端好、精致、朗透、细腻、饱满、鲜艳、绚烂、绮丽、清淡、雅趣、苍老、柔嫩、高古、含蓄、深远、疏野、雄浑、纤细、刻画、生机、磊落、精神、奇特、怪异。由此，凡藏家之雨花石大都可“按图索骥”，据以得一品名。

他对大理石也情有所钟，广事庋藏，共存大理石屏百余方。他的《大理石屏清赏》指出：“虽居陋室，处境微狭，然可纳尽林泉丘壑之高致，皆赖奇石之美，美在兴象天然，足慰古往今来托石寄情者卧游山川之情。唯大理石之鉴赏，最重通犀。其肖形状物之奇巧，恐非昆吾刀刻所能办。”他还引用明代徐霞客的话说：“造物之愈出愈奇，从此丹青一家皆为俗笔，而画苑可废矣。”对大理石给予了高度的评价。他还分析大理石的成因：“考大理石，亦称云石、立石，产滇南大理点苍山。变质岩之一种，由石灰岩重结晶变质生成，碳酸钙含量达百分之九十五，其色有白、灰、杂色三种，色白呈玉质者尤珍贵，富含有色矿物质，于山体中多种合力作用下，呈现纹层、晕带、条团状聚结罗列，幻化成波诡云谲般奇丽画图。”张轮远对大理石的切割、与家具的配置也都做了详尽的研究。

民国时，另一位雨花石鉴赏家是王星酋，天津人。他将雨花石石品分类三等九级，即：上等灵品、奇品、隽品；中等幽品、精品、纯品；下等别品、常品、庸品。其品石尤重质、形、色、纹以及定名，与我们当代所强调的石文化一定要有丰富的文化内涵相呼应。

王星酋为其孙王角留下了雨花石八论：

1.“地：金陵六合之间，为长江尾闾，全部精美所荟萃，又近海气之蒸润，故均是长江流域，而金陵六合又特胜于下游。”

2.“质：矿学书谓蛋白石成分为含水矽酸，似水晶，坚而逊之，不透明，有乳白黄青等色……雨花石质约为数种，最优者可定名为蛋白质，如鸡卵清，正白色，莹然透彻。向日望之，浸水窥之，则如雾如烟，溟溟如细雨。”

3.“形：东坡《怪石供》，大者兼寸，小者如枣栗菱芡，东坡立言之妙也。枣栗一级，菱芡为一级，相递而降，二字成文、四字成文，骤读之不过状其小耳，细玩之乃天然四层级。”

4.“色：石以色胜为第一要点，色胜则虽不成形，亦不失为美石，倘无颜色，虽形质可贵，终非尽善。故余之癖石也偏于好色。”

5.“纹：石之有纹，莫奇于雨花……纹之美者，曲折变更，参差错落，方圆相衬。或三棱六角，或花瓣缤纷。绘画雕刻，艺出于人工，人且爱之，今雨花石之绘画雕刻乃出于天然，岂非世界之大怪乎……”

6.“定名：石具颜色纹形，无定像也，由人之眼光认定之，而命以名。老子所谓无名万物之母，有名万物之始也。好石者之魔障，与石结缘，必先由造像始，其巧合者一经定名，千人莫有异词……故弄石者灵机活泼无穷之妙趣，存站其人。”

7.“玩赏：物之高下，皆有定衡，惟雨花石品格不齐，千状万态。甲之所爱，适为乙之所憎，彼以为鹿也，此则以为马。石友尝欲第石高下，列为等次，余所拟与“轮远”略同而稍异，其三等九级如下：上等——灵品、奇品、隽品；中等——幽品、精品、纯品；下等——别品、常品、庸品。”

8.“交易：人之爱憎不一，而雨花石子……以所不爱，易其所爱，亦各得其所之一也。”

这一时期文房彩石在理论上开始进行总结，出现了龚纶的《寿山石谱》、陈钜的《天全石录》、胡朴安的《奇石记》、张俊勋的《寿山石考》、冒广生的《青田石考》等专著。

以上是中国石文化纵向发展的一个基本脉络。随着社会的进步，越来越多的人开始加入到赏石的队伍，各个阶层都涌现出了一大批觅石、赏石的人士，赏石人的队伍也在不断壮大。正是如此，一个前所未有的空前寻石热潮奔涌而来，越来越多的新石种被发现。从下一篇开始，我们将从横断面上对各种雅石进行介绍。

第二篇

常用地质术语

全世界已知的矿物有4300多种，而石头往往是由一种矿物或多种矿物组合而成的，因此其种类更多。为了更好地辨析石头，我们首先要通过一些名词术语来对石头进行描述。

石文化离不开石头。虽然从文化的角度对石头所承载的文化内涵进行解析不是自然科学的研究，但是如果对于岩石的一些基本知识都不了解，也会影响我们对石文化的认知。比如对石头的软硬、颜色等，都要有一个统一的说法，以便大家能理解和进行交流、沟通。在本篇中，我们以最精准的笔触介绍一些在石文化表述中经常遇到的名词术语，以利于对后面分项篇章的理解。

第六章

石的化学性质

岩石的化学成分十分复杂，但是对于非地质专业的人来说不必全盘掌握。

岩石是由各种物质元素构成的，俄罗斯化学家门捷列夫的化学元素周期表中的绝大部分元素都是组成岩石的成员。但是，各种化学元素在各种岩石中所占的比例却是大不相同的。1889 年，美国地球化学家克拉克曾经进行了计算，其中 98.5%是氧（O）、硅（Si）、铝（Al）、铁（Fe）、钙（Ca）、钠（Na）、钾（K）、镁（Mg）8 种基本的化学元素。

其实，无论多么丰富多姿的岩石，都是由这 8 种基本元素中的某一种或几种组成的。只不过它们的成分中还含有一些极少量的其他化学元素。

鉴于这一事实，作为研究以石为载体的石文化可以不必去深究，即具体哪一块石头都是由哪些元素构成的，它们所占比例究竟各是多少。

中国的石文化，主要是通过眼睛的观察去捕捉石头上所承载的文化内涵，所以用肉眼可以看到的对象来进行认识也就足以了。另外，在雅石辨识和养护时了解一些有关构成岩石的化学成分，也可以减少误识和对雅石造成不利的化学损伤。

第七章

石的物理性质

第一节　石的颜色

石头的颜色是石头对白光波吸收的表现，也是人们认识石头的最基本方法之一。这就是我们在概述里反复强调的色、声、香、味、触，以色为先。色不异空，所以我们要认识石头，就一定要了解一些有关颜色的知识和统一对色彩的认识，这样大家在交流时才能相互理解。

石头有红、橙、黄、绿、青、蓝、紫等七种基本颜色，以及它们的混合色——白色。

石头所呈现出来的颜色有自色、他色和假色。自色是石头本身固有的颜色；他色是石头中含有的外来带色杂质、气泡等引起的颜色；假色是石头表面因含有氧化薄膜，或因裂隙等原因引起光线发生干扰而呈现的颜色，以及人为地使用高温、浸蚀等方法改变石头表面的颜色。这种假色是我们在石头辨析中尤其应当注意的。

第二节　石的硬度

岩石的硬度是指石头抵抗外来机械作用（刻划）的能力。一般使用摩氏硬度。摩氏硬度是以 10 种矿物作为参照物来确定石头的相对硬度的，具体等级如下：

一度滑石、二度石膏、三度方解石、四度萤石、五度磷灰石、六度正长石、七度石英、八度黄玉、九度刚玉、十度金刚石。一般七度以上的石头多见于“宝玉石”，数量很少。判断六度以下的石头可以使用简易的刻划法进行。

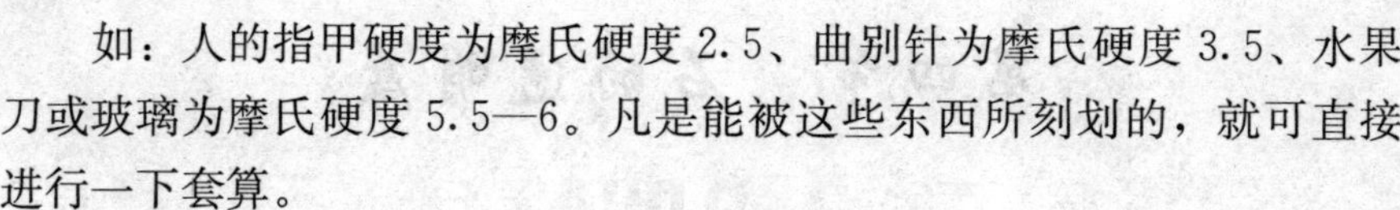

如：人的指甲硬度为摩氏硬度 2.5、曲别针为摩氏硬度 3.5、水果刀或玻璃为摩氏硬度 5.5—6。凡是能被这些东西所刻划的，就可直接进行一下套算。

第三节　石的光泽

岩石的光泽是指石头表面的反光能力，反光能力的强弱由反射率来决定。

光泽的分级按照反射率的大小，分为四级，即金属光泽、半金属光泽、金刚光泽和玻璃光泽，后三者又统称为非金属光泽。光泽各等级的具体特征如下：

金属光泽：呈金属般的光亮。条痕黑色、灰黑、绿黑或金属色。不透明。如自然金、黄铁矿、方铅矿等。

半金属光泽：呈弱金属般的光亮。不透明。条痕深彩色（棕色、褐色）。如铬铁矿、黑钨矿等。

金刚光泽：如同金刚石般的光亮。如金刚石、辰砂、雌黄、锆石等。

玻璃光泽：如同玻璃般的光亮。条痕无色或白色。透明。如石英、长石、方解石。

此外，由于石头表面光滑程度不同，会使光泽发生变化，形成一些特殊的光泽。它们可与一些实物的光泽类比。如：

珍珠光泽：矿物呈现如同珍珠表面或蚌壳内壁那种柔和的光泽，如石膏、云母的极完全解理面上就具珍珠光泽。

丝绢光泽：透明矿物呈纤维状集合体时，表面具丝绢状光亮。如石棉、纤维石膏等。

油脂光泽、松脂光泽光泽：见于石头不平坦的断口上。无色透明的石头其断口具油脂光泽，如石英；黄色—黄褐色矿物其断口为松脂光泽，如雄黄。

土状光泽：呈粉末状或土状集合体的矿物，表面光泽暗淡如土。如褐铁矿、高岭石等。

第四节　石的透明度

岩石的透明度是指石头可以透过可见光的程度。

石头的透明与不透明不是绝对的，而是以同一单位的厚度为前提。透明度可分为：

透明：石头在0.03毫米厚的薄片上能透光，如石英、长石、角闪石。

半透明：矿物在0.03毫米厚的薄片上透光能力弱，如辰砂、锡石。

不透明：矿物在0.03毫米厚的薄片上不能透光，如方铅矿、黄铁矿、磁铁矿。

影响透明度的因素还有矿物中的包裹体、气泡、杂质、裂隙及矿物的集合方式等。

第五节　石的条痕

岩石的条痕是指石头粉末的颜色。

判断岩石的条痕，一般是将石头在白色无釉的瓷板上进行刻划，然后观察其留下的粉末颜色。石头的条痕可以消除假色、减弱他色，因而比石头本身的颜色更稳定。所以，在辨析各种彩色的石头时，条痕色是重要的辨识特征。但是条痕对浅色石头来说，如方解石、石膏等的条痕色皆为白色或灰白色，就没有什么意义。

第六节　石的密度

岩石的密度是指石头单位体积的质量，度量单位为克每立方厘米

(g/cm³)。石头密度相差幅度很大。自然金属元素矿物的密度最大，盐类矿物密度较小。

一般而言，石头的密度可分为三级：

轻级：密度小于 2.5 克每立方厘米。如石墨（2.5）、自然硫（2.05—2.08）、食盐（2.1—2.5）、石膏（2.3）等。

中级：密度为 2.5—4 克每立方厘米。大多数石头的比重属于此级。如石英（2.65）、金刚石（3.5）等。

重级：密度大于 4 克每立方厘米。如重晶石（4.3—4.7）、方铅矿（7.4—7.6）等。

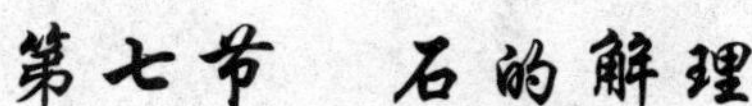

第七节 石的解理

岩石的解理是指石头在外力作用下发生破裂的性质。这样的破裂还有裂开与断口。

矿物晶体在外力作用下严格沿着一定结晶方向破裂，并且能裂出光滑平面的性质称为解理，这些平面称为解理面。

根据晶体在外力的作用下裂成光滑的解理面的难易程度，可以把解理分成下列五级：

极完全解理：在外力作用下极易裂成薄片。解理面光滑、平整，很难发生断口。如：云母、石墨、石膏等。

完全解理：在外力作用下很容易沿着解理方向列成平面（不成薄片）。解理面平滑，较难发生断口。如：方解石、方铅矿、萤石等。

中等解理：在外力作用下可以沿着解理方向裂成平面，解理面不太平滑，易出现断口。如：白钨矿、普通辉石等。

不完全解理：在外力作用下不容易裂出解理面。解理面不平整，容易成为断口。如：磷灰石等。

无解理：受外力的作用后极难出现解理面。在碎块上常为断口。如：石英、石榴子石等。

第三篇 文房彩石

文房，顾名思义是文化人房间里的常用物品。中国传统文房里最重要的文具有砚、墨、笔、纸，后来又增添了印石。古时官私印玺所使用的材料一般硬度较高，需要专门的人员冶治。宋朝时，米芾开始探索自己刻制、更能表达个人情愿的印章，至明清，部分文人掌握了篆刻技艺自治印章之后，文人的创作活动便离不开印了。文房中有两件物品是不能离开的石料制器的，即彩石的砚与印。砚是与文人关系最密切的文具，在文房四宝中位居首位。石印则是最易于文人自行发挥进行才艺展示的，既是工具又是创作成果。文房中这两种器物都是由永久性材料所成就，因此最具有欣赏与收藏意义。

文房彩石是指石质不硬、便于加工的工艺美术所用的石料，比较典型的彩石主要有印石和砚石。

第八章

印　石

印章在人类文明史上的应用是很早的，治印的材料也是多种多样的。有金属的，如金印、铜印；有宝玉石的，如玉、玛瑙、水晶、象牙、珊瑚、琥珀等；还有竹木的……在出土的文物中，汉代已有用质软的滑石刻印章的实物。现在印石中很有名气的寿山石印章，可见传世的有晋朝的“零陵太守章”。宋徽宗赵佶编纂了《宣和印史》，标志着印已跻身于艺术殿堂。宋代的杜绾的《云林石谱》中记载了一些易于刻划图书印记的低硬度石种。最早自刻印章的艺术家是北宋的米芾，他所使用的印章有一部分就是自己一手雕刻出来的。但是他只是探索雕刻的技法，没有在所使用的材质上有突破。所以，他的这种尝试在当时没有被更多的人所效仿。米芾的治印在他自己所著的《书史》、《画史》中都有所论述。

真正有文玩意义的印石的使用，肇自元代的赵孟頫（公元 1254—1322 年，浙江湖州人）、王冕（公元 1287—1359 年，浙江诸暨人）。他们都生活于青田石产地附近，而且需要个性化印章钤于自己书画作品上，以使自己的书画作品更臻完美。因此，他们是中国印石使用的滥觞。到了明代，文彭（公元 1498—1573 年，长洲人，今江苏苏州，文徵明的长子）统领起了文人治印的大军。他用青田石治印，并镌刻边款，这就是真正意义上的篆刻了。据清代篆刻家周亮工（公元 1612—1672 年）的《印人传》载：文彭在南京街头，购得几筐当时用于雕刻饰品的青田石，试着自刻印章，效果很好。因文彭做过两京国子监的博

士，桃李满天下，效仿的人很多，由此创兴了文人治印和印石鉴赏之风。石文化史里称为：石章时代的到来。石章的出现为文人的艺术创作开辟了无限广阔的天地，也为中国石文化增添了靓丽的光彩。

因为文房用印更多地要求个性化表现，所以多用质地较软的石质材料治印。印石要有美感、柔而易攻、便于镌刻。一般印石多以工艺名指称，如寿山石、青田石、巴林石等。从矿物学的角度来说，印石都是以蜡质叶蜡石为主要组成的致密石料，其主要化学成分是：$Al_2[Si_4O_{10}](OH)_2$。明清以来逐步形成的比较知名的印石有福建福州的寿山石、浙江青田的青田石、浙江昌化的鸡血石和内蒙古赤峰的巴林石。

第一节　寿山石类

寿山石因产于福建省福州市晋安区寿山乡而得名，其矿物属性是含水铝硅酸盐。寿山石矿床分布于福建省福州市北郊寿山村周围群峦、溪野之间。西自旗山，东与连江县隔界，北起墩洋，南达月洋，约十几平方公里。在距今2.03亿—1.35亿年的侏罗纪，由于火山喷发，形成火山碎屑岩。在火山喷发后，大量酸性气、热液活动，交代分解围岩中的长石类矿物，将K、Na、Ca、Mg和Fe等杂质淋失，留下较稳定的Al、Si等元素。在特定的物理条件下，它们重新结晶成矿或由岩石中溶脱出来的Al、Si质溶胶体，沿着周围岩石的裂隙沉淀晶化而成矿。矿石的矿物成分以叶蜡石为主，其次为石英、水铝石和高岭石，以及少量黄铁矿。

寿山石早在宋代就有了批量开采的记载。南宋黄干有七绝《寿山》诗一首说到："石为文多招斧凿"，就是说因为寿山石的文理好看而被人们采掘与雕琢。出土文物中有宋代的寿山石俑。现存的最早的寿山石印章的实物是明末进步思想家李贽（公元1527—1602年）的两枚遗印：一枚镌白文"李贽"，一枚镌朱文"卓吾"，"卓吾"是李贽的字。这两枚寿山石的石质都是灰白色的柳坪石。清代时，皇帝开始使用寿山石印章。康熙、雍正、乾隆、咸丰以及慈禧都有寿山石的印章留存至今。而以寿山石制玺是乾隆时期开始的，乾隆的石章甚至多达千余枚。

清代高兆和毛奇龄分别著有《观石录》和《后观石录》。高兆在

《观石录》中对寿山石进行了等级分类，提出神品、逸品和妙品三个等级。毛奇龄在《后观石录》中对寿山石做了进一步研究，提出了“田坑”、“水坑”和“山坑”的概念，并给40种不同的寿山石起了名字，为寿山石的鉴赏与研究奠定了基础。1933年龚纶出版了《寿山石谱》，对寿山石按地名进行了系统的命名。继后，张俊勋出版了《寿山石考》、陈子奋出版了《寿山印石小志》，形成了一整寿山石文化体系。

寿山石是一个大家族，清代毛奇龄在《后观石录》中说：“收藏家分别其旧藏者，以田坑为第一，水坑次之，山坑又次之。”我们把这种寿山石的划分称为“三坑法”，这个说法对后世影响极为深远。因此我们依旧把寿山石分为三个目类，即田坑、水坑和山坑。

判断寿山石的优劣，要从形、色泽、质感、肌理和透明度五个方面观察。印石中的透明度和肌理的纯净度如何决定了印石的品位高低。在透明度中分为三类：一是透明的晶石，二是半透明的冻石，三是不透明的彩石。

一、田坑石

田坑，顾名思义就是田地里的石头。其原为高山矿系的矿石，后经自然变化脱离矿体，流向了寿山溪一带的上板、中板、下板、溪板，并长期埋沉于沙泥当中而形成天然独立的石块，一般块体都不大。田坑石一般都是无根石，既不与山体岩石相连，也无脉可寻，呈自然块状，无明显棱角，它沉积于1—2米深的田地底，往往是“踏破铁鞋无觅处”，得之全要看石缘，即所谓的可遇而不可求，所以更加弥足珍贵。

田坑石石质温润、细腻、致密、微微透明。其具体石种还要根据石头的色泽，必要时辅以产出位置进一步划分，如黄色的被称为“田黄”、红色的称为“红田”、白色的称为“白田”等等。

（一）田黄石

田黄石是田坑中最常见的石种，以中坂田所产的质地最佳。其石表皮呈微透明的黄色，质感温润，颜色由里向外越渐浓重，肌理有隐隐约约的萝卜状（萝卜根须状纹）细纹。田黄石的价格古时就已是“一两田黄三两金”了，所以人们说“黄金易得，田黄难求”，被人们奉为“万石之王”。

寿山田黄石组件

田黄冻

田黄石中的最上品，色黄、有萝卜纹、全石通透、似蜜如脂、泽润光洁。

由于石料中所含矿物质的不同及形成过程中色素的沁入、渲染程度的不同而呈现出不同的颜色。不同的颜色混合在一起，在不同的外力作用下被改造、聚集、融合、浸染、胶结等，又构成了不同的花纹。为区别这些不同的颜色和花纹的石料，人们根据这些特征派生出了不同的石名，如“黄金黄”、“桔皮黄”、“枇杷黄”、“桂花黄”、“桐油地”等。

金裹银

田黄石中上品，似羊脂油块，外表色着一层鲜嫩黄皮，皮与肉形成鲜明的色彩反差，黄白相间、无限柔美，独有一番意境与情趣。

银裹金

田黄石的外面裹着一层浅色白皮，肌理为纯黄色，似去了壳的新鲜的熟鸡蛋，外表生着光泽明亮，极为稀贵。

鸡油黄

出产于上坂区和中坂区的交界处，质细密坚实、湿润凝腻，石之表面有一层类似鸡油的黄皮。

（二）白田石

白色的田坑石，出产于上坂区。质地细腻如凝脂，微透明，其色有的纯白，有的白中带嫩黄或淡青。石皮外浓内淡，如羊脂玉般温润，纹路、筋脉清晰明显，有如血色红烟，丝丝缕缕飘逸于白绫绸缎之中，如冰似玉，石中红纹格外醒目。白田石中的上品决不亚于优质的田黄石。

（三）黑皮田

黑皮田又名“乌鸦皮”，色泽多为桂花色，外皮如漆似炭，皮色浓淡多变，皮层厚薄不一，呈块状或条状，外表黑皮和里面的黄色反差尤为强烈。

（四）黑田石

黑田石石质细嫩、富有光泽，肌理的萝卜纹多呈流水状，多产于下坂及铁头岭一带。还有一种外为黄色皮，肌理黑中带赭，也是黑田石中的上品。

（五）红田石

红田石是红色的田坑石，根据生成因素的不同又分为“自然红”和“后天红”。

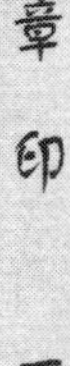

自然红田石是“天生丽质”，原生自然就是红色。后天红田石多为田石受炙，表层逐渐灼变为红色。自然红田石，色如橘皮、红中带赭，故称橘皮田红石，它的质细嫩凝润、微透明，肌理暗含萝卜纹，是稀有的石种；后天红田石，因系后天炙灼煨烤所变，又被称为煨红田石，因为经火受热后，石质变燥易裂，不能与先天红田相媲。

（六）灰田石

灰田石是浅灰色或深灰色的田石。石质通灵透明，肌理萝卜纹清晰可见，多有黑点掺杂其间，并泛有赭黄色。

（七）花田石

花田石又称为“五彩田黄石”，是一种红、黄、青等杂色相间的田石。其同样有石皮（石头外表）和萝卜纹，色彩缤纷、惹人喜爱。

二、水坑石

水坑石出自坑头，即寿山南方的山涧岩窦，是距离高山不远的坑头洞，一般都是结晶石，呈透明状，具玻璃光泽。越是坑深的地方，所采石材越是透明晶莹。因石料长期浸于水中，经受水的浸蚀所以称为“水坑”。水坑石的品种命名，主要以色象形似而分定。水坑石色有红、黄、白等，质地细腻凝结。寿山石中的“晶”、“冻”多出于此。水坑石是寿山石的上品石，比较好的有水晶冻、鱼脑冻等。

冻石

简称“冻”，用于雕工艺品和印章。质地晶莹润泽。明文彭《印章集》上说石印：“石有数种，灯光冻石为最。”

水晶冻

水晶冻产于坑头洞或水晶洞，因肌理全透明、宛如水晶而以“水晶冻”名之。其石质凝结，颇为珍贵，因颜色不同又有白水晶、黄水晶、红水晶的分别。白水晶以白如凝脂为贵，产量较多；黄水晶色如琵琶，产量较少；红水晶色如桃花而透明。还有一种红黄相间的被称为“玛瑙晶”。

天蓝冻

天蓝冻产于坑头洞和水晶洞，又称为“蔚蓝天”。石质细腻，肌理间带有棉花纹，其色纯如雨过天晴，淡蓝欲滴的为佳，品价次于白水晶。也有的颜色稍淡，近如秋天晓空。

鱼脑冻

鱼脑冻呈乳白色，透明度高、温润莹洁，肌理间带有纹理，如烧熟的黄鱼脑，所以称为“鱼脑冻”。

牛角冻

牛角冻产于坑头洞。其色泽如牛角般光亮，并有犀角般的石纹，所以称为“牛角冻”。有的微黄，有的带白而有萝卜丝纹状，都是上品印石。

坑头冻

坑头冻产于离寿山乡东南1.5公里的坑头洞。坑头冻是坑头洞中除归入水晶等冻以外，而产于坑头的冻石的统称。这些印石产于坑头砂土中，由于矿冻地下水丰富，矿石久受浸蚀，因而多呈透明状，表面富有光泽，质稍坚，肌里棉花纹及白晕点。其石温润可爱、纯洁通灵，常见的有黄、红、灰、白、赭、蓝诸色，其实是各色俱备，晶莹而凝腻非它石可比。

坑头冻石，高兆在《观石录》中说：“水坑上品，名泽如脂，衣缨拂之有痕。”历代收藏家因其质纯而难得，所以对其更加珍惜。其精品的身价不在田坑之下。

玛瑙冻

玛瑙冻产于坑头，半透明，质地通灵，表面凝澈，色红、黄红色有浓有浅，有玛瑙纹（斑马纹一样，红白相间的纹理），色相如玛瑙，光彩烂漫。古人常用“泼胭脂水”来形容其质地与色泽。

鳝脊冻

鳝脊冻石性通灵，半透明，色如鳝脊。色灰中带黄肌理，隐含细黑，体中含水草纹，又称仙草冻。有的有萝卜丝纹。

桃花冻

桃花冻石质温细润、油脂光泽。白色半透明，肌理含鲜红色或粉红色点，或密或疏，浓淡掩映，似胭脂之渍粉，如桃花之落水随波荡漾，若浮若沉，娇艳无比。正像杜甫的诗所说的：“桃花一簇深无主，可爱深红间浅红。”清毛奇龄在《后观石录》中也说桃花冻：“如酿花天，碧花、红光嫣然，宜名桃花天。”寿山石中除田黄外，就属水坑最罕见，有百年珍稀之称，桃花冻即是水坑中的精品。

环冻

环冻，色绿褐带灰，肌理有环状花斑纹。有单环、双环、三环或更多环的。有的大环内小环成簇的，环环相套；也有粉白色环。石地为白水晶或红白相间的为最好，如牛角冻有白环的就算比较差了。

三、山坑石

山坑石分布于寿山、月洋两个山村，石质因脉系及产地不同而各具特色，所以名目特别丰富。品种数量均为寿山石之冠。现在所产印材石料大部分都是山坑石。寿山矿区的主要产地是高山，品种、数量又为山坑之冠；月洋矿区距寿山约十余公里，产量相对较少。两矿区有众多坑洞，出产的石料大都用坑洞地名命名，如都成坑、善伯洞等。

（一）高山矿脉

高山是寿山村的主轴山，高山矿脉是指寿山溪源头，坑头山上蕴藏有寿山石的地带。高山的寿山石石种最多、藏量最大，开采最早。

红高山石

红高山石是红色高山石的统称。按颜色的浓淡深浅，分为桃花红高山石、荔枝红高山石、美人红高山石、朱砂红高山石、晚霞红高山石、玛瑙红高山石、酒糟红高山石等。朱砂红高山石又名高山鸽眼砂石，质地微脆略坚、通体半透明，在朱红的肌体中布满色泽各异的红色斑点，点中偶现金砂，闪闪发光、招人喜爱。

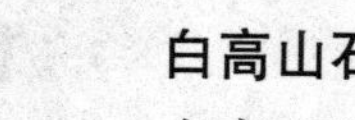

白高山石

白高山石是通体纯白的高山石的统称，其产量高于各种高山石，以色、相、质的不同分为藕尖白高山石、猪油白高山石、象牙白高山石、磁白高山石等，其中以藕尖白高山石、猪油白高山石为最佳。

黄高山石

黄高山石是指纯黄色的高山石，其石质凝腻，纯洁如蜜腊、蜜果。品质佳者可与田黄石、都成坑石相媲美。

巧色高山石

巧色高山石是指两种及两种以上颜色相间的高山石的统称。石中色泽明丽，色层由浓化淡，逐一过渡、是寿山石多色艺术品巧雕的最佳原料。

高山冻石

高山冻石是高山出的冻石统称。质如凝脂、通灵、微透明，肌理隐含棉花细纹。因色泽不同又分为白高山冻石、黄高山冻石、红高山冻石、高山朱砂冻石等。产量稍多，可补水坑冻石之不足。

高山环冻石

高山环冻石是体中隐有环晕的高山冻石。环多呈粉白色，大小不一，情趣比其他高山冻石更胜一筹。

高山晶石

高山晶石是高山石中晶莹透明、洁净无瑕者的统称。肌理中含细纹，或黑斑点、或团簇状砂。上等的高山晶石亦似水坑冻石，惹人喜爱。

掘性高山石

掘性高山石是指高山各矿床中游离散落于山坡砂土中的独石，成因类似田黄石，质地莹腻通澈、肌理含萝卜纹，外表也有石皮。其有月白、黄色、红色之分，颇似田石。因久埋山中砂土里，大多缺乏田石的滋润水灵。但是这种高山石很难寻觅，比较罕见。

高山桃花冻石

高山桃花冻石，石质微透明，色多白、黄，石中带细密的红点，深浅大小不一，似三月桃花散落水上，凝而视之，似动非动，如花飘静水。质佳，量少。

高山牛角冻石

高山牛角冻石色如黑牛角，肌理隐含灰色或灰黑色的棉花纹，质近水坑牛角冻石，细腻、凝结、微透明、产量少。

高山鱼脑冻石

高山鱼脑冻石色洁白，质温润，中泛黄彩，肌理有团簇状的棉花纹，如煮熟的鱼脑状纹，质近水坑鱼脑冻。

和尚洞高山石

和尚洞高山石产于高山顶上的和尚洞，石性细腻，微透明，色多红中带灰或土红，由寿山古禅寺的明代僧侣开凿。洞极古老，石也绝产多年。

大洞高山石

大洞高山石产于古洞，位于和尚洞尾部下方，也是明代僧侣所开凿出的洞。因洞深且广、石脉宽阔，故称大洞。所出石材，性坚质硬，有红、白、黄等色，以诸色相间者为多。时有透明、半透明的晶冻出现，分别称为大洞晶石、大洞冻石。

玛瑙洞高山石

玛瑙洞高山石的石洞居于大洞的尾部，也为明代僧侣所开。石质纯洁多光泽，似玛瑙石，偶有黑中透红者。石中常隐现红、黄、黑、白各色条纹和圈点。近年来石农常在高山各洞采到色质与玛瑙石相似的石材，也称为玛瑙洞高山石。

油白性高山石

油白性高山石，是民国初从大洞另掘出来的支洞所出的石材，但与大洞石不同。色多乳白或白中泛黄，凝腻如油脂，肌理偶见色点（有颜色的斑点）。浸于油中，色渐转浓；脱油后，又变淡。因其嗜油，故称油性高山石。

水洞高山石

水洞高山石产在和尚洞后侧下方，因矿洞深入水下，故名水洞。此洞所产之石，称为水洞高山石。其石质通灵，微松，色白、红、黄，或白中带红、带黄。经油浸，质益佳，可与水坑冻石相媲美。

新洞高山石

新洞高山石多为寿山石巧雕用石。石色丰富、材体巨大，质地有坚有松，是寿山石雕中雕刻使用的良好石材。

大健洞高山石

大健洞是和尚洞中的支洞，由清朝一位名叫黄大健的石农首先开凿，洞中所出之石便称大健洞高山石。石微坚、多砂格、易裂，质逊于和尚洞高山石。

世元洞高山石

世元洞高山石产在位于大健洞后方的世元洞，因是清时张世元所开凿的矿洞，所以被称为世元洞。石性稍坚、色泽鲜活，常见者有红、白两色。

四股四高山石

四股四高山石产于邻近嫩嫩洞的石洞，因是四位石农合股开采，所以以股指称。石质比高山各石都坚实、透明度好、色泽丰富，有黄、红、白、灰各单色或杂色，是高山石中的优质石。

白水黄

白水黄是山坑中的稀有品种，产于高山东南面山岗。质硬不透明，有层纹及裂纹，酷似漳州窑瓷的冰裂纹。颜色黄，明如桂花、暗若桐油。外有黑皮，内有粉白点、粉黄点或黑点。若久浸水中则色淡退而自碎裂。白水黄以颜色分为水黄与水白两种，水黄又分为纯黄与干黄。纯黄美而细润，质较松；干黄则色黝暗，质粗干易裂。水白，色带微黄，或淡绿，质地细润而微透明。

太极头

太极头产于位于高山峰北的太极洞，因洞的地形似太极，故名太极洞。洞不大，产量甚微。半透明，质晶莹温润、坚洁呈玻璃光泽。有白、黄、红或诸色相间，其通灵可与水坑冻媲美，过去被公认为高山石之冠。

鸡母窝高山石

鸡母窝高山石产于高山北麓、太极洞的正下方、形似鸡母窝的洞内，因而名为鸡母窝高山石。自 1990 年 8 月开采以来，已开凿了 3 洞。石质近太极头石，晶莹通灵，性微坚，有红、黄、黑各色。在黄色石中偶见极细的萝卜纹，并有石皮，极似田黄石。黑色石中，质佳者颇似坑

头牛角冻石。

小高山石

小高山产自位于高山峰东侧的石洞。因石中多含杂质，如泪痕点点，故又称“啼嘛石”。有黄、红、白或各色相杂。

荔枝冻

荔枝冻又名荔枝嘴。1987 年才开始开凿，因为洞口有棵野荔枝树而得名。荔枝冻性灵质坚，含萝卜纹，有白、黄、红诸色。以白色结晶体为最典型，是近年出产的高山石中的最佳品种。可惜开采仅两年后矿石殆尽，以后虽有零星开采，但石质大多不佳。

（二）都成坑矿脉

都成坑矿脉在寿山之东的都成坑山。矿脉夹在坚硬的围岩之中，称之“粘岩性石线”。结晶性较强，质地比较坚硬，透明性强而富有光泽，肌理常有并列的弯曲条纹，如水波荡漾，并有灰色的石波和色斑。

都成坑石

都成坑石又称杜棱石，产于高山东北两千米的都成山洞中，明末清初时发现，清道光年间开始大量开采。石质结实、晶莹，色彩丰富，有红、黄、白、灰、紫等色，表里如一、永不变色。

白都成坑石

白都成坑石色白，纯白者少见，多白中泛黄、泛灰、泛青、泛蓝或葱白。以色清恬、性通灵者为佳。

红都成坑石

红都成坑石色红，因浓淡深浅分为橘皮红都成坑石、桃花红都成坑石、朱砂红都成坑石等。其中以橘皮红都成坑石为最佳。朱砂红都成坑石中偶出冻石，称为朱砂冻红都成坑石。

黄都成坑石

黄都成坑石色黄，也因浓淡深浅分为黄金黄都成坑石、桂花黄都成坑石、熟栗黄都成坑石、枇杷黄都成坑石诸种，以色纯、性灵、质坚者为上品。

花都成坑石

花都成坑石又称五彩都成坑石，为多色混杂的都成坑石，妩媚艳丽、招人喜爱。材大色鲜者为佳。

都成坑晶石

都成坑晶石是都成坑各石中最晶灵通透的晶石。以黄色居多，较为罕见。

琪源洞都成坑石

琪源洞都成坑石产于琪源洞，为各种都成坑石之冠，色多黄、红、白，性洁，少杂质，肌理常隐现萝卜纹，温柔可爱。

坤银都成坑石

坤银都成坑石产于琪源洞顶部的坤银洞，洞名也是因为石农张坤银首先开凿而命名的。性微坚，有黄、红、灰、白或杂色相间。红、黄两色多出佳石，通透，少杂质，纯度比琪源都成坑石略差。肌理多呈条布纹，俗称“月痕”。

元和洞都成坑石

元和洞位于坤银洞之侧，是石农陈元和所开。所产之石多杂色、性微坚、半透明，肌理隐现浑白点。偶有红色如玛瑙者，质佳，称为玛瑙红都成坑石。

粘岩都成坑石

粘岩都成坑石是指洞石与周围岩石相粘连的都成坑石。其特点为石脉稀薄、石质特别晶莹灵洁，也是寿山石中的上品石。

掘性都成坑石

掘性都成坑石是那些本产于都成坑中各坑，却剥离于石脉的独石，一般埋藏于坑洞周围的砂土中，需挖掘才能得，因而得名。石质脂润、微透明，不及洞产石通灵。有网状或环状纹，纹理紊乱。黄色掘性都成坑石，有桂花黄、枇杷黄、橘皮黄，有时亦出现萝卜纹、石皮、红筋，状易与田黄石相混。

鹿目格石

鹿目格石产在都成坑山坳中，有洞产和掘性两种。洞产鹿目石，多黄、红相间，亦有石皮，质地透明，但肌理有黑点和粉黄点相杂其间。掘性鹿目格石，系久埋于砂土中的块形独石，质地较通灵温润，石表有黄色或像枇杷黄的微透明石皮，肌理则为浓黄，偶有牛毛状纹，俗称鹿目田石。唯黄中多泛块状红晕，质逊于田石。另有红鹿目格石 ，色如丹砂浮于清水中，俗称“鸽眼砂”。

尼姑楼石

尼姑楼石产于都成坑山旁，石质坚脆，稍逊通灵，有黄、红、蓝、灰、白诸色。黄者色深沉，酷似鹿目格石，肌理常含极细的棉纱纹。因产量少，识之者亦少。近年有产者多为红、黄或各色相间，并夹有白色之线状纹，颇似玛瑙石。

迷翠寮石

迷翠寮石产于都成坑山顶。石质软，石性灵。色多黄中略带粉红，为该石重要特点。除黄色外，尚有红、白、灰各色。肌理常见金砂地，闪闪发光。

碓下黄石

碓下黄石产地位于鹿目格洞北坡下方。石为黄色，有深浅之分。石性近高山石，不透明或微透明，肌理多含乳白色细点，似“虱卵”。石有洞产和掘性两种，色淡如蜂蜜。洞产者，石金裂痕，油浸则泯；掘性石，质地细柔，稍坚，色浓如桂花，外表有石皮，石纹呈红紫色。

月尾石

月尾石产于月尾溪旁的月尾洞，主要有月尾紫和月尾绿两种。月尾紫性结，甚富光泽，以色浓为新鲜猪肝者为佳；月尾绿以色翠而通明者为贵，但多裂痕，浸油则泯。月尾石中亦有纯洁通灵之冻石，分别称为月尾冻和月尾晶。

艾叶绿石

艾叶绿石产月尾洞，是月尾石的一种。在绿色月尾石中，有色浓如老艾叶者，被称为艾叶绿石，淡绿者称为艾背绿石。石质松，易干裂，需油养。其在明代被誉为“印石第一品”，尤为珍稀、价值连城。

（三）善伯洞矿脉

善伯洞矿脉在寿山村东南面寿山溪下游一侧山头上，其山为长条形。与都成坑山隔溪相望，同月尾山相邻。

善伯洞又名洞八仙。清咸丰、同治年间（公元1851—1874年），石农善伯采石于此洞时不幸洞塌身亡，后人为纪念他，将该洞以善伯命名。善伯洞石，其质温腻脂润、半透明、性微坚。肌理多含金砂点和粉白状“花生糕”，色极多。人们常赞曰：“红如桃花，黄如蜜腊，灰如秋梨，白如水晶，赤如鸡冠，紫如茄皮，种种俱备。”

红善伯洞石

红善伯洞石有朱砂红、暗红、鲤红等，艳丽者如红蜡烛。质温柔、凝腻、微透明、有光泽。

白善伯洞石

白善伯洞石有纯白或白中带黄、带灰等色，质脂润、微透明。石中常含有粉白色点。纯净无瑕者难得。

黄善伯洞石

黄善伯洞石以黄色居多，有中黄、深黄、枇杷黄等。其中桔皮黄极似田黄石，但其石质中多有如花生糕的粉白点，故仍可识别。

善伯晶石

善伯晶石质地通灵纯洁，多呈红、白、黄色，肌理常含金砂，闪闪发光。

银裹金善伯洞石

善伯洞石中白皮而黄心者，如白银包裹黄金，故得名。品质佳者，白皮晶莹、洁净，厚度均匀；黄心质润、凝腻，色泽艳丽，是善伯石中的佳品。

善伯尾石

善伯尾石石性较韧、质地通灵。色以浅绿中泛微红者多见，此外尚有红、黄、白或二色、三色相间者。与善伯洞各石相比，其晶莹不足、稍逊光泽，并有白渣泛起，是其瑕疵所在。

（四）吊笕（jiǎn）矿脉

吊笕山位于寿山村东面，相距寿山约 5 公里。

吊笕石

吊笕石产于高山东北面之吊笕山。石材储量丰富，质硬，含粗砂粒。少数透明，多数不透明，色以黑为主，也有黑中带灰白，或带黄、红、白的。肌理呈黄色虎皮纹且结晶者称为“虎皮吊笕”石，或“虎皮冻”石。

（五）金狮公山矿脉

金狮公山矿脉位于寿山村东面的金狮公山，与善伯山相近。

金狮峰石

金狮峰石产于高山东北 3000 米处的金狮公山。金狮峰石性坚、质粗、多砂丁，多呈黄、红、灰、赭或多色相间。品质佳者似鹿目格石。

近年新采之石，质益佳，有黑皮黄心及黄皮黄心者，易与田黄石混杂，两者唯一的区别是金狮峰石的质地润腻不足。

房栊岩石

房栊岩石又称饭桶石。因出产的山形酷似饭桶，故得名。产于金狮公山附近，石质坚实微脆，间杂砂丁，红、黄、白、灰各色俱备。色黄者，似都成坑石；红紫者，似月尾紫石。

（六）柳坪矿脉

柳坪矿脉在高山的东北面，与寿山相距约 4 公里的柳岭上的柳坪山尖。柳坪矿脉所出之石质粗材巨，质优者选作雕刻用石，质差者作为工业用耐火材料。

柳坪石

柳坪石产于高山北面约 5000 米处的柳坪村。储量丰，石材大，质粗色暗，不透明，多含杂质。近年大量开采，其主要作为耐火材料，其中偶有少量质佳者供艺术雕刻之用。如杂色有花斑者，为花柳坪石；紫红者，称柳坪紫石，其质细，微透明。也有晶冻石，称柳坪晶石，但体积小，量不多。

（七）旗降矿脉

旗降矿脉在寿山村的北南、猴柴山东面的旗降山。旗降山不高，满山藤棘，灌木丛生，青翠如碧。旗降矿脉为倾斜状石层，顺着山峰的坡度延伸。其石种主要为产于旗降山的旗降石，其石质结实、温润、坚细、凝腻，微透明或不透明，富有光泽，年久不变。其色彩丰富，以红、黄、紫、白，或两色及多色相间者常见。主要以色相来细分其右，品种较多，是寿山石中的一大家族。

黄旗降石

黄旗降石色黄如蜜蜡，根据其浓淡深浅，分称为“秋葵蜜蜡”、“柑黄蜜蜡”和“蜜杨梅”等。偶见黄中带红、白等各色，色界分明，是巧色石雕的首选石材之一。

红旗降石

红旗降石以其色的浓、淡分为李红旗降石、橘红旗降石、玛瑙红旗降石、珊瑚红旗降石和赭红旗降石数种。颜色艳丽照人、光彩夺目。

紫旗降石

紫旗降石俗称紫旗石，紫色愈浓愈佳。也有紫色中带红、黑色花纹

或小白点者，更富石韵。另有紫白相间如织锦者，称紫白锦旗降石。

白色紫旗石

白色紫旗石多白中带淡青、浅绿、微黄。但同为白旗降石，石质却不一样。佳者脂润如玉，酷似白芙蓉石；性燥粗者，则似焓红石。

彩虹旗降石

彩虹旗降石为旗降石的新品种。此石石相奇特，在黄旗降石材上环绕着红色、浓黄色等条纹，酷似彩虹绕穹，实为艳丽奇观。

银裹金旗降石

银裹金旗降石产于旗降山，是旗降石中白皮而黄心的一种。其石佳者，皮如白高山冻石之凝腻、心似田黄石之细润，色界分明温柔有加。

金裹银旗降石

金裹银旗降石是指色如枇杷果的黄皮而有白心的旗降石。此石皮薄心实，色层分明。

焓（hán）红旗降石

"焓"本是一个热力学名词，在福州方言中是火烧的意思。旗降石中，其石质较为粗顽，多含石英砂粒，色多灰白、黄赭，不堪雕刻者，统称为焓红石。石农为改变其质，将其埋于火堆中煅烧。石经煅后，色变鲜红，遂称焓红石。未经煅烧的粗质旗降石，时人也将其称为焓红石。

（八）猴柴矿脉

猴柴矿脉在高山南 3000 米处的猴柴山上。

九茶岩石

九茶岩石洞位于离高山 3000 米处的猴柴山上，石质稍松，微透明，有红、绿、黄、白、灰等色，以黄、绿较为常见。似高山石，但多含砂粒。肌理多有粉黄块状或像槟榔芋（又名香芋）般的纹斑，故俗称槟榔九茶岩石。另有白中泛豆青色者，称白九茶石；肌理隐现点点如豹皮纹者，称豹皮冻石。九茶岩石储量虽多，但宜用于雕刻的极少。

无头佛坑石

无头佛坑石洞在猴柴山东南麓。洞址附近，古有女娲庙，后废。清时有位石农在此掘石时，发现一无头佛，遂以无头佛坑为此洞名。该种石的石性坚，杂有花斑和裂纹。今老洞已不出石。

（九）老岭山矿脉

老岭山矿脉位于高山北面约 4000 米处与老岭山，是大储量、大体积的矿脉。

老岭石

老岭石产于高山北面约4000米处的老岭山，储量大、体积大，但质粗，多用以雕刻大件陈设品、器皿和规格化印章。

虎嘴老岭石

虎嘴老岭石产于老岭山虎嘴岩。石质纯净、透明度高。色地佳者，属晶石，称“虎嘴老岭晶”石。

松柏岭石

松柏岭石洞位于寿山北面，属老岭矿脉，与旗山相邻，山坡多松柏，故名。石质坚脆，有红、青、绿、白等色。

大山石

大山石产于老岭之大山。产量大、石质粗，多作为耐火材料。也有少量好石，常为绿色或黄绿、紫绿相间者。其中质纯而洁净通灵者，称为“大山通”石；晶冻者称为“大山晶”石，只是较为罕见。

圭背石

圭背石又名鸡背石，属于老岭矿脉，接近豆叶青石产地。色多绿，近似青田石之封门青石。质洁净，微坚，肌理常见黄筋和白块。

豆叶青

豆叶青又名豆叶绿，质温润凝腻、微透明、色似豆叶绿。绿色有浓有淡，石中多有红筋、黄筋。

（十）旗山矿脉

旗山矿脉矿藏丰富、品种繁多，仅次于高山系，但颇为分散。石质与石性差距颇大，以坚、脆、硬以及不透明的粗劣品种为多，多数只能作为工业用料或雕刻普通罢件和规格化印章。

大洞黄

大洞黄质脆坚、不透明、色多暗黄，含黄色斑大洞黄石产于旗山旁，多为粗石，质硬脆、易裂。石中常杂有散状白渣，色呈赭黄或粗黄或暗黄。品质差。

水莲花石

水莲花石产于旗山附近。质粗糙、不透明。色多灰白、灰黄，或灰、黄、赭相间。肌里充满色块，纯净者极少。

水洞湾石

水洞湾石又名水桶湾石，产于旗山，近马头岗下方。肌理布满裂纹。色多黄、白、红、花红、花黄，以黄色为佳，似虎岗岩。

马头岗石

马头岗石又称马头艮石，俗称旗山砖，产于旗山马头岗。质硬，不透明，多含砂丁，为旗山系粗石。色有黄、绿、灰等。

（十一）加良山矿脉

加良山矿脉位于寿山村南面约8公里的晋安区宦溪镇加良山一带，在都成坑山的南面，又称月洋矿脉。

半山石

半山石产自位于加良山通往芙蓉将军洞的半山腰的洞，所以叫半山。半山石质微透明，较芙蓉石坚，但滋润不足。色有白、黄、红等。纯白者称白半山；以黄色为上者称黄半山；石中泛红斑、红点，骄艳如桃花红、李子红或玛瑙者称红半山。此外还有产自花羊洞的花半山。半山石佳者极似芙蓉石，易与其相混。芙蓉石绝产后，半山石身价倍增。然半山石多有裂纹，其裂痕与峨嵋石相似，可据辨真伪。

芙蓉石

芙蓉石出产在月洋山顶峰。石质极为温润、凝脂、细腻，虽不甚透明，然娴雅尽在其中。其开采于明末清初，以其“玉而非玉”质而倍受文人雅士宠爱，可谓“玉而纯粹，玉不受刀，逊于芙蓉矣”。陈亮伯在《说印》中讲道：“马之似鹿者，贵也。真鹿则不贵。印石之似玉者，佳也。真玉则不佳矣。”芙蓉石是寿山山坑中最珍贵的石种，与田黄冻石、艾叶绿合称为“寿山三宝”。其一般按颜色分为红芙蓉石、黄芙蓉石、芙蓉青石、白芙蓉石、桃花芙蓉石。按出产的坑洞又分为将军洞芙蓉石、上洞芙蓉石等。

红芙蓉石

红芙蓉石色红，而非纯红，多是在白、黄、青色地的芙蓉石上呈现片片红块，浓者艳若牡丹，亦现水痕和黄筋，娇艳作态、光彩四射，但红石少见，尤为难得。

黄芙蓉石

黄芙蓉石色黄，浓淡深浅似枇杷、桂花黄、米黄、牙黄。石质若凝脂通透，比红芙蓉更为罕见。

芙蓉青石

芙蓉青石为白里透青或淡青色的芙蓉石，色如鸭蛋壳，时有极细的黑点隐于肌理。

白芙蓉石

白芙蓉石为白色的芙蓉石，质温雅柔嫩，有猪油白芙蓉石、白玉白芙蓉石、藕尖白芙蓉石之分。猪油白芙蓉石凝腻如凝固的猪油；白玉白芙蓉石滋润如羊脂玉；藕尖白芙蓉石色嫩通灵，白中微带青气。

红花冻芙蓉石

红花冻芙蓉石是在白芙蓉石中偶见一种红花点点散落其间的冻芙蓉石，质通灵、韵别致，称为红花冻芙蓉石，为芙蓉石中的神品，难以觅得。

将军洞芙蓉石

将军洞芙蓉石以将军洞为芙蓉石的主要产洞，原名天峰洞，位于加良山顶。此洞所出之石，质地极纯、柔洁通灵，为芙蓉石上品。后洞塌，绝产。当今世上藏品都是白色，多为数百年前的旧物，价值不逊于田黄石。

上洞芙蓉石

上洞芙蓉石上洞又称天面洞，与将军洞为邻，也是芙蓉石的主产洞。石质温润凝嫩，但稍逊于将军洞芙蓉石。有白、黄、红色，色地较暗，少神采。

峨嵋石

峨嵋石产于月洋山，储量和产量都很大。石质粗劣，多充做工业耐火材料用石。少数较好者，可做石雕用材。1988 年以来，曾出现一批佳石，俗称峨嵋晶石。质通灵、微脆，色有绿带桃红、黄带嫩绿，还有与白芙蓉石、藕尖白芙蓉石相似者，均为上等好石。人称红峨嵋石、桃花峨嵋石、半山红峨嵋石、青峨嵋石、翠峨嵋石、巧色峨嵋石、黄峨嵋石、峨嵋翠石等。

（十二）山仔濑矿脉

山仔濑矿脉位于寿山村的东面接近江县的金山山腰。“濑”是指从沙石上流过的水。

山仔濑石

山仔濑石产于金山顶附近的瓦坪，邻近连江黄石产地。石质较粗，多砂，易崩，有黄、白、红、黑等色，多见黄色，易与连江黄石相混。

四、其他种类寿山石

二号矿冻石

二号矿冻石产于寿山乡党洋村二号叶蜡石矿。在开采叶腊石时偶然获取结晶体团状冻石，质地莹洁通灵，有红、黄、白、绿等色，以黄色为最佳。

山秀园石

山秀园石产于寿山乡山秀园村，与党洋二号矿相近，其质与芙蓉石相似，坚且温润，肌理多隐含粒状黄色砂丁。

汶洋石

汶洋石产于汶洋村漏岭，石质相似芙蓉石，有白、红、黄色相兼，脂润腻滑。1997 年新发现，1999 年开采，名扬海内外。

五、寿山石伪劣品的鉴别

寿山石在外观上易与叶蜡石、滑石、青田石等相混淆。

叶蜡石有比较明显的蜡状光泽，且结晶颗粒较粗，呈片状，定向排列；而寿山石呈一般的蜡状光泽，且质地细腻，犹如胶冻。

滑石结晶颗粒较粗，为细粒至粗粒结构；而寿山石结晶颗粒细小，为微粒结构。滑石的硬度低，易被指甲划伤；寿山石硬度稍高，不易被指甲划伤。

青田石多为不透明至透明状，颜色单调，以黄绿紫相间；而寿山石的石色丰富，以黄和黄白色为主。青田石为山坑石，无石皮；而寿山石中的某些品种带有石皮。青田石石质略疏松，含颗粒散砂，而寿山石石质致密，多细润。

鉴定寿山石的技术指标：

光泽：抛光面一般呈蜡状光泽或油脂光泽，个别可呈玻璃光泽。

硬度：摩氏硬度 2—3。

密度：2.5—2.7g/cm^3。

折射率：1.56（点测法）。

光性特征：集合体。

紫外荧光：长波，弱，乳白。

韧度：高，适于雕刻。

断口：贝壳状，较光滑。

放大检查：田坑石和某些水坑石有特殊的“萝卜纹”条纹构造。

第二节 青田类

青田石产于浙江省北部瓯江中游，括苍山南麓距青田县城20里的白羊山上及其图书洞、方山、白 、岩垄、凤门山一带，是青田所产石材的统称，为我国四大印石之一。其学名为“叶蜡石”，具玻璃光泽和油脂感。石材生成的温度和气压较高，故石质结实、细密，刀感软硬适中，特别富有金石味。“九山半水半分田”的青田县，自古以来就靠这土生的石头扬名四方，尤其是山口镇的封门清、灯光冻、黄金耀等名石傲视天下。与寿山石主调尚艳、尚浓不同，青田石主调尚清、尚淡，退尽火气，雍容娴静，回味无穷。1600年前的青田石雕《卧猪》至今还憩息在浙江省博物馆内。青田石开采始于宋代，是较早用作印材的石料。明代文彭偶然购得青田石灯光冻数筐，试作印材，发现它比金属治印更加得心应手。及后天下文人雅士竞相刻石，推动印坛从流传2000年之久的铜印时代走进石章时代。乾隆皇帝八十大寿时，大臣选用青田石刻制一套60枚“宝典福书”印章作为寿礼，每枚印章上都有一个“福”字，乾隆见了龙心大悦，现珍藏在北京故宫博物院。在《西泠后四家印谱》所用的石材中，青田石占70%，其地位可见一斑。郭沫若有诗赞颂说：“青田有奇石，寿山足比肩，匪独青如玉，五彩竞相宜。”

青田石还可再分为“冻石”和“图书石”两大类，冻石尤为著名。冻石半透明、洁白如玉，像冰冻一样，所以称之为“冻石”。古人往往以“凝脂”、“冻蜜”来形容它。按石质、颜色、纹理，冻石还可以分为20多种，如鱼脑冻、青田冻、紫檀冻等。其中最名贵的要数灯光冻。冻石一般都做印章材料。图书石比冻石差一些，质地滑腻、细致，颜色有红、黄、蓝、黑、白、紫、褐等，也是刻图章的原料。

青田石是一种变质的中酸性火山岩，叫流纹岩质凝灰岩，主要矿物

成分为叶蜡石，还有石英、绢云母、硅线石、绿帘石和一水硬铝石等。矿石呈青白色、浅黄色、灰白色、褐紫色等，有蜡质感，均质块状，摩氏硬度1—2度。青田石的化学成分以氧化铝、氧化硅为主，并有少量的氧化钾、氧化钠、氧化钙、氧化镁、氧化铁等。矿物含量决定了石质的软硬：一般氧化铝含量愈高则愈软；而氧化硅、氧化铁含量愈高则愈硬。质地纯、透明度好的“冻石”，是很纯的细小致密结晶质叶蜡石。颜色很杂，红、黄、蓝、白、黑都有。青田石的石色与所含的微量化学元素有关。如含氧化铁、黄铁矿呈黄、棕黄、赭色，赤铁矿呈红、红褐色，钛元素呈淡红色，锰元素呈紫色，绿泥石混入呈绿色等。岩石的色彩与岩石的化学成分也有关。当三氧化铁含量高时，呈红色，低时呈黄色，更低时为青白色。

青田石岩石硬度中等，石中含叶蜡石、绢云母、硬铝石等矿物，所以有滑腻感。同时还耐水、耐潮、耐火、不变色、不变形；宜于奏刀、刀感脆软、刀起刀落、石屑飞溅、十分爽快；易镌、雕、刻、锯、锉、凿，能充分施展雕刻技艺，使印章渐臻理想；刻成印章“吃朱不吃油”，印色鲜明、色泽不褪，宜长期保存。上品以上的青田名石大多具有细、纯、密、润、冻、艳、奇等特点。细者，质地细腻；纯者，质纯无砂钉，色纯无花斑；密者，结构致密，无裂纹、格纹；润者，温润如脂；冻者，有半透明感；艳者，色彩艳丽；奇者，花纹奇妙。

青田石储量很大，主要产地山口镇，经长年开采，现在所产的佳石已极为稀少。石色以青为主，有黄、白、豆青、淡绿、黑褐、红等色。石质粗细相差很大，一般似寿山的“老岭”。佳石都结晶半透明、光泽如玉、细润而微坚，都夹生于顽石中，难得大块。一般不透明，质地软硬适度，产量亦多。用刀刻之有脆裂之声，石屑纷呈小块状，青田石的品种远不及寿山石多样，色彩也单调，绝大部分都带青色。

青田石大多以产状及颜色一起组合来确定石种。

一、青石

白果冻

白果冻一名白果青田。微透明，浅绿略带微黄色，色彩匀净如炒熟的白果，故名“白果青田”，行刀脆爽，呈玻璃光泽。为青田石中的上品。

灯光冻

灯光冻又称“灯明石”。色微黄、细腻、温润柔和、色泽鲜明、纯洁、通体半透明、光灿若灯辉。其在折射的灯光下，晶莹如玉，故名。质坚致细密，灯光冻质雅易刻，治印时容易表达笔墨韵味，明初已用于刻印，名扬四海，为青田石之极品，所以“高出寿山诸石之上”，价胜黄金。产山口为封门、旦洪和方山白垟。近年时有产出，夹生于顽石中，数量极少，难得大方。

封门青

封门青又名风门青、风门冻，产于封门，以产地加特征为名。此石极纯、了无杂质，故曰“清”，是最具有代表性的青田石。封门矿石材甚丰，封门清为数不多。一般质纯、细腻，不冻、色泽鲜明的石材，统称为封门石。色淡青，如春天萌发的嫩叶，有的偏黄、白。质如灯光冻，微透。质地细腻，肌理常隐有白色、浅黄色线纹。不坚不燥，篆刻印章，最宜走刀，尽得笔意，为难得之珍品，但是价格也不菲。

由于封门青的矿脉细，且扭盘曲折，游延于严石之中，量之奇少、色之高雅、质之温润、性之“中庸”，是所有印石中最宜受刀之石，大为篆刻家所青睐。其色彩天然，绝无人工或他石能仿造，容易辨认。鸡血、田青以色浓质艳见长，象徵富贵；封门青则以清新见长，象徵隐逸淡泊。因此，前者可说是“物”的，而后者则是“灵”的，人们往往称封门青为“石中之君子”。

封门青的辨伪：假的封门青主要作伪手法有拼贴法、模压法及假冒。

拼贴法是将封门青石料切成薄片，然后拼贴于普通方章的六个面。由于使用对角拼接工艺，较难识辨。此种假章应仔细检验边角线，从中寻找拼接的蛛丝马迹。

模压法是用石料添加颜料拌胶水压制而成。此种假章外观上色彩纯净、无裂纹、无杂质、微透明、体量大、十分诱人。识辨的方法可一摸二听三看四试。一摸：用手握摸，天然石章感觉冰冷，假石章易暖。二听：用手指弹之，天然石章音沉；假石章声脆。三看：逆对强光，天然石章边缘有透明感至厚实处影调变化自然；假石章为增加重量，在章体内埋有铁条，隐约可见。四试：用刀刻假章，如刻塑料制品，刀下无白色粉沫，仅见一条卷曲的细丝。

还有一类假冒封门青，市上石商常以辽宁宽甸石或广东石冒充。宽甸石质细较透，光泽好，外观上有近似之处，但仔细辨认，其青色偏绿、色浮躁，肌理含浅絮纹，多砂，难以受刀。广东石有的偏鲜、有的偏白，肌理多白色斑纹。有的更有明显的层状矿石特征，在印体上显出“阴阳面”，有两面较纯净，另两面有较多斑纹。

夹板冻

夹板冻简称夹板，产于山口、方山、季山、塘古等地。冻石呈层状夹生于普通青田石或熔结凝灰岩中，层次分明，似夹心饼干，故名。冻石和夹板因产地不同，颜色各异。冻石厚度不等，多者数层。夹板越硬，冻石越佳，是青田石雕优质原料。

竹叶青

竹叶青又名竹叶冻，因产于周村，所以又被称为周青冻。其石青色中泛绿：青中有绿，绿中带青，好像春天的嫩竹一样可爱。石质温润、细腻坚韧、通灵明净，因常裹生于粗硬的紫岩中，肌理隐有细小白点。纯净大块者品质好，极难得。

二、其他颜色的青田石

其他颜色的青田石还有很多种类，按石材的颜色划分有：

绿石，包括封门绿、苦麻青、山炮翡翠、石门绿、玉冻等；蓝石，包括封门蓝、蓝花钉、蓝花青、蓝青田等；白石，包括白青田、老鼠石、武池白等；黄石，包括黄金耀、黄菜花、黄冻、黄皮、蜜蜡黄、牛墩黄、青田黄、周村黄等；红石，包括北山红、柑橘红、官红石、玫瑰红、石榴红、猪肝红等；紫石，包括红木冻、紫罗兰、紫青田、紫檀冻等；黑石，包括墨筋章、墨石、牛角冻、青田黑等；黄棕石，包括酱油冻、酱油青田、松花冻等；彩石，包括白黑花、彩云花、封门三彩、虎豹斑、金丝纹、岭头三彩、豌豆冻、五彩冻等。

三、龙蛋

这是一种独体的石材，实际上是一种石结核，又称卵岩。龙蛋石的冻体被暗红色的流纹岩或凝灰岩杂石包裹，以结核体的形式独立成块产出。内中往往有圆或椭圆形上品封门青冻独石，极为珍稀。它的形成类似田黄，价值亦愈益愈昂贵。

四、青田石的格裂

在选择收藏青田石的过程中，须注意防裂、防硬。其裂纹有两类：

一类是矿石生成过程中形成的自然裂纹（又叫冰裂），概因其年代久远，各种矿物质渗染，而形成细小色纹。此类格纹对印石牢固度影响不大。

另一类是在采矿、选矿、加工过程中形成的人工裂纹。在选择时要特别注意此类裂纹中的通裂与底裂。尤其是出现于印章四面相互连接的通裂，稍加外力就易断裂。有的本来就是石章断裂后重新粘合的次品，更须加倍小心。检查是否有裂纹的方法是：对“冻石”，可将石章逆对强光细心观察；对普通石章，可用指甲轻轻刮去石面封蜡，仔细检验。

五、青田石的养护

青田石的养护要注意避晒、避风、避震、避尘。由于石质细软温嫩，故应避免阳光直射或强烈灯光的长时间照射和风吹，以免变色、变质而出现褪色、裂纹。强裂震动或碰撞会造成印石破损。灰尘多了也会损害印石的自然神韵。因此最好能置于印盒或玻璃橱柜内，既便于观赏又利于保养。青田石属叶蜡石类，石质耐温致密，故不必用油养护，可以用加温封蜡法保养。对一些收藏时间长、已“褪色”的石章，可先置温水中清洗，阴干后加温封蜡，用软布揩擦，即可光洁如新。对一些高档石章，可经常置于手中摩挲把玩，时日愈久，印石表层的包浆愈显得雅致苍润、光彩照人。

第三节　昌化石类

昌化石产自浙江省临安昌化镇（今临安市西武隆），其开采利用始于元末。所以，昌化石的发现自然早于这一时间。昌化石作为雕刻的材

料和制成印章，始于明代。当时山民从露在表层的矿石中采得稀少罕见的鸡血石，打磨后发现其质地细腻、色彩晶莹、易于雕刻，令人喜爱，于是就有人报官进贡，从此便受到重视，当地就有因献鸡血石而得官者称“玉石官”。明代以来开山采石之风大盛，鸡血石和鸡血石印章闻名海内外。公元1784年，清乾隆帝下江南巡视至天目山，天目山主持献8厘米见方的鸡血石一方，乾隆皇帝将其刻上“乾隆之宝”，现存北京故宫博物院珍宝馆内。

如果在昌化冻石中有“血”则被称为上品“鸡血石”。所谓鸡血，就是石中的辰砂，辰砂是一种特殊的汞矿石，鲜红色。鸡血石中最名贵的要数“大红袍方章”，其印石六面红或四面红，红色鲜艳、纯净，光泽亮度高，纤密坚韧，几乎无“地子”，即满堂红。但是大部分还是有地子的鸡血石，要不也透不出“大红袍”的难得了。地子即印石的底色，底子越灵透、纯净越好。如桃花地鸡血红：遍体艳若桃花，鲜艳夺目。白玉地鸡血红：质地月白如素，无杂色，血色淋漓尽致。豆青地鸡血红：地子似碗豆青色，微透明，血色鲜艳。荸荠糕地鸡血红：其特征透明度相当强，血呈红斑，片片诱人眼目。牛角地鸡血红：质地乌黑纯正，血艳，呈流纹，动感很强。藕粉地鸡血红：质地若冲泡而成的西湖藕粉，呈粉白色，鸡血醒目。肉膏地鸡血红：产量较多，质地有透明不透明之分，其红色似鸡血滴入石中为佳者。

明清两代的鸡血石和印章，都作为上层社会彼此馈赠的珍贵礼品，以示炫耀，并引以为荣。鸡血石含有天然的朱砂，朱砂在道教中可炼丹，有驱邪、百魔不侵的功能，所以拥有鸡血石可以驱魔迎祥、镇宅定居，深受皇室官宦的青睐。

清代篆刻艺术蓬勃发展，昌化石得到了不少篆刻名家的重视。乾隆、嘉庆年间的“西冷八家”都对昌化石印材有认真的研究。《西冷后四家印谱》中就介绍了陈豫钟、赵之琛、钱松等利用昌化石做印材的印谱。清代后期吴派篆刻艺术创始人、“西冷印社”第一任社长吴昌硕和当代杰出的中国画大师、篆刻家齐白石等均十分重视昌化石的利用。从民国开始，昌化石的声誉进一步提高，采石者日见频繁。

昌化石是个多姿多彩的大家族，主要分为昌化鸡血石、昌化田黄石、昌化冻石、昌化彩石等多个种类。其大部色泽沉着，具油脂光泽，微透明至半透明，极少数透明；性韧涩，明显带有团片状细白粉点。色纯无杂者稀贵，其质地纤密、韧而涩刀，少含砂丁及杂质。

一、昌化黄石

昌化黄石产在浙江省西部天目山康山岭玉岩山北侧的山坡上，方圆不足十亩，其最明显的特征是“无根而璞”，自然成为单个独石，呈无明显棱角的浑圆状，表面包裹石皮，肌理通灵透亮，温润细洁、纹格清新。基本由两大类石头组成：一类是当年开采鸡血石丢弃的“废石”，其中包括各种冻石、杂石以及被遗漏的鸡血石等，成为昌化黄石主要的组成部分。这些单个的“废石”，虽然也有石皮，但肌理中仍保留昌化石体含杂质较多的特点。这类石头，不是掘性石，更不是二次生成的原石。另一类则是亿万年前，地壳变动散落在山坡、山脚的独石，再经过土壤、水分、地温色素的长期浸蚀演变，二次生成的原石。所谓“二次生成”，即是散落的独石，在土壤里受水分、地温色素以及酸碱的长期作用下，石体肌理中的杂质、成分不断变化，其物理性质和化学成分亦随之改变而形成另一种性质的石头，其演变过程是极其缓慢而又漫长的。这种石头的肌理往往是纯净无瑕、细洁温润，一般都含有萝卜纹理，这就是田黄原石，它的特点是皮厚质洁、温润可手，完全可以与寿山田黄媲美，其品种有黄、白、黑、红等。在二次生成的原石中，还有一种因沉积年代不够或地质条件所限而尚未“发育成熟”的原石。此石肌理不够纯净，温润度也次之。这种石头在昌化黄石中较多。此外，黄石中尚有一些有皮的鸡血石和各种冻石、杂石等。由此可知，昌化黄石是多类石种的总称，田黄只是其中的一类，且数量相当稀少。

昌化黄石不仅是制印的绝好材料，也给人们提供了享受生活的自然源泉。选择质地尚好、造型别致、皮色完美的黄石，略经加工，便可制出古朴苍劲、形态俱佳的自然形印石。这种由自己审美观选出的自然形态，保留天然石皮加工出的印石，市场是买不到的。目前已有不少书画艺术家对这种尽显自然沧桑、古朴秀雅的印石，十分有兴趣。选择一块田黄原石，适当施以薄意，配上相应的镂空底座，既可观赏，又可做印，真是百看不厌、保值增值之乐事。对于一些质地稍差，但造型奇特、皮色艳美的大块黄石，可制作与石形意境相匹配的精制红木底座，用以观赏，能使人情趣盎然、回味无穷。

二、昌化田黄鸡血石

昌化田黄鸡血石是在昌化田黄的质地中包裹“鸡血”。因田黄石素有“石帝”尊称，鸡血石又有“石后”美名，而田黄鸡血石兼备两者丽质，故被称为“宝中之宝”、“帝后之缘”。

三、昌化冻石

昌化冻石是昌化石的优质品种之一，视觉特点是清亮、晶莹、细润，根据色泽分单色冻和多彩冻。昌化冻石按色分有白冻、田黄冻、桃花冻、牛角冻、砂冻、藕粉冻等，均为优良品种。

四、昌化彩石

昌化彩石又名昌化根，是昌化石中色彩最丰富、产量较多的品种，它区别于昌化冻石的主要标志是不透明。昌化彩石在昌化石中一般是下等材料。

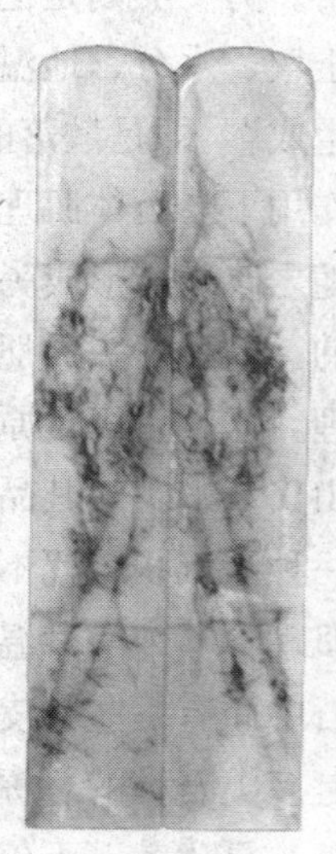

昌化鸡血石

五、昌化鸡血石

昌化鸡血石是昌化石中的精华，在中国宝玉石中占有重要地位。其品质高低要看“血”和“地”。血色为鲜红、正红、深红、紫红等，鸡血的形状有块红、条红、星红、霞红等，并能达到鲜、凝、厚为佳，深沉有厚度，深透石中，有集结或斑布均衡为佳。血量少于整体10%者为一般，少于30%为中档，大于30%者为高档，大于50%者为珍品，70%以上者珍贵难得，全红或六面血为极品。红而通灵的鸡血石称为“大红袍”，是可遇不可求的神品。

鸡血石的“血”是辰砂和地开石、高岭石等矿物集合体，集合体中辰砂的大小、含量以及地开石、高岭石等的颜色，对“血”的颜色都有不同程度的影响。划分鸡血石品种一般依据质地和色泽。冻彩石和软彩石除翡翠冻、孔雀绿、艾叶绿等，至今未发现有辰砂伴生外，其余品种的质地都有辰砂渗透。鸡血石的称谓通常根据这些被渗透的冻彩石、软彩石的称谓而定，如羊脂冻鸡血石、牛角冻鸡血石、象牙白鸡血石、桂花黄鸡血石等。此外，由于岩石的硅化而出现的刚地、硬地两类石材，就其本身的工艺价值，称不上宝玉石，但它常与辰砂伴生，有的“血”色还非常突出，因而身价倍增，被列为鸡血石一类。据此，昌化鸡血石可分为冻地、软地、刚地和硬地四大类。

（一）冻地鸡血石

冻地鸡血石是鸡血石之精英，历来是人们追求的主要目标和开采的主要对象，不少名品、珍品均出自该品种。主要品种有：

牛角冻鸡血石

牛角冻鸡血石质地灰黑或灰黑中略渗浅黄，颜色或深或浅、或纯净无瑕、或带纹理和其他花纹，半透明。血色在牛角冻地的衬托下显得尤为深沉、热烈。质地以单色为佳，色泽越明净，越能与血色形成对比，显得格外美丽。此品种在各矿区都有产出，但纯净无瑕、血色艳丽者并不多见，属难得之珍品。

羊脂冻鸡血石

羊脂冻鸡血石乳白色质地，半透明，亦分单色和多色两种，以纯净无瑕的单色质地为佳。在乳白鲜嫩的质地上分布“鸡血”，红白明显、耀眼夺目，有人形象地把它比作是“皓齿朱唇”。透明度较高者，肉眼可见肌内“鸡血”，富有立体感，为爱石者梦寐以求。此品种产出不少，但质地纯净、血色上等者亦求之难得。

田黄冻鸡血石

田黄冻鸡血石质地乳黄，半透明。色泽有深有浅、有暗有亮、有净有瑕。深暗者，如熟栗肉黄、土黄；浅亮者如桂花黄、鸡油黄；净者极富有玉的肌理感，入手心荡；瑕者多色伴生或渗有杂质，大多次于明净者。在黄冻地上配以鲜浓的“鸡血”，就像蜂蜜中渗透红彩，艳丽醒目。田黄冻鸡血石是鸡血石之上品。

玻璃冻鸡血石

玻璃冻鸡血石质地乳白色，呈玻璃晶体状，又名水晶冻鸡血石，是冻地鸡血石中透明度最高的一种。在玻璃冻地上，不仅能观赏到表面

"鸡血"，而且能较清晰地透视冻地内部"鸡血"，有人形象地比作犹如观赏鲜红冰灯，艳丽非凡。此品种产出时呈小型团块状，偶见，是珍品中之珍品。

肉糕冻鸡血石

肉糕冻鸡血石又称藕粉冻鸡血石。质地灰中泛红，透明度稍逊于玻璃、田黄、羊脂冻，各矿区都有产出，是冻地鸡血石中较常见的品种。在藕粉冻地上散布着"鸡血"，更给人以沉稳、厚实之感。地子净纯、血色艳丽者，亦是鸡血石之上品。

朱砂冻鸡血石

朱砂冻鸡血石质地紫黑色或灰黑色，半透明。此品种往往与红、白、黄等色伴生，形成红、黑、黄或红、黑、白之色象。红自然是"鸡血"，白是近似羊脂冻的乳白色，黄是近似田黄冻的黄色。如此三色的协调搭配，古朴典雅。此品种俗称"刘关张"。黄或白色代表刘备，红色代表关羽，黑色代表张飞。三色结合，将《三国志》中刘备、关羽、张飞桃园结义，盟誓同生共死、风雨同舟的深刻含意寓于其中，给朱砂冻鸡血石冠上了一个极雅的头衔。此品种是鸡血石中之珍品，多产于老坑红洞，资源接近枯竭，现已极为难得。

桃红冻鸡血石

桃红冻鸡血石质地通体淡红色，如桃花红，半透明。"鸡血"伴生于淡红色的桃红冻地上，状如玉冰含血、玉里透红，异常娇艳。爱石者常将它作为爱情和幸福的象征，选购珍藏。此品种以纯正者为上，生有其他杂质者为下。

芙蓉冻鸡血石

芙蓉冻鸡血石质地玉白色，半透明，玉肌感强。"鸡血"伴生其上，更显得娇艳夺目，光彩照人。质地无瑕疵者，亦是鸡血石中之难得上品。

五彩冻鸡血石

五彩冻鸡血石质地多色伴生，微透明至半透明。此品种的价值高低除了看血色、血量、血形外，还要看其余诸色是否结合得协调和谐。"鸡血"伴生在五彩冻地上，犹如画龙点睛一般，使彩色画图更显得多姿多彩、富有韵味，很有欣赏价值。此品种产出较多。

银灰冻鸡血石

银灰冻鸡血石质地浅灰如银，微透明至半透明，以大红、紫红血色为主。此品种各矿区都有产出，产出量较多，但血色纯正、质地明净无杂色者并不多。

豆青冻鸡血石

豆青冻鸡血石质地浅灰中泛青，色如豆青，又如薄荷汁，故又称薄荷冻鸡血石。微透明至半透明。在豆青冻地上配上“鸡血”，宛如蓝天片片红云、朵朵彩霞，又如湖水中盛开的花朵、漂洒的花瓣，韵味甚浓。此品种之“鸡血”因伴生在青灰冻地上，不论血量多少、血型大小，看了都较为舒心。

玛瑙冻鸡血石

玛瑙冻鸡血石的质地有橙黄和玫瑰两种颜色，半透明，玉肌感强。“鸡血”往往顺色块的纹路伴生，色彩烂漫。有的“鸡血”还会顺着石头质地上的花纹显示出一圈圈的同心层，则更是美丽。典型的玛瑙冻鸡血石产出不多。

（二）软地鸡血石

软地鸡血石以多姿多彩的软彩石为地，其透明度、光泽度虽不如冻地鸡血石，但不少品种的血色、血形与色彩丰富的质地相融合形成美丽的图纹，却胜过冻地鸡血石。它是鸡血石中最常见的一类，产量约占整个昌化鸡血石产量的60%左右。这类鸡血石的成分是辰砂与地开石、高岭石和少量明矾石、石英细粒组成，有一定蜡状光泽，硬度为3～4级，不透明或部分微透明。主要品种有：

“黑旋风”鸡血石

“黑旋风”鸡血石质地通体乌黑，富有蜡状光泽。此品种为鸡血石之上品。常有鲜红、大红的块血、条血或云雾状血伴生。在纯黑明亮的地上伴生“鸡血”，给人以威武豪迈的气势，使“黑旋风”的英雄本色进一步显示出来，因而大大提高了其身价。此类珍品在早年开采中比较多见，近已罕见。

瓦灰地鸡血石

瓦灰地鸡血石质地主要是瓦灰石。地色有深有浅，不透明，少量微透明，有一定蜡状光泽。常见有大红血伴生，少量生有鲜红血。质地无瑕斑砂丁者自然柔和，即便血量不多、血色欠鲜，亦清淡怡人、令人喜好。巴林灰地鸡血石与昌化瓦灰地鸡血石相近，但前者的血色不及后者。此品种有许多坑洞均有产出，产量也较多。

白玉鸡血石

白玉鸡血石质地以象牙白、鹅蛋白为主，故又称象牙白鸡血石或鹅蛋白鸡血石。其在昌化各类“鸡血”石中都有。由于此品种质地洁白、光洁度高、玉肌感强，使伴生的“鸡血”更加鲜艳夺目。多数坑硐都有产出，产量亦较多，但纯正者属少数。巴林瓷白鸡血石与昌化白玉鸡血石的色泽有些接近，但质量相差甚远。巴林瓷白鸡血石较干燥艰涩，整体感觉呆滞，品质一般。昌化白玉鸡血石无论血色和质地都较有灵性，是昌化软地鸡血石中之上品。

桃红地鸡血石

桃红地鸡血石质地淡红色，不透明，有一定光泽。“鸡血”分布在桃红质地上，反差较小，尤其是偏淡的血色，更与地色接近，冲淡了“鸡血”的艳丽姿色，被人称之为“地子吃血”。但地色淡雅、纯正，血色丰浓的品种因加大了反差，变“地子吃血”为“玉里裹红”，因而产生了很好的视觉效果。巴林的红花鸡血石与此品种有许多相似之处。

朱砂地鸡血石

朱砂地鸡血石质地色泽与朱砂冻相似，但不透明。此品种质地同朱砂冻一样，往往由黑、白、红或黑、黄、红三色伴生，而以朱砂红或朱砂黑为主。“鸡血”常见有大红色，条块状，也有鲜红或淡红色，点状或絮状的。也有人称其为软地“刘关张”，属软地鸡血石上品。

紫云鸡血石

紫云鸡血石质地属软地紫云石，不透明，有一定光泽。常见有“鸡血”顺紫云图纹伴生，形成奇特的画面。切面图纹往往十分对称，可制成美丽的对章。此品种比较少见，大多出自老坑。

黄玉鸡血石

黄玉鸡血石质地黄色，色调有深有浅。深者如土黄，故亦称土黄地鸡血石；浅者如桂花黄，故亦称桂花黄鸡血石，不透明。此品种色相变化很多，常混有灰、棕、白、黑、红等杂色，单色明净者较少。在明快的黄色地子上散布鲜艳的“鸡血”，使人看了赏心悦目、亮丽迷人。各类“鸡血”都有伴生。黄玉鸡血石近年在新坑产出较多，唯有纯正者较少见。由于田黄冻鸡血石求之难得，一些血色好、玉质佳的黄玉鸡血石也成了抢手货。此品种属软地鸡血石中之上品。

青玉鸡血石

青玉鸡血石质地灰中带青，又称青灰地鸡血石，不透明，蜡状光泽强，石质较细腻。它与豆青冻鸡血石的地色相近，只是透明度不及豆青冻鸡血石。此品种各类血色都有分布，优劣以质地纯净度、血色艳丽度和血量的多少来区分。

花玉鸡血石

花玉鸡血石该品种为黑花鸡血石、红花鸡血石、黄花鸡血石和满天星鸡血石的总称，其色彩纷呈、色相多样，伴生着各种血色、血形。以黑花为地的鸡血石，黑里嵌红，给人以沉着与坚定的激励感；以红花为地的鸡血石，红上加红，给人以热烈与友爱的感觉；以黄花为地的鸡血石，黄红相映，给人以诚挚与和谐的感觉；以星星花点为地的鸡血石，就像日月星辰，给人以幸运与长久的启迪。该品种各坑硐都有产出，产量较多，以花样得体美观、血色艳丽者为上品。

酱色地鸡血石

酱色地鸡血石质地深棕色，不透明，杂色较少。“鸡血”与深棕色质地组合，色泽尤为深重。

巧石地鸡血石

巧石地鸡血石质地由二种以上界线分明、反差强烈的色块、色纹组成。“鸡血”在巧石地上巧妙分布，常常形成奇特、美丽的图案。不透明。

板纹鸡血石

板纹鸡血石质地为板纹石，不透明。“鸡血”呈絮状同一方向分布，形成木纹图案。

（三）刚地鸡血石

刚地鸡血石与冻地、软地鸡血石少数品种的色泽相近，只是石质成分不同，因而产生了硬度、透明度的不同。此品种与俗称“硬货”的石材，从20世纪80年代开始，随着石雕工艺的发展和对鸡血石工艺要求的变化，逐步被人们重视和开发利用，还出现了少数名贵的珍品。刚地的主要成分是辰砂与弱或强硅化的地开石、高岭石、明矾石、硅质成分及微细粒石英的集合体，分软刚地与硬刚地两类。软刚地硬度为3—5.5级。部分质理较细润，有玉肌感，不透明，或少量微透明，较易为人们接受。质好者同软地鸡血石相似，但最大弱点是石质脆、易破裂，尤其是受热、受震的情况下更是如此。硬刚地硬度大于5.5，刚地以褐

黄色、淡红色为主，大部分不宜雕刻，一般是稍作加工，以其自然美供人观赏。它的主要品种有：

刚灰地鸡血石

刚灰地鸡血石质地色如水泥地，单色居多，有的间有灰白斑块，分软、硬两种，软者尚可受刀。石质缺乏通灵感，不透明，光泽不够明亮。

刚褐地鸡血石

刚褐地鸡血石质地浅棕色或深棕色，不透明，石质较呆滞，多数难以受刀。分单色和多色两种。

刚白地鸡血石

刚白地鸡血石质地色如蛋白，粉状感较强，不透明，少量微透明。单色居多，有的在粉白中间有褐黄或粉红色斑纹，布局合理者，亦很有韵味。此品种也为刚地鸡血石之上品。

刚粉红地鸡血石

刚粉红地鸡血石质地为浅桃红色，有粉状感，不透明，也有单色和多色两种。此品种亦是刚地鸡血石之上品。

（四）硬地鸡血石

硬地鸡血石的质地成分主要是辰砂与硅化凝灰岩组成，硬度在6级以上，甚至达到7级，不透明，干涩少光，俗称“硬货”。

硬地鸡血石的质地颜色比较单调，较常见的有灰色、白色，也有少量黑色和多色伴生。一般来说，硬地鸡血石难以雕刻，均属低档品，但其中一种称“皮血”的品种则属上档或中档品。此品种的特点是在硬地的表面伴生着鲜艳的“鸡血”，形成了单面或双面的“鸡血”薄皮，故俗称“皮血”。据产地多年观察，质地愈硬，其伴生的“鸡血”亦往往愈鲜愈浓，也愈不容易褪色。好的“皮血”是制作工艺品和仿古摆件的极好材料，有的只要经表面抛光就是一件十分美观的艺术品。此外，还有灰、黄、黑、褐等为地色的硬地鸡血石。

值得提醒的是，昌化鸡血石较易仿造，且伪造的多，冒充的少。仿造者手段之“高妙”足以乱真，若非行家实不易辨认。其伪造方法和辨别方法如下：

1. 用不成材的鸡血红斑点镶入成材而无红斑的昌化石，并用胶粘之。这种伪造只须细察红斑嵌接处，就可发现有接痕。若把石面磨光，不论怎样镶都可看见。这种伪造在百年前昌化盛产时较多，后来因不成材的红斑亦不易得，也就不多见了。

2. 先用牙医补牙用的水泥，混合寿山石粉充分研细，加入红朱并掺渗少许洋红，铸成鸡血红斑点，有大有小、有浓有淡，然后再用白水泥混石粉加入少许灰色颜料，将已铸成的红斑镶入，铸成印材，再加工磨细上蜡，伪造光泽。这种伪造的鸡血石，粗糙、干燥、涩，无生气。

3. 用无红的昌化根挖大小洞，填以农红油质颜料，然后用透明体玻璃纸类薄膜封固，加上透明清漆填补接口。这种伪造石可从接口处或颜色中看出。

4. 用寿山 20 世纪 30 年代出产的旗山花坑石冒充。花坑石有黄地、藕粉地者，其质地和颜色颇似昌化石，光泽比昌化强，但用刀刻即见质地脆、坚，有顿挫感觉，其红色亦非辰砂所形成，似玛瑙红，这一点要认真比对。

一般来说使用化学品粘填的可用打火机火苗燃之即发出特殊气味。

如是采用移花接木的办法就要靠经验了。确切地说是在真鸡血的基础上，做了假的手脚，其漂亮的程度令人怀疑，这类的分辨只能靠眼睛去仔细辨别。鸡血的自然外观有瑰红、条红、片红、斑红、星红、霞红等，色调浓淡过渡自然。但凡是真的总比人工造的更为自然。

第四节　巴林石类

巴林石是印石的后起之秀，产于内蒙古自治区赤峰市巴林右旗赤峰山。民国时期，其开采已初具相当规模，品种相当丰富，寿山、青田、昌化等石名均在巴林石中有相似者。巴林石有朱红、橙、黄、绿、蓝、紫、白、灰、黑色等；其石质坚纤细密，色泽晶莹，有新蜡感觉，有不透明的、微透明的、透明的。透明者有蜡状光泽、丝绢光泽、珍珠光泽和凝脂光泽的，并常伴有浑浊雾团状痕迹，巴林石中还有相当数量的鸡血石。

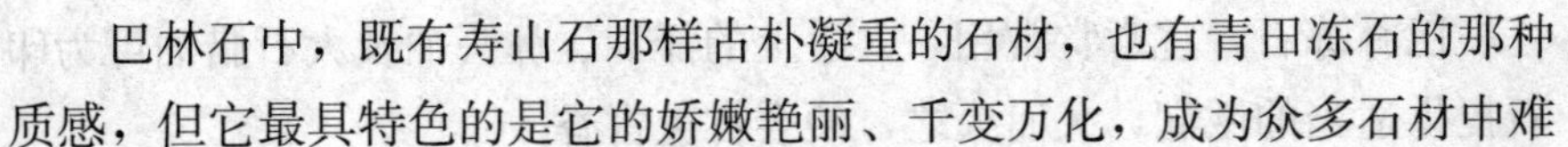

巴林石中，既有寿山石那样古朴凝重的石材，也有青田冻石的那种质感，但它最具特色的是它的娇嫩艳丽、千变万化，成为众多石材中难

得的一个品种。

巴林石受刀性佳好，为篆刻者所喜爱。

巴林石与昌化石之区别：昌化冻石有细粉雾点团，巴林石无；巴林石色浮鲜，昌化石色沉着。巴林石各品种中，佼佼者首推鸡血红。和昌化鸡血石相比，二者各有千秋：昌化鸡血石质地粗而血鲜、对比强烈；而巴林鸡血红质地润而血红。

巴林石与青田石之区别：巴林石质地不纯一，青田石干净、清秀；而且青田石质松而紧，巴林石多粉、片状且细腻。

巴林石与寿山石之区别：寿山石质地细腻、光泽柔润；巴林石光泽晶莹。

巴林石几乎可说是中国各色石种之集大成者，因为寿山、昌化、青田各石之纹、色（除封门青外）均可在巴林石中觅得。

巴林石的“三宝两珍”：

鸡血红、福黄和彩霞红是巴林石中的三宝，莲花冻和白玉白是巴林石中的两珍。

巴林鸡血外观似昌化鸡血石，但“鸡血”极易氧化变色或褪色（俗称逃色），因此血色大块者难得。

巴林冻石中佼佼者尚属福黄，它集珍品、极品、稀品于身，优者为冻、次者为石。其质地、美感近似于田黄石，它们二者像一对孪生兄弟，南北各据一方。在巴林冻石中，福黄是石中之王，属凤毛麟角。田黄石自明清后被称为“石中之帝”，中国历史上曾有炎黄二帝，因此后人把田黄石和福黄石比喻为石中的“炎黄二帝”。

彩霞红为巴林石中的绝品，色相艳如彩霞，是其他石材所不能比的，可称得上是巴林石王国中的帝后。

莲花冻质地晶莹，颜色粉嫩，似乎吹弹可破，入手能使人心荡漾。

白玉白质感极似羊脂玉，石如其名，羊脂玉是白玉中的优质白玉。巴林石中白冻极为罕见，而白玉白又是白冻中的最佳者。

除上述巴林石的三宝两珍外，柏叶冻和烛光红也是巴林石中的稀品；婴儿红、连环纹、兔毫纹、金桔冻、青白冻、牙白冻、藕粉白亦可属上品；普通石材中优者可列中品，劣者可列下品。

巴林冻石，宜常赏常用，人手上的汗油、鼻头油及大石腊油可为印石提供适当的滋润，久而久之，便会古色古香。

巴林石为印石之佳品，无可厚非，但也有人说它有股“媚”气，这也是对巴林石的一种认可。曾有人把寿山石比作少妇，而把巴林石比作少女；既然是青春妙龄的少女，就应有点“妩媚动人”之态吧。

一、巴林鸡血石

巴林鸡血石指有硫化汞渗入，并有一定聚集的巴林石，因颜色如同鸡血而得名。鸡血石的地子多为透明或半透明的冻石，“血”分为鲜红、朱红、暗红等颜色，呈块状、条带状、星点状分布。在巴林石中，凡含有硫化汞即带有鸡血者，不分地、色、质，均归此类，并按质地、颜色等命名。

巴林鸡血石

（一）巴林鸡血红可分为五个品级

1. 极品。血色为朱砂红，地为犀角冻或彩霞红，无钉无绺（钉为钉点形状的杂质；绺为细缝状裂痕），最为理想。除这两种外，任何色相冻石，只要血色够朱砂红，地子纯净无杂，也可列入此品。

2. 上品。血色鲜红，血面大或血线宽厚，地为较干净的彩石，无钉无绺者。其中，血色内有黄光的称为金片，内含白光的称为银片，这样的鸡血红属于上品。

3. 中品。一是具备上品的条件，但有少量的钉和绺；二是血色面积小，血色尚好者；三是血色稍暗，地为冻石者。

4. 下品。血色老而发紫，血的面积极小，地子杂乱无章者。再次者为下下品。

5. 伪品。一是还未成矿的辰砂石，貌似鸡血红；二是用巴林石做地，用树脂混合朱砂粉制作的假鸡血；三是以鸡血石皮胶合而成或小块鸡血红粘接而成的作品。

（二）各类鸡血石种

彩霞红

该石为福黄地鸡血石。金灿灿的福黄、红艳艳的鸡血融合在一起，似阳光射穿了云霞，为秋天的草原撒下一层碎金，给傍晚的天空留下一团火焰，故名彩霞红。

纯白鸡血

质地纯净，地子纯白并含有鸡血的石种。

纯黑鸡血

质地纯净，地子纯黑并含有鸡血的石种。

瓷白鸡血

质地细洁，白如瓷器的地子上含有鸡血的石种。

红花鸡血

微透明或半透明，石质细腻光滑，具有淡白、淡绿等杂色地子的含淡红至深红鸡血的石种。

刘关张

有红、黑、黄（或白）三种颜色构成的条纹，即以《三国》中蜀汉刘备、关羽、张飞三人的脸谱颜色做比喻，系石质细腻、色彩对比强烈的鸡血石石种，也是鸡血石中的上品。

紫鸡血

由黑辰砂组成鸡血，色相呈紫红色，化学性质相当稳定，不易褪色，可与昌化鸡血媲美，是近年来新发现的巴林鸡血的新秀。

巴林石的鸡血如果保养不当，会发生血变，一定要注意做到避高温、避强光。万一出现血变，就把鸡血红用石蜡油一浸，经数日后血色仍会鲜艳如初。但有的藏石家更喜欢这种变化，他们认为这是“活血”。

（三）鸡血石真伪的识别

“鸡血石”硬度为2.5—3度，正适于人工雕刻，是篆刻印章的珍贵印材，亦称“软宝石”，历来被富有的文人墨客以及收藏爱好者视为珍宝。

常言道：“物以稀为贵”，鸡血石的产量极低，现已面临枯竭，由此身价倍增。由于利益的驱动，近几年市场上出现了不少假鸡血石，借以“鱼目混珠”、混淆市场。

欲识别鸡血石的真伪，必先要了解鸡血石的自然结构及仿造工艺。

鸡血石是“叶腊石”与“辰砂”的共生体，其“血”（辰砂）由无规则的“点”、“线”、“面”自然组成。评价一块鸡血石的质量优次，尚无确切的界定标准。简单言之，“血”面大而浓厚、色鲜纯、石地纯净无杂质、石色与“血”的反差相和谐为上品，反之为次。人们通常所谓的“大红袍”，即六面不露石地的全红“血”块，为极品，也极为罕见。

随着科学技术的发达，仿造鸡血石的手段越来越高，已达到了可以乱真的程度。目前仿造方法有多种，如“添补”、“组拼”、“包皮”、“合成”等制做工艺。

1. “添补”，是在低质鸡血石的人工刻挖处填充色料（为防避化验掺少许辰砂），扩大“血”面，以次充优，此法始于20世纪80年代初。

2. “组拼”，是利用鸡血石的下角，选其地色相近者拼接成整体，再用树脂、色料填充不足之处，加以表面处理，经切磨抛光，即成为一块完整的鸡血石印材。此法工艺精细、技术含量高、难度较大，须有相当的工艺技能。

3. “包皮”，其做法有两种：一种是用鸡血石的下角切成薄片，粘贴在普通印石的毛坯上，再用树脂、色料添补缝隙修饰而成。另一种是在普通印石的毛坯上，用树脂、色料加少许辰砂，绘制与鸡血石相似的“自然”图案，再平涂一层树脂封面，如此反复修饰几遍，其原来的厚度约增加2—3毫米，凝固后再磨平抛光。此工艺表里不一，容易被篆刻者识破，经过刻磨即“露出真面目”。这种仿制工艺始于20世纪90年代初，现已落后，目前在市场上以“公开身份”出售，谓之“工艺鸡血石”，其价格低廉。

4. “合成”，是由石粉、树脂、色料、辰砂粉等原料，经过工艺调配、铸型、磨光、抛光而成，此法应有相当高超的技术。按此工艺仿制出的成品表里如一、外观逼真，其密度、表温、硬度以及雕刻手感均相近于真品，即使有经验的篆刻家也难识别，甚至专营鸡血石的商家也常被蒙骗。

关于对鸡血石真假的鉴别，是一项新课题。但“魔高一尺，道高一丈”，我们应随着做假者“花样”的不断更新，从多方面入手去研究相应的对策。

1. “观察表层”，即“血”的“点”、“线”、“面”之形态是否自然。所谓“点”，观其表是不规则的“点”形，实则应有一定的深厚度（应是立体形态）。“线”与“面”多为一体，从正面看是“面”，侧面看是“线”。根据加工切割角度的不同，其“面”的大小与“线”的粗细是成反比的。对“线”的形态、走向要仔细观察是否自然。造假者的技术再高，总有力所不及之处，往往违背了这个自然规律。对这种造假工艺的鉴别，也非一般人所能掌握，必须是专门加工鸡血石并具备丰富的切割

经验者才能做到。

2.“掂量密度”。造假者虽插入了金属物（钢球、铁块、铁条）配重，但仍有微量的差异，没有纯石体的那种坠手感。

3.“试表温”。众所周知，纯正的石体握在掌心有一种透凉和湿润感，表面呈现一层微薄的汗状。仿制品则无此感觉，因为含有树脂的成分，反而有轻微的温和感，如触在脸部较敏感的部位尤为明显。

4.“破坏性检验”（经卖主许可）。采用酒精灯烧烤或用烧热的钢锥烫烙，如真鸡血石无任何反应，而仿制品则有软化感并有异味。

综上所述，旨在为鸡血石收藏者提供点滴基本知识，以防上当受骗。

二、巴林冻石

巴林冻石指地开石成分较高、矿物成分交代比较充分、着色元素及杂质较少，因而具有一定透明度的巴林石，其因石质似皮冻而得名。在巴林石中，凡透明或半透明，无鸡血，不以黄地为主者，均归此类。冻石类是巴林石中品种最多的一类，因而其品种的命名也是各有所长。

巴林冻石类可分为四品：

绝品。在此品中，一类是在冻石中切出惟妙惟肖的画面，令人拍案叫绝；一类是出现蓝绿颜色，且面大色正；一类是过去即为上品，少有产出，现在资源已经枯竭。以上几类冻石中质地纯正、透明度较高、没有绺裂、块度适中者才属此品。

上品。即质地细结凝腻、透明度较高、肌理清晰、色泽纯正、浓淡可人、石质不干不燥、易于受刀，且石块较大，便于雕刻时的切割选择，不含钉绺者。上品中，一类是质地非常纯净，不含一点杂色者，如比较典型的有水晶冻、玫瑰冻、芙蓉冻、牛角冻、羊脂冻、桃花冻、墨玉冻、虾青冻、藕荷冻等等。另一类是除上述冻品以外的其他比较好的冻石品种。

中品。石质地透明度稍差，纹理不够清晰，颜色单一但欠纯正，或颜色多样但欠鲜明，稍含钉绺或有些裂纹但不影响质量，块度有一定选择余地者。

下品。被打入下品的冻石主要有以下几种情况：一种是自身质地确实不佳者。一种是上述两品中的绺裂较多者、透明度较差者、块度不够者。

巴林玛瑙冻

玛瑙冻因玉成其身、酷似玛瑙而得名。观之柔静温润、天生丽质。细细品味，不是玛瑙，但韵味胜似玛瑙，故名玛瑙冻。

巴林玛瑙冻石在其形成过程中因为热液（岩浆液）顺着矿脉的劈理交代不充分而产生了流纹状图案。所以这个品种产出不多，因而比较贵重。

巴林芙蓉冻

巴林芙蓉冻石出于草原，源于天然，有芙蓉姿色，石质朴率真、纯美动人，故名芙蓉冻。

巴林芙蓉冻石是在较纯净的地开石质的冻石中，均匀地分布着较细小的赤铁矿颗粒，呈均匀浸染状，形成了芙蓉颜色。由于这个品种产于鸡血石矿脉附近，又被称为散血，因而比较名贵。

巴林羊脂冻石

巴林羊脂冻石如羊脂凝固，在山石中成冻，石色如玉、质细如脂，故名羊脂冻。

巴林羊脂冻石是由纯净的地开石组成，晶体颗粒均匀细微，无其他杂质，多为绵料。这种冻石多夹在其他冻石之中，但不带其他色彩，所以能够成材的石料极为难得。因一般块度较小，能够用于雕刻的石料就显得十分珍贵。

巴林牛角冻石

巴林牛角冻石是因为其颜色酷似牛角而得名。该石乌黑发亮，里面透着条条纹理，既呈秀发青黛之美，又显殷笃朴拙之风。

巴林牛角冻石属脆料，保存不好容易出现裂纹。在纯净的冻石中分布着锰的氧化物，呈均匀浸染状，因而形成了纯正的牛角色。

巴林鱼子冻石

巴林鱼子冻石因石面上有状如鱼子的圆形颗粒，故名鱼子冻。

巴林鱼子冻石形成的原因为：球粒流纹岩或火山泥球凝于岩石中，经后期交代所致。该石种产出量不少，但地透粒圆、画面丰满者不多，是收藏巴林石不可缺少的品种。

巴林藕荷冻石

巴林藕荷冻石的石地子呈肉红色，淡淡悠悠的，进而显得典雅高

洁，取藕白荷艳之态，故名藕荷冻。

巴林藕荷冻石数量很少，石质属绵料。石上颜色的形成是由于纯净的地开石内均匀地分布着微小的赤铁矿，并呈显少许浸染状，因而呈深浅不同的藕荷色。

巴林桃花冻石

巴林桃花冻石因石色粉里透红，恰似桃花盛开红透之时，故名桃花冻。

巴林桃花冻石也属于绵料，产量较大，但色泽纯正者较少。主要呈现为在无染色矿物的白色冻石中分布着微小的辰砂颗粒，呈显微浸染状分布。因辰砂含量较少，因而形成了这一品种。

巴林水晶冻石

巴林水晶冻石冰心玉骨、晶莹无瑕，该石因透明度极佳，酷似水晶，故名水晶冻。

巴林水晶冻石数量极少，与其他冻石伴生，块度较小，属脆料，略硬。因后期没有再发现，当属绝品。该品种系由纯净的水铝石组成，是胶体物质在矿脉的浅部形成的。

三、巴林福黄石

巴林福黄石是指以水铝石质为主，含有地开石，保留矿物自身固有颜色，并渗有少量褐铁矿，矿石整体以黄色为主的巴林石。其因最初采石的领班人刘福而得名。石色呈深黄、浅黄不等。在巴林石中，凡主体呈黄色且透明或半透明者均归此类，并按其颜色、纹理等分为若干品种。该石由于和田黄石极为相近，难分伯仲，被称为巴林石的珍品。

巴林福黄石类可分为两品：

绝品。产此种石质的石矿层稀薄、开采艰难，产量极微、成材不易。自1983年少量开采后，其一部分散失到社会，一部分被深埋。该石由于质地与田黄石相比毫不逊色，因而进入市场后使许多藏石家难辨两者真假。这一品种已多年未见，因而有“鸡血易得，福黄难求”之说。由于巴林石已以福黄命名分类，绝品中的福黄现一般都称为鸡油黄。

另一类是上品，即质地细润，肌理透明清晰，通体为黄色，隐现纤细的水痕，坚而不脆、软而不松，色泽高贵端庄、形体玲珑剔透者。蜜蜡黄、水淡黄以及其他品种中色泽纯正、图案典型、意境较佳者都可称为上品。

其他一些品种地上虽有黄色，但面积太小，不够纯净，形不成主色，因而划为其他品种，不属于福黄类。

鸡油黄

鸡油黄具有油汪汪的黄、水晶的冻，说是石头，又像鸡油，故名鸡油黄。该品种属福黄中的绝品，价值“千顷草原、万匹骏马”不换。

鸡油黄巴林石一般伴生在其他冻石之中。该品种形同蜜蜡黄，其区别是类质同像混入的色素离子较蜜蜡黄少，形成了温润的质地和淡雅的光泽。至今纯净的鸡油黄产出不足百斤，是福黄石的成名品种。石质为绵脆相间。

蜜蜡黄

蜜蜡黄其色如蜜、其光似蜡，质地纯正、通体无杂，细品其质深觉心甜如蜜，久赏其雅如闻花蕊吐香，故名蜜蜡黄。

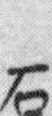

巴林蜜蜡黄最早产出时间为辽代，成规模开采于 1981 年。产量很少，现偶尔见到，多为绵料。该品种是在较封闭的环境和中低温条件下形成了较纯正的水铝石，由水铝石本身的化学成分、内部结构和类质同像混入物而呈现矿物自身固有颜色，属巴林石中的上品。辽代出土的印章大都是用此品种制成。

四、巴林彩石

巴林彩石指高岭石成分较高，成矿期矿物交代不很充分，着色元素和杂质较多，因而形成了不透明的巴林石，并因色彩丰富而得名。凡无血、无黄、无冻地者均归此类。彩石类与其他类巴林石相比，最明显的区别是地子不透明，最突出的特点是色彩丰富，因而其命名也丰富多彩。

巴林彩石类可分为四品：

绝品。即由彩石中切出的画面：线条清晰、色泽纯正、形象逼真、质地与色彩衬托得当、块度适中，且现已不产出者。

上品。一类是自身带有各种线条或斑块者，如天星石、豹子点、红花石、紫云石等。一类通体是一种颜色，不含其他杂色，或虽是两种以上颜色，但颜色之间界限分明、比例协调，而且色泽纯正、硬度适中，没有砂钉，又块度适中者。彩石中的其他品种如颜色能够达到这一要求，也能成为上品。

中品。通体虽一色为主，但不够纯正，带有其他颜色，而且颜色之间不成比例，石面略显杂乱、不够协调。稍含钉绺或有一些裂纹，但不影响质量，块度有一定选择余地者。一些储量丰富，每年都可大量开采，且品种特色不够突出，认可程度不高者也在此列。

下品。即色泽不正、绺裂较多、块度不够者。

巴林红花石

巴林红花石以红色为主调，石的色彩像怒放的鲜花、似燃烧的红霞，故名红花石。

巴林红花石开采历史悠久，青铜器时代发现有用红花石雕刻的石杯，辽代有用红花石雕刻的玉兔。现仍在大量开采。石质属脆料，硬度为摩氏 2.4 度，蜡状光泽，常有大块石料。主体红色是含赤铁矿所致。

巴林黄花石

巴林黄花石主体以黄色为主，带有红色或其他颜色，如秋天的草原，满地黄花铺似金，故名黄花石。

巴林黄花石最早发现时间为 1989 年。数量较多，块度较大。其主体黄色为含褐铁矿所至，并因掺杂有赤铁矿等杂质，造成石体色彩差异。因其不透明、色彩多样，一直习惯将其划为彩石类。

巴林天星石

巴林天星石是黑灰色的地子上布满了白色的圆点，点与点之间互不相连，如墨色的夜空缀满了明亮的星星，故名天星石。

巴林天星石数量极少，属绵料，硬度适中。该石地子上的星状染色，如同满天辰星，这些辰星状斑点的形成是因为在高岭石中含有锰元素所致。

巴林紫云石

巴林紫云石的白色地子上分布着紫色的线纹，如同白云间升腾着紫气，故名紫云石。

巴林紫云石最早产出时间为 1982 年，属绵料，产量不大。紫色斑块部分为含锰的高岭石，为交代残余结构。该品种若细细品味，可发现各种图案，多为自然形。

巴林豹子石

巴林豹子石是灰黑色的地子上带有白色斑点，形状如豹子的斑纹，故名豹子石，俗称豹子点。

巴林豹子石最早产出时间为1974年，数量不多。其斑纹形同鱼子颗粒、高岭石斑点相对集中。用此石雕刻的豹子，惟妙惟肖。如果豹子石中能形成天然的豹子图案，更为绝品。

巴林泼墨石

巴林泼墨石是白色的地子上墨迹斑驳，犹如一张白纸，几处墨染，浓浓淡淡，如一气呵成的水墨丹青，故名泼墨石。

巴林泼墨石的产状：矿脉浅部多为瓷白石、深部多为冻石，该品种处于瓷白石和冻石的过渡带。其形成是高岭石在热液作用下褪色不均匀，在深色的斑块周围形成了溶蚀晕圈，使该品种具有了地质上典型的交代溶蚀结构的特征，所以才有了泼墨艺术的效果。

巴林多彩石

巴林多彩石各种颜色都有，五彩缤纷，故得此名。

巴林多彩石最早产出时间为新石器时代，现各采区仍有产出，且数量较多。该品种由于色素离子较丰富，且因后期交代溶蚀作用不均匀而形成多种颜色。其石质为绵料，硬度偏硬。

巴林蛇斑石

巴林蛇斑石纹理酷似蛇皮，斑斑点点，如蛇皮覆盖在石头上，故名。

巴林蛇斑石最早采于1986年，产量很少。该石由流纹凝灰岩经过后期热液交代蚀变后形成，因保留了原岩的浑圆状和不规则状混合凝达欠砾结构而形成此花纹。

巴林银花石

巴林银花石是指在其深色的石面上密密的亮点顺势而下，犹如火树银花，故名银花石。

巴林银花石最早产出时间为1990年，由于巴林石在形成的过程中保留了原岩的“球粒”构造，因而出现了该品种的“银花”。由于生成奇特、地子的颜色少见，所形成的品种又极具观赏性，因而比较珍贵。

第五节 各地印石

宝华石

宝华石产于浙江天台宝华山，古称花乳石，即变质岩类的含蛇纹石大理岩，对光观察有闪星状蜡质光泽。其色如玳瑁，通体莹晶、坚结、质地优良。

贺兰石

贺兰石产于宁夏贺兰山，其质地细腻、色泽清雅莹润，紫中嵌绿、绿中附紫，坚而可雕、刚柔相宜，呈天然深紫色和豆绿两色，有的还有玉带、云纹、银线等品种。

贺兰石印

萧山石

萧山石产于浙江萧山。其色泽紫酱，带暗灰纹理，略具古朴感。石质不透明，粘性不大，砂眼较多，石体较燥，具土状光泽，抛光不易。因此石质美价廉，适合初学。

伊犁灯光石

伊犁灯光石产于新疆铁厂沟，属冻石，石体晶莹如玉，灯光下逆光可见肌理中透出白净冻色，犹如月光。也有肌理间有金、银细斑点，效果与青田灯光冻相似。

永福晶石

永福晶石产于广西永福县。石体透明，如水晶，以浅青色为主，偶有黄色晶状如菠萝，不过石性稍燥，刻进易崩落。因有玻璃光泽，质地又坚硬，不易刀刻，只能凿刻。

第六节 印石的欣赏

印石欣赏的关键就是对印石的评价：辨其优良与粗劣。那么，如何详判呢？只要掌握印石的“九德”、“五贱”和品相的要求，就不难窥其

门径了。一般来说，只要印石可以具有二至四德就有观赏和收藏价值，具备四至六德的为上品，六德以上为上上品。而如果任何印石占了五贱之一即为下品，占两贱以上者为下下品。

一、九德、五贱

我们把从色泽、质地的角度来品评石头的标准规纳为“九德”、“五贱”。

九德。一德为细：颗粒细微、结构紧密；二德为洁：光洁如镜、无不适感；三德为润：滑爽湿润，甚呈饱满；四德为温：相对温润、无燥动感；五德为凝：结实透明、灵气十足；六德为沉：质地沉重、有稳重感；七德为透：质地纯净，呈透明或半透明状；八德为纯：无杂质；九德为腻：质地丰润、有油腻感。

五贱。一贱为粗：质地粗燥；二贱为干：干燥无灵气；三贱为松：质地松散；四贱为脆：脆硬；五贱为杂：质地不纯、含有杂质。

二、印石的品相

从石形品相上分，石材的大小、规整度也是决定其价值的重要因素，一般来说以高、方、圆、大为衡量标准。

方：即呈长方体；高：即有一定的长度；圆：呈圆柱体或椭球体；大：是体积庞大者。

第九章

砚　石

砚是一种研墨和掭笔的文房器具，也是中国石文化家族中的重要组成部分，制砚之石称砚石，因“研”与“砚”在文字上相通，所以有时也称为研。

砚石的主要作用是研墨、保持墨中水分并使之耐用，因此对石料有一定的要求，具体如下：

1. 硬度要适中，最起码应比墨的硬度大（墨的摩氏硬度为2—3），一般摩氏硬度为3—4，这样才能研磨出墨来。

2. 组成砚石的矿物颗粒大小要适中，一般在0.01—0.001毫米左右。这可保证研磨的墨粒大小符合“发墨如油”的要求，也可含少量分散分布的高硬度矿物颗粒（如石英、黄铁矿等）。这样的构造可以使砚石既有一定的研磨性能，又有一定的下墨速度。

3. 砚石中要含有大量片状矿物，且其排列有一定规律性。如片状矿物的排列应和砚面最好成一定的角度，便于增加砚石的研磨性能和保水性能，达到“贮水不涸”、“下墨如风”的效果。

组成砚石的岩石大致为三类，即泥质岩、板岩（千层岩）及碳酸盐岩。由于地质上的复杂性，每种砚石的矿物组成都不尽相同，因而砚石的石质也有所不同，并且同一砚石中石质不同的部分往往还是构成不同的石品和纹色的重要因素。

在文房诸宝中，砚石因它的必备性、经久性及审美性而在我国文玩中首屈一指。同时，在长期的使用与体验经验的基础上，人们从众多的石材中海选出了四大名砚石，即广东的端石、江西的歙石、甘肃的洮河石和山东的红丝石。

第一节 端 砚

端石产于现广东肇庆，因古时隶属端州（今广东肇庆），故称端砚，又因其产于端溪水附近，也称端溪石砚。

端石属于绢云母泥质板岩，以紫色为主调，主要由泥质物质组成，但含有少量赤铁矿（3%—5%）和石英（10%—20%）。端砚石品繁多，如青花、蕉叶白、鱼脑冻、火烙、天青、石眼、冰线、翡翠、金银线、金星点等等。

端砚石质细腻滋润、石品花纹丰富多彩，多得文人墨客的推崇，被列为四大名砚之首。其石品花色种类之多、形状色泽之雅致，是其他诸砚不能望其项背的。金星点、石眼、金钱线等都是端砚中特有的花色。

金星点端石

金星点端石是砂质的变质物，有金星点的砚石易于发墨、美观实用，只是质感稍粗而已。砚面上的金星点在阳光下闪闪发光，犹如黑夜晴空中的星斗布满天空。

石眼端石

石眼端石是一种特殊的石品花纹，是天然生长在砚石上形似眼睛的石质特殊部分，即天然生长在砚石的石核。端砚的石眼质地高洁、细润、晶莹有光，故长石眼的端砚十分宝贵，其价亦高昂。其实石眼对砚功用的好坏没有直接的影响，仅起装饰、美化、欣赏的作用，却因其罕见、形神兼备、艺术寓意深刻而被广为喜爱和重视。正如古人所说："人唯至灵，乃生双瞳，石亦有眼，巧出天工。"因此其历来被文人墨客视为珍宝，并以此作为鉴别端石品质高低的标准。

金银线端石

金银线端石是水岩砚石中独有的一种石品，有线条状纹络横斜或竖立在砚石中。黄纹者叫金线，白纹者叫银线，在砚石中起装饰作用。端石中的翠斑是石纹中绿色的斑纹但又不成圈眼，古人称青脉。《端溪砚谱》中说："青脉者必有眼。"所以翠斑中通常伴有眼。而砚石中有翡翠的石品更得之不易，进而非常名贵。

青花端石

青花端石是端砚中名贵的石品之一，其特点是：细如波面微尘，像轻纱、似水藻，隐泻在紫石上，瞅之无形；沉入水中，方可清晰见到。细润如玉，叩磨无声，其硬度较高，乃发墨之源也。

端砚问世于初唐，据清代计楠的《石隐砚谈》记载："端溪石，始于唐武德之世。"可见已有1300多年的历史了。

第二节　歙　砚

歙砚石最著名的产地是今江西婺源之龙尾山，因古时称歙州，所以叫歙砚，也叫龙尾砚。清乾隆徐毅所著《歙砚辑考》载："砚出自婺源之龙尾山，盖新安古歙州。"产砚诸坑主要在歙县、祁门、婺源等地，而以婺源所出为优。还要说明一下，现在安徽省也有个歙县，因而不少人都把歙砚说成是安徽所产的了，其实它的代表产地在今江西。

歙石是碎屑岩中的粘板岩，所以呈层片结构。它是由于岩石在形成过程中受外力的作用不同以及岩石本身的凝固程度不同，使岩石呈现不同的构造状态，因而形成了歙石的不同纹理和色彩。优质的歙石主要含有绢云母70%～95%，粉砂质2%～15%，绿泥石1%～5%，金属硫化物1%～2%，因而颜色偏青黑。

歙石的石品只有纹理的差异，没有形状的差异。它的花纹十分丰富。《明一统志》载："其品有五，一曰眉子，二曰外山罗纹，三曰里山罗纹，四曰金星，五曰驴坑。"

现在歙石的石品主要分为罗纹类、眉子和眉纹类，以及金星和金晕类。这些石品与其岩石的性质有关。由于板岩—千层岩属于变质岩石，在其形成过程中，会使得其中的片状矿物定向排列，故形成罗纹和眉子类花纹。歙砚因具有特殊的石品花纹，得到了众多人的喜爱。

罗纹砚石

罗纹砚石产于江西玉山县怀玉山麓，系为歙砚的名石，因纹理似丝罗，所以名为罗纹石。宋朱熹在《怀玉砚铭》里说："怀玉山相连，山产砚石，盖歙砚之佳者。"

罗纹砚石质是前震旦系上溪组粉砂质绢云母板岩，里面含粉砂质绿泥石绢云母板岩。颜色多浅绿、灰绿、褐、紫、浅黄。显现出微纤维鳞片变晶结构，变余层纹状构造。主要成分有绢云母、石英、斜长石、绿泥石、锐钛矿、电气石、金红石、氧化铁等。

因含有硫化银、铜、锰等矿物成分的粘土质，在岩石中作层状排列的缘故而形成罗纹。砚上罗纹的形态优美奇异，或如秋云变幻、或似波浪翻腾、或像轻烟飘拂，总之变化无穷、令人遐想。如果罗纹层次极薄，砚石的断面显示为细罗纹；略厚的则为粗罗纹，但层次整齐。如果罗纹比例规则，则为刷丝罗纹；层次不规则的、曲折的，则为水浪纹，或呈旋涡纹。如果罗纹层次稀疏，间有碳质墨点，就会呈现出枣核和蒜子形状，则是枣心罗纹和蒜子罗纹；又有犀角纹、角浪纹等。

罗纹砚结构缜密、纹若水波，石质纯净、石面光泽，偶有金星数点。石之细美者就在丝罗纹理、呵气成汗，沉浸水中湿润如玉，罗纹砚具有发墨细快、久磨无粉杂入墨中、贮水不涸等特点。其以犀角纹、鳅背纹及细罗纹、暗细罗纹最为名贵。特别是暗细罗纹，乍看无金星、银星等光耀夺目之色，审视之下却又发觉它如罗縠之精细、肌理紧密、坚重莹净、一无瑕疵，是歙砚石的无上精品。

玉山罗纹砚已有上千年生产历史，唐大历元年（公元 766 年）已有开采。据清同治《玉山县志》载：“石之属有体青而带白，纹直而理精者，出沙溪岭，可研。朱子称为怀玉研。”

眉子砚石

眉子砚石中的眉子是罗纹歙石的纹理变异。具体的纹状古人总结为：“纹若甲痕，如人画眉，遍地成对。”即印石的纹色形如甲痕、如新月，皎白而弧状、两端略细，成双如人的眉毛成对地布满在石地上。这些纹色大小不一，这些纹色大小不一，给人以若远若近的感觉，纹理与地子相映，如水气交融，宛如一幅幅意境深远的山水画，是上等的歙石。

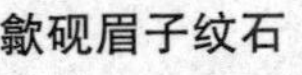
歙砚眉子纹石

金星砚石

金星砚石中的金星是一种黄铁矿的点滴状散布物，结晶在砚石之中，大的如豆，小的如蚕蚁，最小的若鱼籽。金星质融为片云状，流云状就成了金晕。而金星质融化到不见痕迹时，石就呈青碧色，显得媚美沉静。金星的色彩悦目在砚中起到了精美的装饰作用，也是歙石的特征。宋代文人均尊重金星砚石，米芾在《砚史》中称："金星砚，其质坚丽，可气生云，贮水不涸墨水于纸，鲜艳夺目，数十年后，光泽如初。"欧阳修赞颂金星砚说："歙砚石润无声，巧施雕琢鬼神惊。老夫喜得金星砚，云山万里未虚行。"

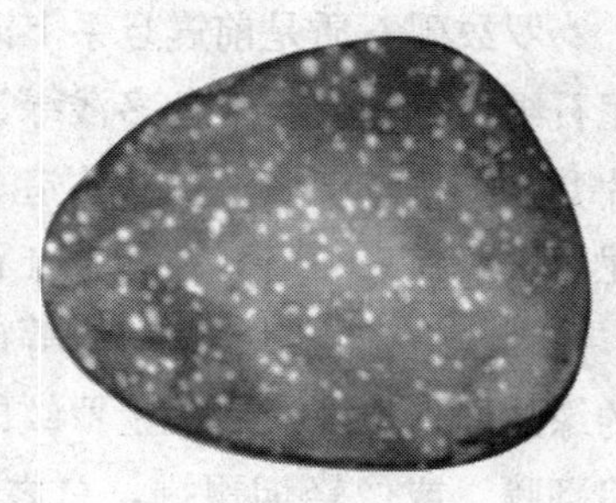

歙砚金星石

金晕砚石

金晕砚石中的金晕是由细粒点状分布的金星风化后，在周边呈锖色晕圈所致。金晕是石料中的硫化铁，呈金黄色、块状分布。这里所说的晕，是形容像日光或月光通过云层时，因折射作用而在太阳或月亮周围所形成的光圈。

金晕砚石的罗纹是按天然的纹理形象来命名分类的，大致可归纳为两种：

1. 山水金晕，晕的形成如云气、山川、河流之类的山水形态。

2. 物状金晕，晕的形态如人物、动物、植物或其他物象的。

金晕砚石因金光灿灿、艳丽华贵，深受历代文人墨客珍爱。

总之，歙砚微呈青碧、质地细腻、温润如玉、呵气成冰、聚结而紧、发墨耐用。所以用墨研磨时，它发墨益毫、涸墨之迟、噪声之低，必然出色。另外，歙砚还有一个独一无二的优点，即"多年宿墨，一濯而莹"，就是歙砚虽用之年久，墨膏满面，能涤之立净，可见歙砚具备了涩不留笔、滑不拒墨二德相兼的优点。

歙砚是唐代开元年间开始使用的，距今也有一千多年的历史了。

第三节　洮河砚

洮河石产于甘肃省卓尼县，洮河一带深水处，其以绿色为主，又被

称为“洮河绿石”。洮河砚石属于典型的泥质岩，主要由层状硅酸盐矿物如绿泥石等组成。

其典型的石品有亮绿色的“鸭头绿”、深绿色的“鹦鹉绿”和“玄璞”、淡绿色的“柳叶青”以及玫瑰红色的“鹛鹏血”等。其中绿色砚石中若带有“黄标”则更加名贵，如民谣所云：“洮砚贵如何，黄标带绿波。”宋黄庭坚也有诗赞美洮石色泽的艳丽：“久闻岷石鸭头绿，可磨桂溪龙文刀；莫嫌义吏不知武，要试饱霜秋兔毫。”宋赵希鹄著《洞天清绿集》中有：“洮河绿石，北方最贵重，绿如蓝、润如玉，发墨不减端溪下岩，然石在临洮大河深水之底，非人力所致；得之为无价之宝。”因此极为昂贵和罕见。

洮河石深浸于水下，石质细腻、纹理如丝、气色秀润；而用洮河之石制作的洮砚，发墨快、研墨细，渗水缓慢、不伤笔毫，磨面不光、呵气即湿。它具备了端、歙二名砚的特点，堪称色泽艳雅、质地优良的上品。

洮石主要有以下几种：一是鸭头绿，也称“绿漪石”，色泽绿，有水波状纹路，石质坚细、莹润如玉，是洮石上品。二是鹦鹉绿，色泽深绿、石质细润，其中带有深色“湔墨点”的更惹人喜爱。三是柳叶青，色绿而又带有朱砂点，石质坚硬。四是淡绿色洮石，具有的特点。

金朝冯延登有著名的《洮石砚》诗云：“鹦鹉洲前抱石归，琢来犹自带清辉。芸窗尽日无人到，坐看元云吐翠微。”可谓道出了洮石的真妙。

第四节　红丝砚

红丝石产于山东临朐县冶源镇沂山北麓老崖崮村西一带，为奥陶系马家沟组土峪段顶部的含粉砂泥灰岩。它的刷丝纹是由沉积过程中形成的微细层理在半塑性状态下扭曲、旋转、变形而形成的。而红丝石砚之所以得名，是因为石中红丝多者达十多层，华丽和谐，十分悦人眼目。

红丝石色泽品种也是多种多样，有紫红地中灰黄丝纹、紫地黄丝纹、柑黄地红丝纹、黄丝纹、红丝纹等。砚石纹理细腻，有如木质，丝纹纤细、若隐若现。丝纹平行蜿蜒呈波纹状，或层层环绕呈同心圈层

状，且十余层次第不乱、彩纹妍丽，内蕴天然的纹理和色彩，千姿百态、独具特色，或似山水云雾、或如阳光月晕、或类人物兽禽，有的像裂而不断的冰痕，有的则是旋转不绝但又层次分明的丝纹，深受人们喜爱。红丝石的色调以红为主、红黄相间，其中黄地红丝的石品为最佳。

红丝砚不但美轮美奂，且质地优良，质坚而润，纹理细致缜密、润细。手拭如膏，发墨如油，蓄墨色似漆，不渍墨，贮水不耗，匣藏不干涩、不损毫，具有较高的实用价值，是砚石中的上品。

唐代端砚、歙砚尚在悄然掘起时，山东的红丝石已成为制砚良材，并在宋代曾长时间独领风骚。唐时的四大名砚依次是：红丝砚、端砚、歙砚、澄泥砚。苏易简《砚谱》谓："天下之砚四十余品，以青州红石为第一。"唐代柳公权、南唐后主李煜均颇爱重，见唐彦猷《砚录》。

红丝石除制砚之外，还被加工成笔筒、笔洗、笔架、墨盘、镇纸、印台、图章等，构成红丝石文房系列，深受收藏家喜爱。

第五节　各地砚石

北京潭柘砚

潭柘石又称"潭柘紫石"，俗称"紫石"，因产于北京西山风景区潭柘寺一带而得名。用它制成的砚台称"潭柘寺石砚"、"潭柘寺砚"、"潭柘紫石砚"、"紫石砚"，为中国明、清两代的宫廷御砚。此种砚石至迟在明代英宗年间即已启用，但直到1985年才重新找到砚石产地，使这一名砚重返人间。此砚石中含红柱石铁质板岩，出于潭柘寺老虎山二叠系顶部红庙岭组地层中。砚层沿走向延伸较远，但其厚度变化较大，最厚30—40米，最薄约11米。至今山上仍遗有明代英宗年间宫廷专门组织采石的监工台和高1.3米、宽0.7米的紫石碑，其上刻有"内监紫石塘界钦差提督马鞍兼管理工程太监何立"。砚石色深如猪肝，质地致密细腻，叩之铮铮有声。用它制成的砚：呵气成云、贮水不涸、研墨无声、发墨有光。砚有方形、三角形、扇形、古琴形、蛋形、龟形等，砚面刻有飞龙吐雾、鸳鸯戏水、龟蛇盘踞、丹凤朝阳、孔雀开屏、弥陀微笑、寿星扶童等图案。

甘肃嘉峪砚

嘉峪石产于甘肃省嘉峪关市西北之嘉峪山。嘉峪山山体由南山系变质岩构成，山峡谷中出产的“地淄石”即为嘉峪石。甘肃嘉裕石系下奥陶统阴沟群地层中，它为紫色粘土质板岩，层纹状构造，其矿物成分主要为石英、长石、绢云母、高岭石、斜长石、绿泥石等。此砚石的结构致密，摩氏硬度为4左右，粒径0.01～0.05毫米。因含有铁、锰、铬等的氧化物，故呈青、绿、黄、赤、浅绿、灰绿、褐等色。用这种砚石制成的砚台色泽秀美、质地温润、发墨益毫。

嘉峪砚具有石质细润、纹理清晰、色彩绚丽、款式大方等特点，1700多年前就已有人开始制作，在历史上曾被书画家和文人推崇。

嘉陵江石砚

嘉陵江砚又称峡砚。嘉陵江石又称紫云石，此石砚主产于四川北碚嘉陵江沥鼻峡段。嘉陵江石色泽灰黑，石质坚实细腻，发墨快，不损笔毫，经精心雕刻制成石砚，蓄墨数日不腐不涸。

嘉陵江砚因石雕造，以型为图。图分花鸟、山水、书法、图案多种。由于造型优美，雕刻精巧，深受文人墨客喜爱。嘉陵江石砚制作始出于明代，已有几百年的使用历史。长期以来一直是上海四宝斋、徽州老胡开文和汉口邹紫光阁等大文具店的上品。

四川金音石砚

金音石砚产于四川省石柱土家族自治县凤凰乡砚台湾。金音石刚似金玉，敲击时其声又如金玉般铮铮悦耳，金音石由此得名。早在唐代，民间艺人就开始用金音石琢砚。金音石色泽漆黑光亮，质地坚硬细腻如玉，精雕细琢而不裂不碎。所磨墨汁细腻，陈墨数月不干；如墨干涸，一呵气即可研墨书写，且不损笔毫。金音石因石质黑润滑嫩，故有“黑中性且温，墨到诗便成”之赞。

土家人心灵手巧，雕刻工艺精致美观，风格独特。由于自身的品质和独具魅力的个性，近年来已被不少海内外艺术家所珍视。

据有关史料载：金音石从唐始就被人为地大量开采，历经数百年后已十分罕稀，能流传至今的上品石可谓凤毛麟角。

郭沫若在《咏秦良玉》中写道：“艳说胭脂鲜血代，谁知草檄有金音。”其中的金音指的就是金音石砚。

湖南沅州砚

沅州砚因芷江县古代为沅州而得名，又因其主产于明山脚下的黎溪，所以又称“黎溪砚”。明山石石质细润、色彩斑斓、品类繁多，有色如端紫的紫石，翠如洮绿的绿石，以及黄、红、白、绿相间或相叠的“紫袍玉带”、“紫袍金带”、“金丝带”、“红丝带”、“金星墨玉”等美纹石品。《湖南方物志》载：“芷江明山石，青赭黄白，五色层叠……作花卉、草虫、楼台、人物之状，视各层之色，琢为屏风、几榻，雕饰极精。”明山石之细、之润、之柔、之俏，令人爱不释手。尤其是紫石，总是引得古今造假之士以此仿冒端溪宋坑石，足见其石色、石品之细润。

桃江砚

桃江石产于湖南省湘中偏北、资江中下游的桃江县。砚石为青灰色粉砂黏土质板岩，赋存于桃江县元古代冷家溪群地层中。显微纤维鳞片变晶结构，层纹状构造。主要成分有绢云母、石英、斜长石、绿泥石、锐钛矿、电气石、金红石、氧化铁等。颜色有浅绿、灰绿、褐、紫、浅黄。用它制成的砚台称“桃江石砚”或“桃江砚”。

水冲砚

水冲石产于湖南湘西州吉首市乾州仙镇营北二三里的水冲沟，石因此而得名。水冲石是一种沉积岩类的页岩，形成于寒武纪。水冲石的形成是由于石英砂含铁及蛋清色粉沙、碳酸盐等不同的物质，经过漫长时间的组合沉积，形成带有天然纹理、晶莹矿体闪烁其中之水冲石。水冲石呈青灰色，花纹间有山水草木之状。石质细腻温润，不涸不燥，发墨快，不损毫，储墨经久不干。

清末民初，当地画家杨味蔬选用它作为优质砚石材料，亲自进行设计，精雕人物典故、山水云彩、花鸟鱼虫、游龙走兽及名家诗词等，制水冲石砚。1915 年，水冲石砚“柳暗花明”在巴拿马国际博览会上获得了好评。20 世纪 30 年代，“老子骑牛过函谷”浮雕水冲石砚荣获了巴拿马国际博览会上的金奖，并被美国博物馆收购和珍藏。现在水冲砚取材广泛，人文景观、自然景物等皆可做为制砚题材。

祁阳砚

祁阳石产于湖南省永州市祁阳县洞庭湖附近的明山黎溪，因县而得名。用它制成的砚台称“祁阳石砚”或“祁羊砚”。砚石为板岩或变质

岩，显微纤维结构，层纹状构造。主要成分有水云母—绢云母、石英、斜长石、绿泥石、氧化铁，赋存于祁阳县早奥世地层中。砚石颜色有浅绿、灰绿、褐，石体肌理莹彻，以绿色为佳。最珍贵的是有紫、绿带状层的紫袍玉带，又称为锦带。

《湖南通志》载："祁阳出现砚石，以绿色为佳。肌理莹彻，云委波襄。以示几案，可并点苍所产。湘人之砚，亦取给焉。"

浮莱山砚

浮莱山石产于浮莱山南麓砚疃村周围一带的沟壑及溪边土层中，另有洛山温砚、寨里龙尾砚等，统称浮莱砚。浮莱山石色泽暗绿，呈扁平石饼状，多具冰纹及自然溶蚀边，存造化之美，不需雕琢，便可别具风趣。颜色有绀青、褐黄、沉绿等，石内分布柑黄色大冰纹，构成天然而有规律的图案。浮莱山砚石理细而质润，手试如膏，似有油液渗透，与墨相亲，发墨如泛油，墨汁凝固后其色如漆。雍正时的《莒州志》中曾经记载过此石："东坡守密州，取龙尾石制砚，并为之作铭。"明万历时，浮莱山砚曾作为贡品，深荷宸赏。其后，因开采无方，遂淹没不彰。浮莱山石产量极少，现在砚石已经不易得到，是鲁砚中数量十分稀少的一个品种。

田横砚

田横砚产于山东青岛即墨县田横岛。秦末汉初，刘邦称帝，遣使诏齐王田横降，横不从，于去洛阳途中自刎，岛上五百壮士闻此噩耗，集体挥刀殉节。世人惊感田横岛五百义士大义，拾其遗骨，合葬于岛顶，并立庙祀之。自此，该岛被称为田横岛。

田横砚石为黑色粉沙质泥岩，存于侏罗纪莱阳组地层中，因此种岩石是从陆地延伸入海中，故俗称"水岩"。含砚石的地层岩为页岩互层，此砚石为粉砂质结构、块状构造，微层里发育。石中含粘土质矿物70%—75%，含粉沙质云母、长石、石英等矿物为25%—30%。田横砚质地细腻，致密色黑，润泽不燥，有带金星者。它易于发墨，不滑不滞，贮墨一周不干不淤。清朝的《即墨县志》有载曰："横田石质坚，色黑如墨，少有文彩，偶见金星。以其治砚，下墨颇利。"清末民间制成的田横石砚有梅、莲等浮雕，也有无雕饰的"墨海"。

明嘉靖《即墨县志》已有"田横石可琢砚"的记载，可见田横砚已有四五百年的历史了。《明史·地理·即墨》称田横砚是在洪武二十一

年建鳌山卫时，随鳌山卫人员进入北京的。

田横石难取，只有退潮时才能开采，所以不可多得。

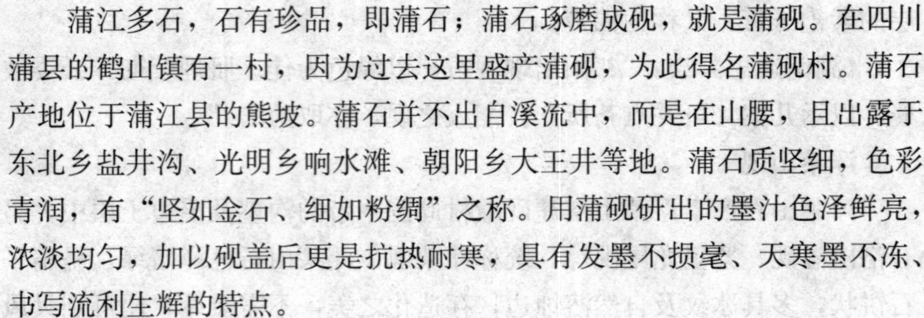

蒲砚

蒲江多石，石有珍品，即蒲石；蒲石琢磨成砚，就是蒲砚。在四川蒲县的鹤山镇有一村，因为过去这里盛产蒲砚，为此得名蒲砚村。蒲石产地位于蒲江县的熊坡。蒲石并不出自溪流中，而是在山腰，且出露于东北乡盐井沟、光明乡响水滩、朝阳乡大王井等地。蒲石质坚细，色彩青润，有“坚如金石、细如粉绸”之称。用蒲砚研出的墨汁色泽鲜亮，浓淡均匀，加以砚盖后更是抗热耐寒，具有发墨不损毫、天寒墨不冻、书写流利生辉的特点。

南宋宁宗时，蒲江人魏了翁赴京考试，适逢天寒地冻，应考文人用墨皆冻成冰，唯魏了翁所用蒲砚中墨水不冻，顺利应考。从此，蒲砚远名，历久不衰。蒲砚做工考究，形态古雅，雕琢技艺精湛，题材广泛。有以神话故事为内容的太白醉酒、寿星献桃，及金龟、金鱼、荷花、琵琶、杜鹃等三十余个花色种。加之精心雕刻的花鸟、风景、人物，更觉妙趣横生。蒲砚在《明史考证》、清乾隆版《蒲江县志》及清代杨子元的《蒲江县乡土志》中，有“雕光发炯”、“既润且坚”、“临寒不冰，当暑不涸”等评誉。

蒲石亦可用作镌刻图章。

燕子石砚

燕子石又名多福石、蝙蝠石，产于山东泰安大汶口南汶河河床、莱芜颜庄、费县等地。其距今已有五亿多年的历史，质地是早古生代的一种海洋动物化石——三叶虫化石的薄层石灰岩。含石的地层为晚寒武世崮山组上部页岩夹薄层石灰岩，砚石层厚一般为1.5—4厘米左右。燕子砚石因含完整的三叶虫形骸，颜色微黄，凸出石面，似燕子或蝙蝠，又如春燕穿柳、似蝴蝶寻芳，因形为浮雕般凝于岩板层面，故以“燕子石”或“蝙蝠石”名之。

燕子石石板色多深绿、浅绿，间有紫褐；上面的虫化石色呈微黄、突出石面、石质细腻、沉透如玉、叩有铜声、抚如凝脂。用燕子石制砚，有保潮耐涸、易于发墨、不伤笔毫的特色，且明、清时代即有出产。明末清初王士祯《池北偶谈》称：“张华东公延登崇祯丁丑三月游泰山，宿大汶口。偶行饮至河滨，见水中光芒甚异。出之，则一石可尺许。背负二小蝠、一蚕，腹下蝠近百，飞者伏者，肉羽如生。蚕右天然有小凹，可以受水，下方正受墨。公制为砚，名曰‘多蝠砚’。”清朝人盛百二《淄砚录》称：“此石莱往往有之。其背有如蝙蝠者，如蜂、蝶、蜻蜓者，文皆凸出。制砚名‘鸿福砚’，为读《易》研朱妙品。”上述“多蝠砚”、“鸿福砚”均系“燕子石砚”。清乾隆四十三年于敏中等人奉敕编撰的《西清砚谱》更是将燕子石砚列为众砚之首。

鹤山砚

鹤山石产于山东宁阳县西北的鹤山、龟山一带的窑主山，是砖红色含粉铁质泥质的微晶石灰岩。组成鹤山石的矿物主要是方解石，另含少量粉砂、铁质、泥质物微晶结构。鹤山砚材质地细嫩、坚而不顽、发墨而不滞笔，很适合用来雕制随形砚，所以鹤山砚多不屑雕工，而绝朴自然。

鹤山砚是根据历史上流传下来的《九九砚谱》所记载的线索，于近30年来在山东新开采的砚石新品种。

淄砚

淄砚又称金星砚，产于山东淄博市淄川区。淄地多山，石可制砚者很多。淄石有仔石（砂矿）和原石（原生矿）之分：仔石包括紫云、绿沉、天青、柑黄诸品，其中以柑黄为最，这种石色黄如蜂蜡、透润如玉、抚之如孩儿面，坚而不拒、发墨如油，但稀少罕见，产于博山一带。

淄石砚有绿、黄、紫等颜色，几十个品类。绿色的分为沉绿、荷叶绿、竹竿绿、莴苣绿等品类；紫色的分为关山红（红色中略带银色的斑点）、紫云、绀红等品类；黄色的分为绀黄、柑黄、束瓤黄等品类。此外，还有赭色、多彩、绀青等品类。古人评砚有“端石尚紫，淄石尚黑”之说，因此黑色的淄石最好。不少品种还带有石眼、斑点、冰纹、金线、金晕等纹彩。淄砚中较名贵者有金雀山的韫玉、金星、淄川梓桐山青金石三种。淄石极易发墨，且坚而不顽，质地细腻，石质温润，却色泽华缛而不深艳。

相传，淄砚的使用始于战国，盛于唐宋，迄今已有二千余年的历史。汉代的一方淄砚为故宫博物院收藏。宋代苏轼、唐彦猷称淄石为韫玉。可见，淄砚在宋代已享有盛誉。诗人陆游在《蛮溪砚铭》中载：“龙尾之群，淄韫玉之伯仲也。”唐彦猷的《砚录》说：“淄石可与端歙相上下。”苏轼的《东坡题跋》里也有评“淄端砚”一节。明人余怀的《砚林》记载：“宋熙宁中尚淄砚，神宗择其佳者赐司马温公。”这是说宋神宗选择优质淄砚，用以奖励完成《资治通鉴》编著任务的司马光，可见淄砚当时之身价。清乾隆年间，浙江秀水人盛百二曾编有《淄砚录》一书，对淄砚石做了专门记录。

思州砚

思州石砚，又名金星石砚、蛮溪砚、黑端，产于贵州岑巩县城东坪坝村星石潭。清康熙二十三年的《思州府志》就有记载：“星石潭，府东七里，产石，间有金星者，坚润可为砚。”岑巩唐代属名思州，所以将石砚取名思州砚，简称思砚。欧阳修在《欧阳永叔·砚谱》中云：“湖广辰沅州，出一种黑石，色深黑……端人贩归，刻作端样，称黑端。”“湖广辰沅州”包括了今天的芷江和岑巩在内的全部地域。思州石系前震旦系板溪群粉砂质绢云母板岩，含粉砂质绢云母板岩及粉砂质绿泥石绢云母板岩。其石显微纤维鳞片变晶结构，变余层纹状构造。砚石质地细腻，颜色多浅绿、灰绿、褐、紫、浅黄，内含绢云母、石英、斜长石、绿泥石、锐钛矿、电气石、金红石、氧化铁等物质，因而产生很多金星，经磨耐用。有文人赞曰：“水石殊质，云滋露液，浑金璞玉，惜墨惜笔。”

抗日战争时期由于日本帝国主义的入侵，外地的名砚很难运进贵州，思砚便受到避乱文人们的喜爱，从而促进了思砚制作工艺的发展，这也是思砚制作、使用的鼎盛时期。在思州从事制砚的人很多，特别是在星子潭一带，几乎家家都有制砚能手。思州砚造型奇巧而精细，立体浮雕结构复杂而严谨。图案有“二龙戏珠”、“双龙抢宝”、“单龙戏珠”、“双凤朝阳”、“龙凤呈样”、“鸳鸯戏水”、“犀牛望月”、“喜鹊闹梅”、“青松白鹤”、“松鼠偷葡萄”、“鲤鱼跃龙门”、“龟砚”、“蛙砚”、“金鱼砚”等等，优美而古朴。尤其是图案中的动物眼睛、植物花蕊、珍宝奇珠以及日月星辰等都利用天然金星的纹理雕刻。成品通体漆亮，光可鉴人，仿佛金星闪烁其间。

思州石砚已有上千年的生产历史，唐代天宝年间便已闻名朝野，曾被当时朝庭纳为“贡品”、“御砚”，苏东坡誉之为“珙璧”。后经过元、明两代艺人的努力，使制砚技艺得到进一步的提高，因被明朝列为贡品而闻名遐尔。清康熙皇帝年间作为御砚，是当地历代官府进奉朝廷的必备贡品。清末时“思砚”已开始流传国外，特别是在日本深受欢迎。

尼山砚

尼山砚石产于山东曲阜尼山孔庙北的砚台沟及五老峰下。砚石为呈蓝灰、土黄、姜黄色的泥质石灰岩，石厚3—6厘米不等，色呈柑黄，石面由于锰的氢氧化物扩散而有疏密不均的黑色松花纹，石质细腻、抚之生润。制成砚台，发墨如镗、久用不乏，掭笔如油、拭不损毫。尼山砚中的佼佼者也称为松花砚，石色褐黄，遍布青黑色松花纹，雅致可爱。明《兖州府志》载：1596年尼山石砚被列为曲阜的贡品。清乾隆年间修订的《曲阜县志》中载：“尼山之石，文理精腻，质坚色黄，可以为砚，得之不易。”可见尼山石制砚已有悠久的历史了。但是1949年前一直被孔府所控制，产量很少。尼山砚的制作以简朴大方见长，是鲁砚名品之一，与楷木雕刻、碑帖一起被称为曲阜三宝。

盘谷砚

盘谷砚是传统名砚，又名“天坛砚”、“盘砚”，产于河南省洛阳北济源市城西的王屋山主峰天坛山东80余华里之盘谷泉、砚山等地。天坛砚石藏于太行山脉王屋山断层岩石深处，现有盘谷坑、天坛坑、砚山坑、黄龙坑等多处石坑，产砚石30多种。

盘谷砚石属于粉砂质泥质岩，其主要的矿物成分为绢云母、绿泥石、石英、白云石和黄铁矿等。王屋山一带岩层属寒武纪时代，其盘谷曾是海湾，后因地壳变动隆起为山脉。浸在海水中的大量泥灰沉积物在长期高压之下逐渐形成今天的砚石。

盘谷石品分青斑、红墩、天蓝、麦叶绿、猪肝红、柳芽黄、三彩石、焦白、金线玉带、瓜子石等。尤以青斑、麦叶绿、子母、三彩石、瓜子石为贵。金线、玉带的主要矿物质成分是绿泥石和方解石，而金星墨斑是银白色绢云母和黑云母。盘谷砚的石质油腻湿润、纹理缜密、坚润细腻，具有坚而不脆、柔而不绵、滑而不溜，发墨酣淋、不损毫端，墨汁保湿七天不干，纯净均匀，及色泽晶莹似碧玉、璀璨如琥珀的特点。明高廉《遵生八笺》中有“质之坚润，琢之圆润，色之光彩，声之清冷，体之厚重，藏之完整”的评价。其宜书宜墨，有人说“盘墨宝色”；有人赞誉为色如琼玉、声似木鱼、贵赛琥珀、价胜和璧。而且，加上它精工雕刻、造型生动、古朴大方，素为书画家所珍爱。

从济源县梨林乡汉墓中考古发现：盘谷砚早在东汉时期已有制作。唐代韩愈《天坛砚铭》中说：“儒生高常与予下天坛，中路获砚石似马蹄状，外棱孤耸，内发墨色，幽奇天然疑神仙遗物，请予铭写。铭曰：仙写有灵，迹在于石，棱而宛中，有点墨迹，文字之祥，君家其昌。”宋代苏轼诗云：“石自天坛产出，松烟磨去生香，虽然质朴古雅，却能细腻风光。”

清乾隆帝读韩愈《送李愿归盘谷序》时对盘谷地名产生疑惑，认为盘谷在河北。为考其究，他命河南巡抚阿思哈亲到济源实地考察奏报。当弄清缘由后大有感悟，撰《盘谷考证》以记其事，并命工匠刻于盘谷寺后茶壶翕 300 米高处摩崖碑上。同时，御书《送李原归盘谷序》一文，誉盘谷“名山胜迹的石建亭”（御制碑今存盘谷寺），盘谷砚即定名至今。清代纪晓岚《阅微草堂砚谱》曾赞誉盘砚：“石出盘涡，阅岁孔多，刚不露骨，柔足任磨，此为内介而外和。”

广西柳砚

广西柳砚产自广西柳州柳江下游的龙壁山一带。砚石属墨石类的砂积页岩，硬度摩氏 3—3.5，色纯黑而有光、层理有序而自然，虽形态各异，却均有天然砚池。俗称叠层石、千层石、龙壁叠石。其形多见于山形景、平原景及层次错落犹为壮观的蓬莱仙境。柳砚石质相当细腻、滋润、坚实，保水、发墨性能良好，叩之发清脆声，石中纹理重叠如云，以笔掭砚润而不滑，研成墨汁书写流利。

唐代柳宗元对龙壁叠石，做了精解的评论。他把叠石之色称为“自然石色”，叠石之形则是“特表殊形”；论其质，若作琴座更有“增响于五弦凡铿锵于介律”。柳侯就是在评价龙壁叠石时提出的形、质、色、声理论的。柳宗元任柳州刺史（公元 815—819 年）时，在元和十年曾抱病乘船前往龙壁山采石，他的赏石精神已流芳于后人。

青溪砚

它又称“青溪龙石”、“青石”，由产于浙江淳安（旧名“青溪”）西乡龙眼山龙潭瀑布中段而得名。用其制成的砚石称“青溪石砚”或“青溪砚”。清代起即有人在此采石，以制作砚台、石碑等。

其砚石为灰黑色粉砂质板岩，赋存于奥承包制系地层中。砚石质坚润，结构严密，抚之如肌、磨之有峰，色黑，呵气成雾、贮墨不涸、发墨快而不损笔峰。若用指哈气按在石上，则水气如云、指纹清晰，数分钟后才消失。

青溪石品根据其颜色、质地、纹饰不同，可将砚石分为三种：1. 云龙，有云纹，且布满金星。2. 雨夹雪，灰黑色砚石上镶嵌着颗颗银星。3. 眉子，在砚石中布满了眉毛状“金丝”，宛如流云飞升。

青溪石砚产于宋代，因其为明嘉靖三十七年至四十一年淳安知县海瑞盛教倡刻，故又名海瑞砚。清代仍有采石，以制作砚台、石碑等。据称：青溪龙砚之名是海瑞命名的。明嘉靖三十七年至四十一年间，海瑞在浙江淳安任知县，深受百姓爱戴，被称为“海青天”。海瑞到云都源（今淳安叶家乡、妙石乡）一带察访时，到了洞源村的龙眼上，只见山成黑龙啸天状，岩石奇特，瀑布轰鸣，似青龙吐水。山下龙潭水中有无数黑石，平整光滑，上面嵌着许多点点金星，煞是可爱。他用石试墨之后，十分称心，于是就在龙眼山下办起了制砚作坊。因淳安在历史上曾名“青溪”，旋即把龙眼砚定名为“青溪龙砚”。当地老百姓为纪念海瑞开发之功劳，又称青溪龙砚为“海瑞砚”。

徐公砚

徐公砚之石产于距沂南县青驼镇10公里处的徐公店村砚石沟，即沂蒙地下岩层与风化层之间的夹层中，属纹彩奇特的玄武岩。其多为黑灰色层状硅质灰岩，质地细腻、坚固，尤其贵在为独立的天然块体，经亿万年风化水蚀，周边呈参差凹凸状石乳，鬼斧神工、意趣天成。有些石块断裂错位后又被充填物粘接且固而无间。

徐公石石纹富变化而有规律，石彩丰富，颜色有绀青、沉绿、蟹壳青、海蓝、鳝鱼黄、桔红、紫红、褐灰等，有些上面还有画面，具有纯朴典雅、形态奇异、色彩纷呈的特色。徐公砚石质坚硬，密度极高，可制成砚台；叩之清脆，其声如磬；着手生润，滴水不干；下墨如挫，磨墨无声，发墨如油，色泽鲜润。此砚不损笔毫，贮墨其中，经夜不干，且墨汁在4℃以下不结冰，堪称砚石材中之上品，有极高的观赏价值和收藏价值。《临沂县志》对徐公石倍加赞道：“边生细碎石乳，不假人工，天然雅观”；“皆天成砚材，小者尤佳”。

徐公砚是唯一一种以姓氏命名的砚台，主要是得名于唐代的徐晦。徐晦早年应试时曾得砚之恩，于是在告老后定居于得砚之地，被后人尊为“徐公”，随后该地亦易名“徐公店”，而砚台也就被称作“徐公砚”了。徐公砚是鲁砚中的重要品种，早在唐宋时期即负盛名。唐代颜真卿、柳公权，宋代欧阳修、苏轼、米芾等名人，在其有关著述中都曾做过对徐公砚的介绍和品评，而且评价甚高。

徐公砚力求尽量保持它的自然特点，其边痕是不能动的，只能在上面进行加工。因此，自然天成乃徐公砚的最大特点和最大优势，人们称之为“天下自然第一砚”。徐公石不但可以制砚，而且多有奇形怪状、异态纷呈之石，无需加工雕琢，即可把玩或观赏。

紫金砚

紫金砚产于安徽寿县八公山。寿县自古就流传一首民谚：“寿春（今寿县）宝三件：《淮南子》、豆腐、紫金砚。”紫金石色泽丰富，有红、黄、紫、绿、青、赭、黑等色，可分为紫金带、黄金带、草绿、彩带、金丝、酱紫、鱼籽红、月白、花斑、蟹壳青、金黄、碧玉、黑子、墨玉等十多种。最大特点是颜色瑰丽、肌理润泽、细腻如玉、呵气可生云，及叩之有声。因而是“质坚、润泽、发墨”三美的丰韵天成者。紫金石还含有大量人体所需的钙、锶、钼、钾、碘等矿物元素。

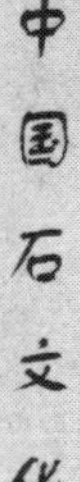

1973 年，元大都遗址出土宋米芾紫金砚一方，经北京博物馆的专家拿其与寿县紫金砚相比较后，被证明确出一坑。这一史实证实了寿县紫金砚历史久远、名品俱佳。紫金砚历史的悠久可追溯到西汉时期，那时紫金砚就成为文人墨客、王公贵族争相收藏的珍品。唐朝即为贡品。

紫金砚还与历代文化名人有过不解之缘：李白曾用紫金砚研墨，写就《白毫子歌》、《寄淮南友人》等著名诗篇。宋代文豪欧阳修携紫金砚临淮水，写下“紫金山下水长流，尝记当年共此游。今夜南风吹客梦，清淮明月照孤舟”。宋代词人李清照和其夫赵明诚共著《金石录》，并用紫金砚研墨，留下了一系列千古名词。宋杜绾所著《云林石谱》一书中载有“寿春府寿春县紫金山土中，色紫，琢为砚，甚发墨。叩之有声”之说，文中所说的砚即为紫金砚。宋黄庭坚在淮南寿春任职时，娶孙莘小女儿兰溪为妻，得孙莘所赠紫金砚一台。黄视为珍宝，以后屡屡加官晋级，他都宁舍万金不舍紫金砚。他生前曾嘱其子，在他驾鹤西去时，定要将他终生所爱的紫金砚随其陪葬。黄的老友米芾在《宝晋英光集》卷八中说：“寿春紫金砚，人间第一品，端、歙皆出其下。”

砣矶砚

砣矶砚也称金星雪浪砚，高似孙在《砚笺》中称其为登石砚，系著名鲁砚之一。其砚石产于砣矶岛磨石嘴村西北部悬崖下的山泉水眼处。

砣矶砚石料呈青灰色，含金属颗粒，质地油润细腻，细中有锋、柔中有刚。主要成分有绢云母、绿泥石和少量的石英、白钛矿、电气石及非晶质的碳质物，摩氏硬度为3—4。

因含有微量自然铜，砚石犹如金屑撒在石上，闪耀发光，即所谓金星。其色青黑，略呈绀青、灰绿色。又有明度不同的雪浪纹在石表面，小如秋水微波、大如雪浪滚滚，着水似浮动，映日泛贝光，故又名金星雪浪。加工雕刻成砚后，其色泽如漆，如金星闪烁、似雪浪腾涌，油润细腻、柔刚相间，敲之清脆仿佛钢声。具有研不起沫、下墨甚利、泼墨如油，不渗水，色不滞笔损毫、不吃墨等特点，为砚中尤物，堪与端砚媲美。且时有金星入墨，妙笔字画顿生异彩。

砣矶石制砚，据史载始于北宋，盛于明清，为历代文人名士所珍爱。明朝画家徐渭见砣矶而转移藏砚兴趣，并书长诗赞之："向者宝端歙，近复珍砣矶。在海感交蜃，纹理多怪奇。白者为雪浪，显者黄金泥。碎者银作砂，角者丝缠犀。举手摸其理，萦萦听飞……"清代雍正年间，砣矶砚已成为地方官吏敬献皇帝的贡品。据清代内府造办处档案记载："雍正七年十月二十五日，太监张玉桂、王常桂交来花玉木匣鼍矶砚九方，传旨养心殿造办处着。"乾隆皇帝所得的砣矶砚为长方形，石色青间碧，受墨处宽平，墨池深广，中刻一蟠（即无角龙），边刻四螭绕之。砚底刻有乾隆皇帝手书的赞誉七言绝句："驼基石刻五螭蟠，受墨何须夸马肝，设以诗中例小品，谓同岛瘦与郊寒。"清董寄庐评赏砣矶砚为："砣矶石似歙而益墨殊胜，有枯润二种，得之润水中者尤佳，石家藏此砚而宝之。"据传清代画家高风翰偶得一块砣矶砚，如获至宝、爱不释手，夜间睡觉都抱在怀里，不料将右手压坏。后来，他只好改用左手作画。

松花砚

松花石又名"松花玉"，产于我国东北长白山区混同江的砥石山，这里是松花江的发源地，因松花江源头而得其名。《吉林通志》载："松花玉，亦曰松花石，出混同江边（即现在的浑江边）砥石山，玉色净绿，光润细腻，可充砚材，品埒端歙。"即吉林省白山市和延边州安图县两江镇。

松花石色彩有深绿和浅绿，并杂有黄色和紫红色，常为紫绿相兼、纹如刷丝，有如大海的波涛、流水般的旋涡、单行之纹理。其中的深绿色的刷丝为上品，而刷丝纹的精品又叫孔雀石，所以深绿色的松花石在全国的砚石中独占鳌头。

松花石石质绀绿无瑕、质坚而细、色嫩而纯，发墨硬度较端、歙为高，约在摩氏硬度 5 左右，叩之金声。开磨以后，滑不拒墨、涩不滞笔，能使松烟浮艳、毫颖增辉，用水冲洗不留痕迹。加上其产自满族发祥地长白山，因而成为宫廷御用品，倍受清代皇室的推崇和喜爱。

长白山是清始祖的发祥地，他们为了世世代代永远统治华夏，保护这块“风水宝地”，从康熙十六年（公元 1677 年）到光绪四年（公元 1878 年）将长白山封禁达 201 年。又因康熙皇帝将松花石砚封为“御砚”，严禁民间私采，故松花石砚产地失踪三百多年。直到 1979 年，吉林省地质局才在长白山麓的通化县大安镇境内和白山市库仓沟及安图县两江镇发现松花石，从此这方奇石才算见了天日。

用松花石雕琢砚台已有三百多年历史了。据考古发现：早在明代就有个别松花砚出现。到了清代，其砚台被进贡到皇室，深受推崇。康熙皇帝赞誉它：“寿古而质润，色绿而声清，起墨益毫，故其宝也。”乾隆皇帝也称颂：“松花玉，色净绿，细腻温润，可中砚材，发墨与端溪同，品在歙坑之右。”他还将其与端、歙两砚齐观，视为国宝，并诗赞：“方灵瑞气孕灵庞，宝重三朝示万邦。”

松花石的主要特点是：一声音清脆，叩之如铜，清脆铿锵悦耳；二是色彩丰富，有翠绿、绛紫、骆青、紫绿相兼四种不同色调。每种色调又纹理各异，诸多点线兼而有之，奇者犹如天成彩绘。这不但为琢砚艺匠施展艺术才能创造了条件，也为使用者或收藏家所喜爱。

山西五台砚

五台山砚又名纹山砚，产于山西五台县城南 40 里的滹沱河南岸五台山西麓的纹山。清《五台县志》载：“段亩山又名文山……产砚石有青、紫、绿三色……凡附近各省市井蒙馆所用之粗砚及大砚，皆此山之石也。”

纹山北风冽、地冻，所产砚石常年被冰雪覆盖，不透湿气，所以五台砚性凉如冰，摩拭之无潮气不渗水，质地细密而硬朗，叩之无声，细腻不滑，质刚而柔，便于雕琢，所以五台砚发墨快，水墨交融得好，汁不易干，储墨时间长，而消水慢。这方砚石起墨益毫，挥洒起来，浓淡相宜，得心应手。

五台砚的石色有黑、绿、红、紫，一色纯净。黑石如漆，绿石如叶，红石如火，紫石如肝。不论何色，都很均匀洁净，雅致美观。其中绿色石石质较软，黑色石稍显粗糙，以紫色石石质最佳。砚石上的石纹很像傲霜的松枝和柏叶，遒劲疏朗。因台砚的石质具有上述的优点，所以五台砚既很有实用价值，又是精美的工艺品，历来为文人墨客所钟爱。明末清初的书画家傅山等常以五台砚书画，视此砚台为珍宝。

五台砚又分为段砚、凤砚和崞砚三种。段砚产于段亩山，凤砚产于凤凰山，崞砚产于崞县（今原平市）。纹山采石始于隋唐；五台砚的制作，开始于明代初期，已有六百多年的历史。1952 年出土的"犀牛望月"五台砚，就是明代万历年间的作品。但由于五台山的名声大，所以"五台砚"之称被广为留传，而别的名称则几被人们忘却。五台砚石料采选十分不易，上山采石，难度甚大。山路崎岖，行走困难，采挖时一不宜放炮，二不宜重锤敲打，石料如带有一点沙纹，便不能使用。

菊花砚

菊花砚石主产于湖南浏阳地区永和镇浏阳河河底。菊花石花自天成的白色秋菊花纹为含放射状的天青石石灰岩，赋存于早二叠世栖霞组地层中，有些天青石已被方解石交代和充填。

按花径的大小和花朵的形态，可以将"菊花"分为蝴蝶花、铜钱花、蟹爪花、鸡爪花等品种。而且，此石像菊花一样，花蕊分单蕊、三蕊和无蕊型，另有类似竹叶菊、绣球龙葵菊、蒲叶和金钱菊等花型。

清乾隆初期就已发现菊花石。乾隆年间，浏阳永和镇村民欧阳锡藩等在砌芙蓉河堤时，于河底采石，发现了菊花石，后将石雕刻成高雅别致、俏俊可爱的砚台，人们闻知，纷纷求购。这是我国最早出现的菊花石砚。清同治时的《浏阳县志》中有对菊花石的描述："有纹而晶莹，作菊花状，跗萼宛然。中或含苞，或半吐，珠极天趣。"清末，菊花石雕技艺成熟，菊花石雕艺术品成为当时敬献皇帝的贡品。民国时期，菊花石砚经过制砚大师戴清升的全面发展，技艺更加完善。在传统的浮雕上，他开创了圆雕、镂雕和立体镂雕等新技法，还把单花画面变成多花画面，并配上山水人物、动物形象。此外，这时的砚型发展成多种，有奇形砚、象形砚、仿古砚和规格砚等，提高了菊花石砚的艺术欣赏价值。

一些菊花石砚精品也为文人和名士喜爱而珍藏。谭嗣同、梁启超等都收藏了菊花石砚精品，特别是谭嗣同酷爱收藏菊砚，善题砚铭，自谓“菊花石之影”来表达他对故乡——浏阳特有菊花石砚的一片深情。谭嗣同名其庐为“石菊影庐”。梁启超1897年受聘于湖南时务学堂中文总教习时，曾得到一方浏阳菊花石砚，砚呈长方形筒式，正面雕竹三株（取华封三祝之意），下方有白色菊花一朵，背面有复生（谭嗣同）铭：“空华了无真实相，用造别偈起众信。任公（梁启超）之砚佛尘赠（唐佛尘）两君石交我作证。”此砚现存于梁启超长女梁令娴处。

自清朝欧锡藩发现菊花石并开始制砚台始，已两百多年历史，但还只有浏阳一处产地得到了开发。其他的菊花石产地：湖南石门、泸溪，陕西宁强，江西永丰、九江庐山，湖北宣恩、恩施、建始，广东花都，广西来宾等都是在20世纪70年代后发现或开发的，现在各型的菊花石砚工艺品走俏国内外。

四川苴却砚

苴（zuǒ）却砚产于四川攀枝花西大裂谷、金沙江沿岸的悬崖峭壁之中，此地古称“苴却”，所以因地名而名石。清宣统元年（公元1909年），苴却巡检宋光枢取苴却砚三方赴巴拿马国际博览会参展并一举获奖荣享盛誉，自此苴却砚名震中外。1913年，云南省政府准备开发苴却砚，命制砚师傅寸秉信赴昆明传授技艺，可惜傅寸未及成行即病故，苴却砚从此失传。1985年，苴却砚在多位志士的努力下才重新开发面世。

其产状有三：（一）平地坑。平地坑石的特点：1. 石眼（“石眼”是砚石上天然形成的有如鸟兽眼睛一样的花纹），眼形明晰、色泽碧绿、心睛圆正、环韵纯美，而石眼较多的料石主要出自平地坑。2. 膘石（“膘”是天然生成于砚石中的一种块状物，其生成面积大小不一形态各异）最具特色，主出绿色膘石、玉带膘石、复合膘石、黄色膘石。其特色：膘层丰富多彩、层理清晰、色泽变化大，多呈现鲜丽之色，以绿萝玉、碧云冻、金地鱼子、玉带膘最为出众。（二）大宝哨坑。大宝哨坑是历史久远的著名老坑，以出产眼石为主，石眼心睛明晰、色泽碧绿、晕色纯美；也亦出膘石，色泽特点是单色膘色泽纯美，少有青花、金银线等。再者是出产绿石，同时发现绿眼石，出产极少，堪称苴却石之绝妙上品。还有就是出产紫砂红石，还天然伴生石眼，此种石头石眼奇大，以带环的大眼为上品。（三）花棚子坑。花棚子坑的砚石色泽偏紫，略重于平地坑与大宝哨坑，但石质细腻、滋润。由于产地地质结构复

杂、地势偏低，加上紧邻金沙江，江水涨落无常，故采石极为困难。此坑开采最早，但真正的老坑原址早已不知何处。

总之，苴却砚石色紫黑沉凝，石质致密细腻、莹洁滋润，发墨如油、存墨不腐，耐磨益毫、呵气可研，叩之有金玉之声、抚之如婴肤娇嫩。此砚石石种绚丽丰富，已发现的就有碧眼、青花、鱼脑冻、蕉叶白、紫砂、鸡血、冰纹、云纹、火捺、金星、绿腰、黄腰、眉子、玉带腰、鱼子纹、金线、银线等。特别是石眼，碧翠高洁、鲜活如神，青如碧玉、红似金瞳，形如猫眼、鸲鹆眼等，堪称一绝。苴却砚石以其独特的艺术魅力，无愧为集实用、收藏、把玩为一体的艺术珍品。

河北易水砚

易水砚石产于河北易县的易水河畔、太行山区的西峪山上，多是蓝灰色或带有紫、碧、黑、灰、白等颜色的水成碳酸盐岩，有的石料上还生着天然的碧绿色、淡黄色或白色的斑纹或“石眼”如繁星闪烁。其石质细而硬、光润如玉、细腻如脂、柔坚适中，耐研磨而保潮润，叩之无声，贮水不渗，易于发墨而不损毫，是制砚的上乘石料。而且，易水砚石天然色质含玉珠，迎风日而不褪艳、喜处阴百年而不松体，为历代宫廷贡品。

易水石制砚始于春秋时代的燕国下都，盛于唐宋，流传至今已有上千年的历史，被誉为中国制砚的鼻祖，在《易州志》、《墨史》中都有清楚的记载。唐代，易州人奚氏父子在易水河上游中南山黄伯阳洞发现了上好的砚石料，即如今易水砚制作常用的以色调划分的两个品种——紫翠石和玉黛石。紫翠石和玉黛石上往往点缀着天然的浅黄色、碧绿色的斑纹，亮如晴天，吹之欲飘；紫色衬托艳若明霞的胭脂晕，纹理色面似感秋雨乍晴蔚蓝无边，它们质地细若润玉、湿嫩而滑。五代时期易砚制作大师奚鼐因战乱死在易州，其子奚廷圭向南逃至安徽歙县，采当地龙尾山石制砚，即后来的歙砚，并制廷圭墨，遂成为徽墨和歙砚的开山祖师。后经当地官员推荐，他受到南唐后主李煜的赏识并赐墨官，使歙砚和当时的诸葛氏笔、澄心塘纸一起被朝廷定为最早的“文房四宝”。奚廷圭赐国姓，改为“李廷圭”，充任朝廷墨官，随后又将技艺传入广东肇庆。因此，歙砚、徽砚和端砚都因易砚传承而来。

一般而言，易县制砚的工匠根据石料的不同形状和奇纹异理因材施艺、就石下刀、巧用俏色、顺理成章。唐朝诗仙李白对易水砚曾发出这样的赞美“一方在手转乾坤，清风紫毫洒一樽，醉卧黄龙不知返，举杯当谢易水人”。

台湾螺溪砚

螺溪砚石产于我国台湾省彰化县。清代，台湾人就已开始用当地所产的大黑石制砚。嘉庆年间，杨启元还撰写了一篇东螺溪砚石记，其中记载：“彰化南方四十里，有溪、源出内山，由日月潭下分四支，即今北斗，溪产异石，可裁成砚，色青而玄、质润而栗。”这是螺溪砚石第一次见于史料之中。

因台湾地处边陲，且当时交通不发达，故螺溪石在内地一直鲜为人知。直至日本侵占台湾时，日本人发现“大黑石”，因其贮水不干，并在制成砚后又易于发墨，就把这种质地优异的砚石尊之为“墨玉”。后来螺溪石砚因其声名又开始从东瀛回传，逐渐使台湾当地形成制砚产业。

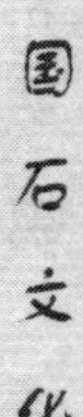

螺溪石砚石质莹润细腻，被视为砚中上品，不逊于内地广东的端砚。其颜色可分为五大主色，即乌黑、翠绿、朱红、土黄及灰白。砚石的色彩多且妍丽富光泽，是其他内地砚石所难匹敌的。其硬度适宜，即使磨上数年，墨池也不会出现丝毫凹陷状。原来螺溪石结构粒子细如粉末，这种结合密实、吸水率低，故能长时间贮水而不干。并且其发墨性优良，写字手感舒畅。另外，大多数石砚的石材均是挖矿坑切割而得。螺溪石砚则不同，其原石均直接捡拾自溪谷河床，即所谓的自然石。而且，绝大多数的螺溪石砚都是依其原石原貌雕琢成适当造型，故每方均能留下其天然石皮，有种难以形容的自然美感。

具体说来，螺溪砚有以下几个特征：

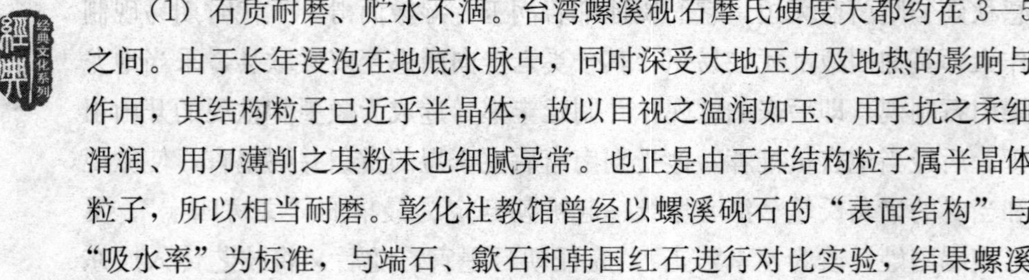

（1）石质耐磨、贮水不涸。台湾螺溪砚石摩氏硬度大都约在3—5之间。由于长年浸泡在地底水脉中，同时深受大地压力及地热的影响与作用，其结构粒子已近乎半晶体，故以目视之温润如玉、用手抚之柔细滑润、用刀薄削之其粉末也细腻异常。也正是由于其结构粒子属半晶体粒子，所以相当耐磨。彰化社教馆曾经以螺溪砚石的“表面结构”与“吸水率”为标准，与端石、歙石和韩国红石进行对比实验，结果螺溪石“表面结构”细于其他对比对象，吸水率也低于其他三者。

（2）发墨性优良。一般人以为发墨性要优良，砚面就要粗糙些。但“发墨”不是“出墨”，墨质须讲究细致温润，始为“活墨”。因螺溪石是经水长期淬练涵养成的岩石，其石质结构具有如“页理”之层面，所以墨池经过平磨后，石质中之“丝理”斜出，磨墨时感觉停润不滑，且有“黏稠感”，发墨特别细致，这是由螺溪石石质特有的“针铓”所产生的发墨特异功效。

（3）石色与纹理。螺溪石石色丰富多彩，据统计：螺溪石的石色可分为乌黑、翠绿、赭红、土黄、灰白等五大色系。另有石色混杂而成数十种颜色与纹理，如赤色、枣红、紫绀、红花、黑紫、墨绿、红绿、浓绿、青色、褐色、灰褐等。目前所产螺溪砚石大都为乌黑、翠绿、赭红三主色或各色相间的，而土黄、灰白等不多见。甚至由于大多是水成沉积的缘故，其石色相混变化万千、各具奇特，除纯色外，常色色相溶而成水波纹、云雾状、斑驳点等等，还有的出现银丝、金点，更是令人喜爱。

宁夏贺兰砚

贺兰砚石产于宁夏银川贺兰山，已有一千多年的历史，是震旦系黄旗口群粉砂质绢云母板岩。颜色呈浅绿、灰绿、浅褐、紫、浅黄。显微纤维鳞片变晶结构，变余层纹状构造。主要成分为：绢云母、石英、斜长石、绿泥石、锐钛矿、氧化铁。

砚石质地细腻，色泽清雅莹润，往往紫中嵌绿、绿中附紫，坚而可雕、刚柔相宜，以天然深紫色和豆绿两色为主色，有的还有玉带、云纹、眉子、银线、石眼等，常有似云、似月、似水、似山的国案，雅趣天成。雕成石砚不吸水、易发墨、不损毫，加盖后砚内余墨可保持数日不干、不臭，是雕刻石砚的上好材料。清末宁夏知府赵惟熙曾为贺兰石砚题诗说：“贺兰富研材，堆砌成小山；夙有临池兴，薄书傥余间。”1963年12月，董必武视察宁夏时也曾为贺兰石砚题诗：“色为端石微紫深，纹似金星细入肌；配在文房成四宝，磨而不磷性相宜。”

在长期的实践中，艺人们不断总结提高制造方法，使石砚雕刻技艺日臻完善。常见的石砚图案已有一百多种，不论是人物、山水还是花鸟、动物，都选料精妙，图案新颖、形象生动、栩栩如生，堪与广东端砚、安徽砚及甘肃砚媲美，素有“一端二徽三贺兰”之说。而且贺兰石砚利用它的天然双色，交相掩映，更显得美观、大方，绝妙非常。它不仅是“文房四宝”的实用品，而且是珍贵的工艺收藏品。贺兰石还可雕刻成精美的印章，小巧玲珑的茶具、镇纸、笔架、台灯和其他案头陈设，为人们增加了不少情趣。

第六节　砚石的鉴赏

前面几节中，我们重点介绍了各种类型的砚石。那么我们在对砚石进行鉴赏的过程中，究竟要注意把握哪几点呢？

首先要明确的是：我们鉴赏砚石的出发点是因为它具有天然美的特质。砚石的天然美是指大自然赋予它的一些天然特性。我们在分析砚石石质美时，可以从其内在和外在两个因素来入手。

内在因素——石质。优良砚石集中体现在其石质的细腻、滋润，及其制成砚石后在使用中下墨快、发墨佳而又不损毫等方面。而石质美给人的外在感觉是通过砚石的色、声、感等来表现的。

石色就是砚的颜色，不同砚种的石色往往是不同的，如端石是紫色的，华丽而庄严；歙石青黑色，清癯而严肃；洮河石偏绿色，活泼亮丽；红丝石红黄相间，流畅动人……它们都是石中佳品。鉴赏石色时用水湿之或沉入水中观察效果会更好，着重观察的是色调的变化。

声是通过叩击来表现的。同石色一样，不同砚种砚石的石声是不尽相同的。如：优质端石的石声是“木声”，还可细分出“湿木之声”和“干木之声”，声音越清或带铿锵者则是端石的中下品；但对歙石而言，叩击之声如金属声则是上品，若发出木声则反而是中下品。

感是用手来感觉砚石，一般用掌心在墨堂抚拭。优良的砚石给人的感觉是娇嫩、温润，“如抚小儿肌肤”。若抚摸时糙手或干燥吸汗，则属石质劣品。

其中还有些细微的差别，诸如石色的色调变化，砚石细腻、娇嫩程度等更是不容忽视的。

还可凭摸、敲、洗、掂等方法初步判别砚石的优劣。

摸：接触到砚石，可用手摸一模。如果光滑细嫩，说明石质较好；如果摸上去感觉粗糙，则说明其石质较差。

敲：将砚石用五指托空，轻轻击打，或用手指弹砚，闻其声。若为端砚，以木声为佳，瓦声次之，金声为下。这三种不同的声音，分别体现出端砚质地的嫩与老。而歙砚敲击则以清脆的“铛、铛”金属声为最好；如果发出“噗、噗”的声音，就说明该歙砚多泥质，或石质有暗伤痕，为下品。

洗：砚最好要经过清洗再辨认。石经上水自可显出自然美纹，同时也可看砚石是否有伤痕和修补过的痕迹。

掂：用手掂砚石的分量。同样大小的砚石，一般来说砚石重的胶结实、颗粒细；轻的则说明胶结松。掂的方法尤其对歙砚比较适用。

第四篇 清供雅石

石头无论是把玩还是清供，历代都把它看成是文且雅的乐事，而那些无文不雅的石头一般都不在健康的赏玩范畴之内。这类以自然形态表现天工造化、可为师源的石头，因时代与地域的不同，以及所涉范畴的差异而有不同的称谓。如：陆游称之为“巧石”、“奇石”，苏轼称“怪石”、“文石”；在韩国称“寿石”，在日本称“水石”；也有很多人称“观赏石”或“赏石”；而在加拿大、中国台湾地区则称为“雅石”。

“寿石”、“水石”、“观赏石”、“赏石”这些称谓虽都呈现出了这些石头的不同侧面，但都没有反映出人们长期把玩清供石头的本质特征——“敬”与“雅”。清供为敬，把玩为雅。因此我们在这部分主要介绍各种类型的“清供雅石”。

第十章

石无文不雅——雅石的赏与供

赏石，是指人对石头的一种欣赏活动，是通过赏石过程发现自然岩石上承载的诗情画意，并对其文化内涵进行的发掘活动。石头是人们欣赏的客体，欣赏者根据自身的文化背景与积淀，将欣赏的对象——石头——所承载的与人类文化相印的内容提升为相应的人文主题，以达到欣赏的愉悦活动。一般赏石活动中的对象（石头）所印映的人类文化内容都为天然形成的内容，而非人工加工创造的。在各个不同的历史时期，欣赏者审美取向会有不同，但是又有着共同着眼点，即人与自然的和谐、人与人的和谐及人与社会的和谐。

赏石所赏的石头要具有一定的欣赏性和可交流性，因此我们一般把它界定在有一定观赏性的天造良石，这种石头我们就称为“清供雅石”。之所以使用“清供雅石”一词是考虑到：奇石是具有出奇个性的石头。宽泛地说，天然的石头都是奇石，自然界找不到相同的两块石头。但是如果不具有人类所欣赏的美感特性，那么奇只是奇，谈不上审美意义上的特征。

清供，是指人们将雅石移入特定环境内进行陈设、品评、欣赏，即“清雅之供品”的简称。旧俗于节序或祭祀时，用清香、鲜花、素食等为供品，以别于庙享以豕、牛、羊为牺牲的供品称为清供。如新岁时每以松、竹、梅供于几案，称岁朝清供。将石头清供于书房或客厅是来体

现主人的高雅不俗，所以供石又称雅石。如元朝大将杨友得到的鹿蹄石至今仍然被供于杨家祠堂内。

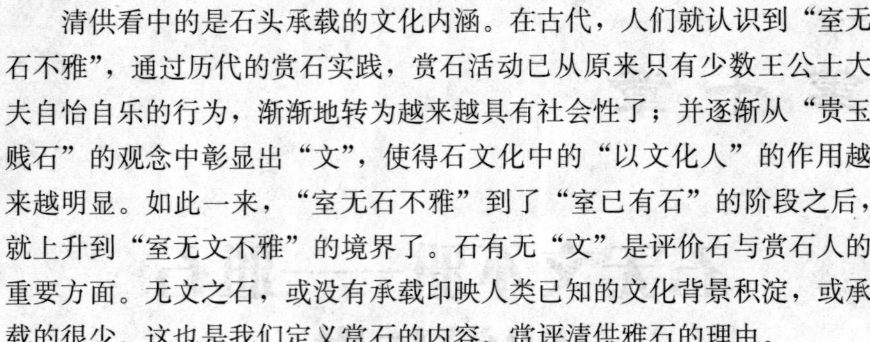

清供看中的是石头承载的文化内涵。在古代，人们就认识到“室无石不雅”，通过历代的赏石实践，赏石活动已从原来只有少数王公士大夫自怡自乐的行为，渐渐地转为越来越具有社会性了；并逐渐从“贵玉贱石”的观念中彰显出“文”，使得石文化中的“以文化人”的作用越来越明显。如此一来，“室无石不雅”到了“室已有石”的阶段之后，就上升到“室无文不雅”的境界了。石有无“文”是评价石与赏石人的重要方面。无文之石，或没有承载印映人类已知的文化背景积淀，或承载的很少。这也是我们定义赏石的内容、赏评清供雅石的理由。

传统的文房雅石的概念是很宽泛的，如古人书写时用的“砚山”、“镇纸”、“笔架”之石在当时都可称为“文房雅石”，即文房清供，只是后来演变为几案上陈列的用具及艺术品。秦汉时期，“文房清供”就开始出现，唐宋时期得以发展，到明清时期尤其得到提倡，用具种类非常丰富，致使其成为书房里、书案上的装饰、陈设工艺美术品之泛称。

石玩清供泛指几案头陈设的供欣赏的石头。清供石玩体积一般不大，一肘只有之长，一人之力就可以搬移。清供石，最起码的标准是“一石成趣”。因此，清供石选择条件较为苛刻。如南唐后主李煜的灵璧石研山：质地黑如点漆，上生三十六峰，中有天生墨池、墨堂，雨天自生水珠等。

过去的“供石”现在可以见到的还有很多。如：苏州网师园万卷堂看松读画轩、留园五峰仙馆、苏州园林博物馆卧虬堂、狮子林燕誉堂、指柏轩、贝氏大厅、拙政园中玉壶冰、卅六鸳鸯馆、怡园藕香榭、河北直隶总督府、南京总统府、上海豫园等地都有供石，都给我们提供了供石的样板。

苏州网师园中的看松读画轩内供一尊五音石，两边几上均放花瓶，石背后是雕花镂空玻璃窗，窗外有太湖石，点缀数茎绿叶，以镂窗为画框，是一幅野趣与古意兼得的画。两旁一副对联：“满地绿阴飞燕子，一帘晴雪卷梅花。”文人雅士相访到此往往磨墨铺纸，或诗词留题、或挥笔命素、或主客联句，占尽人间风流。这尊供石就是典型的文房雅石。另园内的万卷堂供八音石一尊，左有箭瓶，右有插屏，再左右是常青盆景，寓意平平安安、健康长寿、青春永驻。

留园五峰仙馆在五峰仙馆匾下镌刻着《兰亭序》全文，中间供石一方，红木底座。右有红、黄、绿色适于皇家用的帽筒，左有圆形大理石插屏，底座红木镂如藤编。园主人盛康撰联：“历宦海四朝身，且宜且佳，休辜负清风明月；供他乡一廛地，所寄所托，任安排奇石名花。”陆润庠的对联为：“读书取正，读易取变，读骚取幽，读庄取达，读汉文取坚，最有味卷中岁月；与菊同野，与梅同疏，与莲同洁，与兰同芳，与海棠同韵，定自称花里神仙。”表达了主人晚年生活的闲适安逸。

保定直隶总督府也供一尊石头，左右各有两只瓶子，既无画也无对联，旁边坐着一位洋人、一位清朝官员、后边一个译员，三个塑像很像在谈判。洋人严肃地指手划脚，清朝官员端坐一旁。最有讽刺意味的是：供石左侧瓶缺一耳，瓶下也无底座（鞍），以“缺瓶无鞍”寓没有平安（瓶鞍谐平安音）。

供石的方式实际上就是赏析的方式，且在不同的历史时期、不同文化背景下有所演变和发展，是中国石文化的一个重要内容。

用于清供的石头本不分石种，唯以主人的喜好为宜。如：苏轼供雨花石，并给后人留下了两篇专论，即《怪石供》和《后怪石供》。但是，历史沿袭最有影响的清供石主要是灵璧石、太湖石、英德石、昆石这四大供石。

赏石活动的意义就在于：通过对雅石的鉴评达到怡情化人的目的。赏石水平的高低取决于赏石人文化修养水平的高低，只有通过赏石活动被赏析的石头才能进入艺术品的行列。这也正是科学与艺术的区别所在：科学的石头是冰冷的客观对象；艺术的石头是雅石，是溶入欣赏人文化积淀的、可以感人的、活生生的精灵。雅石把人带入了一个形象再创造的空间。

第十一章

石种辨析

物以类聚，人以群分。不同的应用范围对某种事物会有不同的分类方法。对自然界的石头进行分类则是根据不同的目的进行的。地质学界一般把岩石按成因分成火成岩、水成岩、变质岩。但是若在对雅石的分类上也采用这种分法，则可能在赏析评价中就没有太大的意义了。雅石的分类要具备在赏析评价中有利于比对和操作的优势，因此大类不宜分得太多。我们从评价欣赏的角度和造型方式把雅石分成了五大类，即：山石、水石、卵石、戈壁石、板片石。

第一节　山　石

山石是指山、丘、平原或土中的雅石。山石是诸石之本，所以列在首位。《说文解字》中石部为："石，山石也。在厂之下。象形。凡石之属皆从石。"山石一语本是"石"字的原意，即山之碎。唐代倡导"文以载道"的领军人物韩愈曾有诗名《山石》，而诗名《山石》并不是赋咏山石，而是意在以山石寄寓人情。雅石强大的生命力正在于它可以被人们赋予不同的情怀。所以，我们也使用《春秋》公羊笔法，以山石而微言。

山石中有四个石种最为人们青睐，被称为四大供石。即：灵璧石、太湖石、英德石和昆石。

一、四大供石

灵璧石

安徽灵璧县磬云山

灵璧石出自安徽省北部的宿州市灵璧县。早在《尚书·禹贡》中就记载“泗滨浮磬”之事。“泗滨”的一部分就是现在的灵璧县，而“磬”是用石头制成的乐器。我国第一颗人造地球卫星传回的《东方红》乐曲就是用灵璧石制作的磬来演凑的。灵璧石石质好，又具有良好的音质，一直是古代礼器必备的大乐器——磬的用材，并被列为贡品。到了唐代，因该地产的石头质地似玉且有灵气（灵璧是传说中的钟馗之乡）而取“山川灵秀之钟，石皆璀灿如璧”之意，命名该地为灵璧，而灵璧所出的石头自然也就被称为灵璧石了。我国第一部石谱——宋代杜绾所著的《云林石谱》中就排灵璧石为第一。从此，历代石谱均尊灵璧石为百石之最，清乾隆帝称灵璧石为“天下第一石”。

灵璧石“达摩渡江”

灵璧石种类繁多，现在已发现采掘的有400多种。其形态各异、色彩丰富，可以表达各种类型的文化内容，可谓“一石一世界”。典型的灵璧石是指在安徽灵璧县渔沟镇磬云山附近出落的黑色、叩之有声的灵璧磬石。“灵璧一石天下奇，声如青铜色如玉”是宋代诗人方岩对灵璧石的概括。灵璧石形成于震旦纪晚期，那时该地区为浅海区域，大量藻类植物繁殖生长，原生的石灰岩在海水中与藻类植物复合成形，后又经过造山运动和长期受酸性土壤和雨水的侵蚀，使岩矿体剥离出地表，形成了千姿

百态的形状和变化多端的石肤纹理。灵璧石特有的清脆声音是由于其含矿质比较单一所为，如磬石中方解石的含量达95%以上，且密度分布均匀有致。

灵璧石因在浅海中的生物不同，还具有其他多种颜色，如白的、黄的、红的、灰的、多彩的。石肤有光润的，也有带纹的；有气势雄浑的，也有玲珑剔透的。

灵璧图案石“钟馗”

灵璧石有能赏形的，也有可以欣赏画面的图案石。如灵璧县现在的镇县之宝“钟馗”就是以画面欣赏为主的灵璧石。此外，灵璧石还有专门欣赏石肤纹理的，如以动物形态比喻的龟纹、鸡爪纹，以水果形状比喻的核桃纹、蜜枣纹，有以线条形容的螺旋纹、金丝纹、银丝纹、红丝纹，还有山石纹、木纹等。

灵璧石中有以形态特征为主的蟠螭灵璧石；以颜色为特征的黄灵璧、白灵璧、彩灵璧；以声音取胜的磬石；以村名取名的白马纹石；另有依所含主要成分为特征的皖螺石。并且还可再进行详细的划分，如红皖螺、黄皖螺、灰皖螺等。

灵璧石的摩氏硬度一般在4—7之间，无放射性，并含有多种对人体有益的微量元素，其中锶的含量达0.48%，是可以长期收藏的石种。

灵璧石对中国石文化影响很大。除制作乐器的磬石外，南唐后主李煜的研山就是一方著名灵璧石。《云林石谱》详细记述了灵璧石的产状、类型、品质，甚至当时的造假方法，是整部《云林石谱》中着字最多的自然形态石。针对灵璧石，苏东坡专门撰写了文章《灵璧张氏园亭记》。明代王守谦则著有研究灵璧石的专著《灵璧石考》。一些古代灵璧石现已流失海外，对海外石文化的发展起到了重要的推动作用。

大型灵璧石一般作为园林置石、广场标志石，中小型的用于厅堂和清供，微型的多作为手玩健身，也有一部分用于开发大理石石材使用，如北京人民大会堂的柱础（基座）。

值得注意的是灵璧石不一定非得产在灵璧县境内，在与其形成原因相近似的地区也有生产，如周边地区，只是石质有好有差而已。

灵璧纹石“灵猫”

灵璧石的优劣以其形态、石肤、色彩的天然性为首位。由于灵璧石资源采挖历史太久，一尊天然、形态好的石头现已不易得到，所以自宋代就有人以其他石种冒充灵璧石。《云林石谱》中就指出有人以太湖石沾浆来做假。而今人多以改变自然形态来提高灵璧石的审美价值和交易价格，如在大致像鹰的石头上雕修出喙，以此称奇。辨识灵璧石形态的天然程度，要认真察看石肤、石头的纹理、颜色以及是否有伤痕、染色。20 世纪 80 年代开始，有人为了追求灵璧石“黑如漆”的效果，使用工业盐酸对石肤进行腐蚀，经蚀后石色漆黑，表面上看去石肤纹理都没有什么问题，这类石头要仔细嗅味辨析。

宜兴太湖石

为加强对灵璧石资源的管理，促进其合理开发和有效保护，避免或减少资源的破坏和流失，充分体现灵璧石的经济价值，2004 年 6 月 10 日宿州市人民政府发布了《灵璧石资源管理暂行办法》，对灵璧石的采掘与交易做了相关的规定。这是全国范围内第一个由地方政府出台的对石头进行管理的法规。

太湖石

太湖石又名洞庭石，因原位于江浙沪三省市之间的太湖上的洞山、庭山之西而得洞庭名。西山是太湖中最大的岛和山，发脉于浙江天目山，从宜兴东南伸入太湖。这一带多石灰岩，其中以鼋山和禹期山最为著名，是太湖石的重要产地。

太湖石属于石灰岩，多为灰色、黄色、

白色、红色、黑色。石灰岩长期经受波浪的冲击以及含有二氧化碳的水的溶蚀，在漫长的岁月里逐步玲珑剔透、浸润不枯。

太湖石是以自身的孔洞形成造型而取胜的，“秀、瘦、雅、透”是其主要审美特征，多玲珑剔透、重峦叠嶂之姿，宜置、宜供、宜叠等。其石以石质温润，多孔、多穴、波纹起伏，具天然风韵者为佳。若枯竭顽劣，虽真来自太湖，亦不足取也。

太湖石分为水石和旱石两种。唐代吴融在《太湖石歌》中描述的“洞庭山下湖波碧，波中万古生幽石，铁索千寻取得来，奇形怪状谁得识”就是产于水中的太湖石。水石是岁久为波涛冲击所致，多成孔穴，面面玲珑。旱石是石灰石在酸性红壤的历久侵蚀下而形成，一般干枯无润。

太湖石既是典型的园林置石和叠石用材，也是人们早期赏玩的供石。在西方人的认识中，太湖石是中国经典园林中不可或缺的内容。

赏玩太湖石有着悠久的历史，唐代的人就对其有了很精到的认识。白居易还专门写了《太湖石记》来记述它。太湖石是唐朝士大夫主要赏玩的石种。

实际上，各地与太湖石形态相近的石头还有不少。有人称为类太湖石，如山东费县、河北易县所产的北太湖石等。这就是广义上的太湖石，即把各地产的由岩溶作用形成的千姿百态、玲珑剔透的碳酸盐岩统称为太湖石。

太湖石从古到今留下了不少绝佳神品，《云林石谱》中对太湖石就有专门记载，北宋时期的“花石纲”指的就是集运太湖石。历史上遗留下来的著名太湖石有苏州留园的“冠云峰”、上海豫园的“玉玲珑”等园林名石。

北京的皇家园林所叠假山，也多为太湖石。因京杭大运河畅通，运输比较方便，所以北京的太湖石为数甚多。范成大的《揽辔录》载：“金人破汴都之后，所有汴者之屏、窗牖、山石皆辇致北来。”北京北海公园内琼华岛的山石，即由汴京辇来之艮岳石。虽然沧桑迭变，艮岳山石仍存于琼岛及分散于圆明园、颐和园，甚至著名宅第、会馆之中。

英石

英石又名英德石，产于广东英德市望埠镇的英山。它的产地在山上、山沟、水中均有，这是英石的宗源。此外，英东的青塘、白沙、大镇等镇，英中的沙口、云岭，英西的波罗、九龙、明迳、岩背、西牛等镇，清远、阳山等地也均有产出。

英石又分阴石、阳石两种。阳石裸露地面，长期风化，质地坚硬，色泽青苍，形体瘦削，表面多褶皱，叩之声脆；阴石深埋地下，风化不足，质地松润，色泽青黛，有的间有白纹，形体漏透，造型雄奇，叩之声微，适宜独立成景。阳石是表露于外的，具有瘦、皱的特点，按其特征又分为直纹石、横纹石、大花石、小花石、叠石和雨点石等其中的花石中含有碳酸钙白筋；阴石系埋没于土中，具有漏、透的特点，类似于太湖石。除阴石、阳石之外还有一种蔗渣状、巢状的汲水石。英石也分水石与旱石。水石更具灵性，主要从侧生于河边的岩洞之穴壁上切割下来，如今一般称切底石；旱石从石山里挖掘而来，以原石为多。

英石与灵璧石石感相似，但硬度不及灵璧石，同属沉积岩中的石灰岩，主要成分为方解石，系石灰岩。

国家质检总局《2006 年第 68 号关于批准对英石实施地理标志产品保护的公告》是对英石的具体说明。现摘录整理如下：

类别：分阴英石和阳英石。

采集方法：要求采集时必须保持石头原貌，不经人为雕琢，不可有任何破损。小件采集，手工即可；构件和中器的采集，适当用铁笔撬、用钢锯割；大器的采集，可动用现代化的工具进行操作。

清洗：阴英石先用 PH 值 2.0 浓度的工业硝酸浸洗，显露本色；阳英石用清水清洗，保持石包浆自然色彩、姿态。

外观特色：(1) 颜色：有黑、灰黑、青灰、浅绿、红、白、黄等。纯黑色为佳品，红色、彩色为稀有品，石筋分布均匀、色泽清润者为上品。(2) 特点：瘦、皱、漏、透。瘦指体态嶙峋；皱指石表纹理深刻、棱角突显；漏指滴漏流痕分布适中有序；透指孔眼彼此相通。阴石表面圆润光泽，多孔眼，侧重“漏、透”。阳石表面多棱角、多皱折、少孔眼，侧重“瘦、皱”。(3) 英石品质：分为珍品、精品、合格品。具有“瘦、皱、漏、透”四大特点。四面中看为珍品；具有“瘦、皱、漏、透”四大特点，且色泽纯黑、纯白、纯黄或彩色的为精品；具有“瘦、皱、漏、透”四大特点之一的为合格品。

英石的物理性能指标：

项目		
分类	破坏荷载（KN）	抗压强度（Mpa）
阳石	97.5～165.0	36.6～57.2
阴石	105.0～183.0	33.1～59.5

英石的化学成分指标：

项目					
分类	$CaCO_3$	MgO	SiO_2	Al_2O_3	Fe_2O_3
阳石	85.0～95.0	0.50～1.0	5.0～8.0	0.40～0.60	0.80～1.25
阴石	86.0～96.0	1.50～2.20	4.50～6.50	1.00～1.50	0.50～0.80

英石色泽也有淡青、灰黑、浅绿、黑、白色等数种，以浅绿、白色为奇，以黑色为贵。如从历来的观点来赏石，日本赏石家与中国赏石家看法均相似：所有的山石、水石都以黑色为贵。英石因岩溶地貌之发育、雨水暗流之冲刷等，山石表层极易被溶蚀风化，故石表多皱状、孔状、峰状。假如以美术语言来评英石，英石的线条最丰富；假如以古玩语言来评英石，英石的古风最浓郁。质坚而脆的英石，也如灵璧石讲究声韵，英石之佳者，也叩之有声、有共鸣。宋代的陆游在《老学庵笔记》中也写道："英州石山，自城中入钟山，涉锦溪，至灵泉，乃出石处，有数家专以取石为生。其佳者质温润苍翠，叩之声如金玉，然匠者颇秘之。常时官司所得，色枯槁，声如击朽木，皆下材也。"

流传至今的英石名品有"皱云石"。此石嵌空飞动、形如云立，高八尺（约 2.6 米）有余，狭腰处仅尺余，黝黑如铁、摇曳空灵。清初藏于循州节署，为总兵吴六奇所有，适其恩师查继佐来做客，见到此石，便摩挲把玩、留连不去，并品题"皱云"。后查继佐回到老家浙江海宁，只见此石已屹立于屋后百可园中了。原来吴六奇见查甚爱此石，命部下不远数千里、昼夜兼程，运至海宁。查逝世后，皱云石曾辗转流至海盐顾氏、海宁马汶手中，后马汶之甥蔡小砚将其移置石门溪镇之福严禅寺，此石现存杭州苗圃掇景园中。《云林石谱》和《渔阳公石谱》中均有皱云石记。

宋米芾任浛洸（今广东英德市浛洸镇）尉时，收藏了很多英石。宋杜绾的《云林石谱》说：一微青色，间有白脉笼络；一微灰黑；一浅绿，各有峰峦，嵌空穿眼，宛转相通。又一种色白，四面峰峦，多棱角，稍莹彻，面面有光可鉴物……”这便是古代赏石家对英石的评价。清朱彝尊则有七绝表达了对曲石的珍视和情感：“曲江门外趁新墟，采石英州画不如。罗得六峰怀袖里，携归好伴玉蟾蜍。”

英石还是传统四大供石之一，也是传统赏石标准——瘦、皱、透的典型，而且多叩之有声。清代陈洪范曾有诗赞曰：“问君何事眉头皱，独立不嫌形影瘦。非玉非金音韵清，不雕不刻胸怀透。甘心埋没苦终身，盛世搜罗谁肯漏。幸得硁硁磨不磷，于今颖脱出诸袖。”给予了它高度评价。英石现存资源仍相当丰厚，当地有 80 万亩石灰石山，可供开发的英石达 6 亿吨，居四大园林名石之首。英石也是传统文房供石的主要代表品种。英石的开采和玩赏具有悠久的历史，早在 1000 多年前的宋代已有记载：“英州、含光真阳县之间，石产溪水中。”

除国家质检总局发布了公告来对英石进行正式的保护外，它还被纳入世界知识产权保护体系，受到世界贸易组织 TIIPS 协议的保护。

昆石

昆石又名昆山石，因产于江苏昆山的玉峰山而得名。又因其石晶莹洁白、玲珑剔透、峰峦巅空、千姿百态，而被封为“玉峰玲珑石”。

昆石是距今五亿多年前的寒武纪海相环境的产物，产于太湖地区最古老的山脉岩层中。由于地壳运动的挤压，昆山地下深处岩浆中富含的二氧化硅热溶液侵入了岩石裂缝，冷却后形成了石英矿脉。昆石的岩性是白云岩，水晶晶簇体组成。主要成分有二氧化硅 99.46%、三氧化二铁 0.44%、氧化钠 0.08%、氧化钙 0.02%，摩氏硬度为 7。昆石总的特征是：雪白晶莹、窍孔遍体、玲珑剔透，晶簇、网脉形象结构多样化。

昆石供石

玉峰山之东山、西山、前山所产出的石质也略有不同。根据不同的形态结构可归纳出“鸡骨”、“胡桃”、“雪花”、“海蜇”、“荔枝”、“杨梅”、“鸟屎”、“荷叶皴”等十多个品种。其中以鸡骨峰、胡桃峰、海蜇峰、雪花峰较为名贵。鸡骨峰由薄如鸡骨的石片纵横交错组成，给人以坚韧刚劲的感觉，在昆石中最为名贵；胡桃峰表皱纹遍布，块状突兀，晶莹可爱。昆石毛坯外部有红山泥包裹，须除去酸碱，从开采到加工成品需要一定的工艺程序。它的采制大致要经过选坯、曝晒、冲洗、剔泥、雕琢、浸泡等复杂工艺，方能完成。明文震亨在《长物志》中写道：“昆山石……以白色者为贵。”

昆石一般大小仅尺许，大者极少见。明代张应文在《清秘藏》中记载，曾于嘉靖年间见到一尊昆石，高丈许，方七八尺，下半部状若胡桃块，上半部乃鸡骨片，色白如玉、玲珑可爱，后被松江一大姓以八十千钱买去了。现昆山亭林公园有两座一人高的昆石立峰，为明代旧物，一为“春云出岫”，一为“秋水横波”，陈列在亭林园顾炎武纪念馆前。这二尊巨石，窈窕玲珑、窍孔遍布，是硕果仅存的巨峰佳品。更多的昆石小品则为民间所收藏，成为案几清供之品。

昆石立峰置石

昆石的开采、观赏、珍藏可追溯到西汉，至今已有两千二百余年的历史，宋《云林石谱》中也有记述。昆石历代都受到文人雅士的喜爱，他们都以得此石为荣，甚至不惜以重金求取。自宋代以来，它历来被视为供石中的上品。元、明时期，昆石一直作为馈赠亲友的高档礼品。

宋陆游诗赋昆石：“雁山菖蒲昆山石，陈叟持来慰幽寂。寸根蹙密九节瘦，一拳突兀千金值。清泉碧缶相发挥，高僧野人动颜色。盆山苍然日在眼，此物一来俱扫迹。”元代张雨以《得昆山石》为题诗曰：“昆邱尺璧惊人眼，眼底都无蒿华苍。孤根立雪依琴荐，小朵生云润笔床。”对昆石给予了高度的评价。这都说明元朝时能得到一尊好的昆石是相当不易的，因幸得而为诗。

1998 年 10 月 5 日，时任国家主席的江泽民到昆山鉴赏了昆石。

“极天斧神镂之巧，融自然艺术之奇”的昆石产出量甚少。如今，高达尺余的昆石已属稀有，连20厘米以下的昆石也很难寻觅，现被昆山市政府列为“昆山之首宝”。又因昆山市玉峰数量一直很少，玉峰山又高仅82米，方圆不过三华里，加上经过上千年的不断采觅，所以现在山表已很难看到石坯了，故而愈为名贵。

二、各地山石

轩辕石

轩辕石产自北京东部平谷东北燕山南麓，因这里有座轩辕庙而得名。

它形成于元古代震旦纪。由于远古时代气候和地下水位的不断变化，该石中含有大量铁元素，所以石色铁红。附着于石上的也都是红色粘土，后经自然风化，石随表面的红粘土自然干裂，尔后再遭地下水的溶蚀。如此往复，致使其通体遍布小型龟裂纹，石体表面呈现凹凸不平的“鳄鱼皮”或“核桃纹”状结构，且视其溶蚀的不同而自然形成形态各异的众多洞窍和古堡峰峦形态。

北京轩辕石

轩辕石石质为硅质灰岩，肌理缜密、含铁量高。击之，声脆震耳，若金属之音。其色如铁锈，赭红褐灰，宛若出土不久的古代文物一般，古香古色。但是轩辕石比较脆，容易断裂，所以收集、搬运时要特别注意。

轩辕石的形态类型有：人物、动物型；山型；古堡型；玲珑型。

因为轩辕石含铁量高，产出的地方多为红赫色的土壤。因此，只有找到了这种土，才有可能找到轩辕石。另外，轩辕石一般是在两层岩石之间被溶蚀的，所以其只有在岩石的断裂面才能被发现。造型比较好的轩辕石就夹在上下两层岩石之间。就上下两层岩石而言，石型的变化恰恰是一下一上造型相反。轩辕石从土中起出后，一般没有岩浆而只有红土。这些红土很少胶质，只要用清水冲洗即可，切忌用酸涂刷，否则颜

色将由褐变白而失去古香古色的韵味。

鸡骨石

鸡骨石分为石灰岩和火山岩两类，产于河北、内蒙、江苏、新疆等地。

石灰类鸡骨石又称铁硅华。因石灰岩地层硫化矿物等露出地面，经“流水”等化学作用留下了硅质的东西，主要成分为二氧化硅。形成鸡骨石的“流水”为石灰岩内流出的饱含重碳酸钙的地下水，它在草秆、树枝表面沉积、凝聚而成石。鸡骨石常与砂积石同生一处，石面呈杂骨、并列交叉状，石面隙缝较多，常很空透。

内蒙古的鸡骨石

火山岩类鸡骨石是火山喷发而形成的一种火山岩石，比宝石类、玛瑙石类石质较次。总的来说，其应该列为玛瑙石毛石。其色白中不透明，类属石灰白，因其石琅琊错落、骨力劲健，像鸡的骨头，因此被称为鸡骨石。代表性的鸡骨石以色、纹状如鸡骨而为最佳。发育好的石头很轻而且脆，表里一致，易于雕琢，并能浮于水面。

鸡骨石除了红褐色的外，还有白色、灰色、土黄色等，结构纹理状如国画中的乱柴皴，构成不规则网络，有粗孔纹与细孔纹之分。因为是硅质，所以不易风化。造型好的鸡骨石，具有一定的观赏价值。

松花石

松江石又名松花玉，产于吉林省的长白山区松花江流域和长白山主峰南的鸭绿江流域。

松花石形成于震旦纪，属于沉积成因的细晶石灰岩，内含方解石、石英以及钡、硼、磷、铁等多种元素。摩氏硬度约为 5。松花石属于石灰岩，所以清理时不要使用酸性溶剂，避免减色。

松花石质坚而细腻，手感温润如玉、细如肌肤，色嫩而纯，刚柔相间，声音清脆、叩之如铜，悦耳动听。

松花石色彩有深绿和浅绿，其间杂有黄色和紫红色，紫绿相兼、纹如刷丝，有如大海的波涛，似流水的旋涡等纹理。松花石中有深绿色刷丝的为上品。刷丝纹的精品又称为孔雀石。这里说的孔雀石是对松花石的一种比喻，并不是赏石中的矿物晶体——孔雀石。

栖霞石

栖霞石产于江苏南京东宁镇丘陵腹地的栖霞山、龙王山等地。

其石种不下几十种，有时一步之内，可寻得两三个不同石种的石料。石色也很丰富，有红、黄、黛黑和青灰等，色泽纯正，形态千奇百怪。栖霞石既有石体如同自然界各种景观缩影的景石，又有纹理巧妙、构成图画的纹理石；既有石体如同天然雕塑的象形石，又有石肌细腻、线条优美、轮廓分明、富含哲理的抽象石等等。栖霞石石质有粗有细，质粗者苍古，质细者清润；颜色丰富多彩，以青、黑色为主，红、黄、白辅之。

栖霞石造型浑厚沉稳、古朴典雅，兼有太湖石、灵璧石、博山文石之美。有的漏透皱瘦、嵯峨空灵；有的峰峦叠嶂、嶙峋俏丽；有的凌空倒挂、峰回路转；有的清润秀雅，叩之如磬。

栖霞石表层纹理错落有致、深浅有度，凸处滋润光泽、如霞似锦，凹处纹理清晰、疏密有致，似行云流水，如同天镂神雕。其主要是千层石经长期风化而成，色黛黑，生成在山脊裸露处表层，质地坚硬。

栖霞石在华夏石玩历史上早已闻名遐迩。至迟在元代，它就已受到文人雅士们的钟爱。明代著名画家林有麟在《素园石谱》中曾这样描写道："至正间，钱惟善先生游江左获奇石，峰峦秀润，上有古篆文曰：'栖霞心异之作，供几上每神游其间便有世外之想'。"他因仿东坡居士雪浪斋故事，名其室曰栖霞山房，勒铭壁中永标奇赏。清末民初，南京著名画家王冶梅先生在自己编写的《冶梅石谱》中也记叙了其品赏栖霞石的感叹："观之神往，赏之神怡，品之神境，如沐扬枝，如坐蓬瀛。"

吕梁石

吕梁石又名磬石，产于江苏省徐州市铜山县吕梁乡白楼村。

吕梁石属石灰岩，形成于震旦纪。因地温上升，地壳变动，造成灵璧一带海浸，石灰岩矿体在温海的长期渗蚀中，其构造发生了质的变化；加之地球的地壳运动、造山运动以及岩浆喷发，使其与温海中的泥岩及海藻等低等植物复合，由此组成其独特的垒块形态。这里系古代泗水与黄河汇流之处。由于岩石受自然风化，形成了不规则而排列有序的竖形洞穴，少则一二层，多则七八层。犹如烧香黄土般的色彩与洞穴相互层叠。且吕梁四周群山环绕，是古泗水南泄的必经之地。千百年来不断的冲刷侵蚀，使吕梁的虎头山、牛山、雾山、大黑山、瘸山、花山、鹅山、红山等诸山峰上均产吕梁石。

吕梁石整体为青黄色，一般是黄黑相间，黑的是岩石本体，黄的是牢牢附着在岩石上的极细的泥沙。带有红色、紫色的吕梁石是稀少品种，较软的石质经千百万年的土掩水冲，石体纹理分明。

一般来说，处于地表的吕梁石风化得厉害，石质比较疏松，若下挖一二米至三四米处，石质就要比地表的好：肤滑如玉、温润可人。

吕梁石形状千奇百怪，多有双向相通的孔洞。典雅的如古城堡般巍峨壮观，朴拙的似小桥淙淙水流，形态各异、巧夺天工。好的吕梁石呈层状，多的达七八层，每层带洞，层层幽洞排列，有如千年古堡、恰似敦煌石窟。计有象形、泗滨浮磬、方解、殷红、白纹等品种。

吕梁石大的数米，小的寸许。以象形石和景观石为主，已发现的象形石有寿星、观音、僧人、兵马俑、玩童、鱼、虎、猴、蛇及壶、葫芦等。景观石百态千姿，最为可观，如船、如楼、如堡、如石窟，皆呈透状，窟的直径有三五公分。山形石，怪模怪样，其峰高低错落。也有的吕梁石像人物、似动物，且有的外形抽象，可引人遐想。

吕梁石先要清除、淘净附着在奇石表面和洞穴中的泥沙，且不少奇石需要反复刷洗，才能较好地显出奇石本来的面貌。

石笋石

石笋石产于浙江省常山县砚瓦山地区，又称松皮石、鱼鳞石、蛇皮石、白果峰等。属观赏石中硬石类，大多呈条柱状，如竹笋，故名。

石笋石色泽有青灰、豆青、淡紫等，有长短、宽窄之分。有的尖锐，有的扁侧，有的三两面纹理如刷丝，隐起石面。石中均含有一种灰白色的砾石，一颗颗大如白果（即银杏果）。此砾石有的风化，有的未风化，而形成一个个孔穴的叫风岩。石笋石以高大丈余、阔盈尺者为贵，尤以青皮白果的为最佳。

石笋石是造园的重要石种，高大者最宜布置庭园，也宜置于树木、竹林之侧或矮树花丛中，或水榭、沼池之旁，尤以置于建筑、粉墙形成的小空间最宜。配置中皆以修长矗立者为主体，形成大小各异、高低顾盼、错落有致的格局。小者可顺其纹理，略施斧凿，作为盆景制作材

料，所制山峰和丛山，势峭俊秀、别具一格。

巢湖石

巢湖石又名“无为军石”，产于安徽巢湖地区，是各类碳酸盐岩受外力地质作用而形成的多种象形石。其与太湖石极相似，但除具有太湖石的造型奇巧等特性外，还具有以下五大特点：

其一，化石丰富。巢湖石上常附有海生无脊椎动物化石，而精美的化石本身也是一种观赏石，与玲珑剔透的巢湖石融为一体、相得益彰，成为倍受人们青睐的双重观赏。

其二，孔洞圆润。该石孔洞之多、孔径之圆、孔壁之光，堪称“太湖石类”之冠。不仅大中型巢湖石上有之，小微型的袖珍巢湖石上也会出现洞穿石体的孔穴，酷似用钻具打出的圆孔，观之令人称绝。

其三，奇筋异脉。石内常有方解石组成的筋（脉）纵横穿插，其数量之多、分布之广，也是其他太湖石类成员无法比拟的。“筋”内由残留的灰岩角砾组成。在另外一些巢湖石上还可见到英文字母、阿拉伯数字和笔画不多的汉字的图形，是造型石与纹理石复合而成的双重观赏石。

其四，巨细兼备。该石不仅丰富多态、变化诡谲，而且在体形上也大小悬殊。大到长约5米、高3米、厚4米，重100吨以上者有之，20吨以上的奇石更是比比皆是。重约250克，含化石且具浑圆孔穴的袖珍巢湖石也为数不少。在银屏和散兵镇，由“四面楚歌”典故衍化出的“散兵石”，就属于袖珍巢湖石一类。

其五，巧厝瘿瘤。巢湖石上长着生有硅质或泥钙质成分的“瘤”。它既可散布突出石体，也可群集组合成链状，起到画龙点睛的作用。

巢湖石形质优美，并以“无为军石”之名入载宋人杜绾的《云林石谱》一书。宋代米芾拜石，跪拜的就是巢湖石，此石仍存陈列于无为县图书馆的庭院内。

八公山石

八公山石产于安徽省淮南市西部八公山，石种多样。有少数石种极为稀有，仅在几米见方的地方才有，周围几十里都难以寻找到同类石种。闻名全国的石种有龟纹石、紫金石，皖螺石、虎皮石、模树石、五彩石、古生物化石等。

八公山龟纹石是碳酸岩经过数亿年风雨腐蚀、热胀冷缩，在石体表面形成纵横交错、似龟纹裂状而得名的。其裂纹有状似乌云翻滚的卷云纹，有一道道似斧劈至底的斧劈纹，也有好似层层树叶堆积的千层纹，还有豆瓣纹、乱柴纹等等。一块精品龟纹石能将绵绵山峦、林立峭壁、沟壑、平台等景观表现得淋漓尽致，亦能将三山五岳的风光尽收其中。一块上品龟纹石所表现的天然艺术绝不是雕刻家、画家所能臆想出来的，而是大自然鬼斧神工的精品之作。

八公山紫金石在北宋时期杜绾所著的《云林石谱》中就有记载。此石种类颇多，因其石呈紫红色间现金色条纹而得名，其成分：方解石90%、白云石5%、石英3%、泥铁质2%，摩氏硬度为3—5。它色彩鲜艳，形象生动，石上贯透紫金带、黄金带、橙晕、金线等天然色带。如同美术大师随意泼墨，染出一幅幅精美的作品。八公山模树石是石体在地质发育过程中发生断层，被泥质中的氧化锰或氧化铁渗透进去而形成结晶，并表现出富于立体感的有色画面。通常石体因含铁粒子呈红色，含锰硅粒子呈蓝褐色。以紫金石为底形成的模树石所表现的画面，好似美术大师结合中西美术画法创作的精美图画。其中不但有立体感，墨色的浓淡干湿都表现得淋漓尽致。一幅模树石形成的精品画面，更能引人入胜、浮想联翩，但也极其罕见难求。

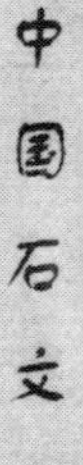

八公山虎皮石、豹皮石是震旦纪地层经历断裂褶曲与含氧化铁、氧化硅的白云石共生形成像虎皮、豹皮的斑纹和斑点而得名的。由于地质构造的复杂和地层的古老，当地八公山公园被批为国家AAAA级地质公园，迎来了不少游客观赏园内石林和复杂的地貌。

质坚、色秀、纹清、形美是八公山石的特点，有象形石、景观石、画面石，也有园林置石，其最显著特点就是形异色艳。

文石

文石多产于山东淄博地区的博山和淄川，以博山为主要产地，因而又有博山文石之称。

博山文石系石灰岩。摩氏硬度在6左右，叩之有声。大都深埋于酸性红土之中，经地下水长期溶蚀，形成沟壑孔洞等形态，特别是因点划交错、延伸、平行或弯曲等变化多端的脉络，形成不同的皴折效果，典型的有荷叶皴、卷云皴、蜂窝皴、斧劈皴、核桃皴、折带皴，披麻皴等。立体纹理丰富，色泽灰黑、褐黄，间有白筋。其造型以象形、玲珑和山峦景观居多，景观山形石强调峰、峦、丘、壑于一体，是传统赏石

中的“皱”的代表，也是山形石的典型。

博山西连泰山山脉，右为海洋，多为沉积岩，苍天造化而形成各种文石造型，以博山岳庄产之文石为佳。博山南接沂蒙，西连岱岳，境内有鲁山、原山、岳阳山、鹿角山四个山脉，东南西三面环绕，大小山头一千三百多个，星拱罗立、层岩叠嶂、晴岚积翠，是典型的石灰岩丘陵地貌。这一带地层发育比较齐全，自老至新有四界七系。地质构造较复杂，为石灰岩与花岗岩、泥板岩相间风化地貌。山脉属鲁中山系，西起泰山，向东蜿蜒伸入益都，山岭起伏、逶迤连接。其境内奇石资源丰富，如神头黑石湾、石炭坞老猫窝、蛟龙、岳庄、石马、万山、白石洞及淄川区西河、磁村、黑旺等地均有文石蕴藏。特别是神头黑石湾的山石其色较黑，纹理细腻、丰富整齐，间有白筋，质地坚硬，且纹理和自然形态都好，叩之有清越之声，因大部分深埋巨石间，露于地面者捡拾殆尽，不易得石。

其形状特异，表面立体纹理丰富，是极具有观赏价值的造型岩石，略加清涤，雕座嵌立，即可形成独立的自然景观或象形状物艺术形象。其型可分为山型、肖型、植物型、立体型四类，具有瘦、漏、透、奇、灵五大特点。

文石在土中生成，或成物象、或成峰峦、或空灵剔透千奇百怪，没有定状，是可遇而不可强求之物。石形大约可分为山形石、象形石、玲珑石及文石盆景等。

山形石，有独峰、双峰及多峰。好的文石四面可观赏，峰峦布局参差不齐，皴皱丰富多变，具钟灵清秀之气，山势雄浑宏大。岩石纹理自然，外廓具峰、峦、壑、坡之势而富有变化。纹理依附山体自然脉胳。山形石从意境上分高远、深远和平远之势。宋代郭熙在《林泉高致》中的“山水训”一文说：“山有三远，自下而上仰其颠，谓之高远；自前窥其后，谓之深远；自近山望之远，而谓之平远。高远之势突兀，深远之势重叠，平远之势冲融。”以文石之峰、峦、峡谷、奥邃来展现五岳之雄伟，匡庐、天台之险峻，雁荡峨眉之奇幽。虽一拳之小，能蕴千岩之秀，激荡胸怀、发人幽思，使人对神州山河顿生眷恋之情。

象形石，形态各异。古人说：“有若龙而鳞叠，有若凤而翼张，轩昂似鹤，盘旋似雕，……凝重如夏云，狼而奔，豹而踞，牛之卧，怪怪

奇奇，莫可定状。”象形石在似与不似之间，贵神似，忌雕琢，浑雅灵巧、自然天成，惟妙惟肖、栩栩如生。欣赏象形石重于意，亦寓物象形，或寓于情景，借景言情，出神入化，熔铸群形之妙。

玲珑石，石具玲珑剔透之状。多有孤峰独秀、叠嶂凝翠的效果，给人以突兀挺秀、气骨锋棱、瘦劲苍奇、凝重深沉之感，具天划神镂之巧、嵌空玲珑之致的艺术感染力，使人移情而嗜之成癖。

博山文石造型奇特、富有神韵、独具特色。其收藏起源于明末清初。清代赵进美《怡园记》写道：“……桥北一峰，颀长而秀，质而多姿，势若垂云峰，北面适我堂，堂负山穴，阖户则寒浸几席，堂前露台文石砌之。”这是淄博古藉中较早的文石记载。清沈廷芳也赋《暮行博山》诗云：“荦确荒山怪石多，泉声百道走狂波。晚来唤渡野云际，风云茫茫孝妇河。”清孙廷铨《颜山杂记·灾祥物变》这样记载了文石：“崇祯间，有人于峨岭后，凿煤井，攻山出石，其表里自然而解，文成鳞甲，悉如鱼。一边突起，一边门如相印伟，精研密丽，殆非雕绘所及，形家以为恐伤地脉，遂填平之。”这就是博山地区较早出产的象形石。

琅琊石

琅琊石又名北太湖石。在山东费县城北钟罗山山系与浚河之间的山岭地带，全县已有 10 余处乡镇均有产出。它是由四五亿年前寒武纪和奥陶纪石灰岩久经波浪冲击、风化雨淋、地下水溶蚀而成，石体半露于地表或埋于地下。石质坚硬，多为青灰色，也有灰白、白、青、黑、黑青、灰黑、黑白相间等多种。这类石头既有类太湖石又似灵璧石。

琅琊石集“形、雄、肥、秀、瘦、透、皱、色、音”等特点于一身，天造地设、鬼斧神工、形似万物、千姿百态、各自成景，横观纵看变化无常。

琅琊石体量大小不等：既有十余米高、重数十吨甚至上百吨者；也有小不盈尺、重仅数十斤者。有的竖立，有的横卧；有的气势恢宏，有的小巧玲珑；有的跌宕起伏，有的挺拔高耸；有的润滑剔透，有的佝偻扭曲；有的像人像字，有的似禽似兽；有的如景似物，有的如龙似鱼；有的似又不似，给人无穷遐思。

明代万历三十年，费县籍进士王雅量，官至光禄封正卿。他酷爱故

乡琅琊石，曾在费县朱田镇苑上村修建豪华花园一处，占地10余亩，作为省亲别墅。园内置放了数十块园林石，并刻有铭文，至今尚有留存。清乾隆年间，沂州知府为恭迎皇帝下江南巡视，在距费县城东北5公里的万松山建御书房观山楼一处，也称万松山皇帝行宫，宫内特意布设了精选的琅琊石。乾隆帝南巡驻此行宫，对宫内的园林石大为赞赏，即兴赋诗："突兀玲珑各斗奇，高低位置雅相宜。尽心用此勤民务，无不忧无贤有司。"至今，万松山行宫园林石，有的仍保存在行宫遗址附近的崮子村村委会院内。

琅琊石龙脊高10.6米，底宽3.08米，厚1.56米，重130余吨

近几年全国各地大型园林、各式公园、广场花苑、开发区和影视拍摄基地等，大都有琅琊石装点其间。北京大观园的主要景点怡红院、潇湘馆，以及北戴河疗养院、荷泽牡丹园等名园都置琅琊石。

山东烟台权希军艺术馆内的琅琊石

费县城北荣合庄村附近，有多年就地开发的上万块大型园林置石，自然放置于蒙台公路东西两面山坡及梯田、路旁，成为远近闻名的极其壮美的石林景点。这里既是全国最大的园林石基地，也是一个大型奇石销售市场。

艾山石

艾山石产于山东临沂市西兰山区艾山一带，此石系石灰熔岩地貌，经长期风剥雨浸、沙土侵入冲填、搬运沉积等地质作用，形成了黑色石灰岩与黄色的沙成岩相结合的奇石景观。

艾山石黑黄相间，由两种不同石质构成，黄色的属沙岩，黑色的属石灰岩，硬度也不一样。有板状形景观石和山形景观石：板状形景观石是由大小不同形状的石灰岩结核体与侵入冲填后的砂岩相粘连，形成了厚薄不等、大小不一、凸凹不平、天然独立的板状景观石，从整体上看似潮水涌动、像卷云飘洒；山形景观石有大有小、圆润细腻，色泽青黑或带有白线，具有独特的自然艺术风格和很高的收藏价值。

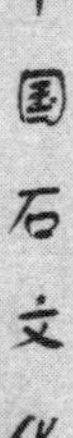

艾山石多有人为加工成刀、剑、匕首的。是先将原石加工成形，而后再用酸蚀。遇到这类形状的石头尤其应当格外注意。

珍珠石

珍珠石出自山东省南部杏花山。其约形成于5亿年前的海底，属滨海沉积岩。因石表面分布大小不等、规则不一的颗粒状绿珠，酷似珍珠而得名。绿珠突起，生于石表，纹理却渗入石腹。其石质坚且温润，以墨绿为主色调，因而更显得稳重素雅、古朴深邃。

该石造型奇特、变化万千，为人、为物、为景，无奇不有、千姿百态、自然多变。以山景石常见，浓缩祖国名山大川、沟壑丘峦于石上；或清秀镌丽、或巍峨高耸、或嶙峋怪异、或磅礴恢弘，一石多景，主次分明：其势劲而苍美，意境悠远、引人入胜、拨人心弦。让人日观日新，久览而无厌，可谓“咫尺之石蕴乾坤”。

金钱石

金钱石又名雪豹石。产于山东省平邑县云头山一带，是1998年春国内首次发现的观赏石种。随后，内蒙古临河市乌拉特中旗的戈壁上也相继发现该石。硅质岩，摩氏硬度为7—8。主要成分为石英石、角闪石、长石。因成矿热液高转，冷却后形成套杯状的纹理，蓝白相间、自然明快而又略带古朴凝重。

因其花纹状为古币，故名金钱石；又因花纹似豹纹，在乌拉特被称为雪豹石。不论是“金钱”还是“雪豹”，都与中国民间的钱财或勇气构成联想，所以深受赏石爱好者的青睐。其石矿在平邑呈狭条状分布，深埋于地下，量少难采。在乌拉特戈壁上也不常见，且远离公路，运输不便，所以就愈弥足珍贵了。

岱黄石

岱黄石产于山东省济南市南部及东南部山区，是新发现的石种。因产石地点处于泰岱山脉和黄河之间的山区，使其色彩中的金黄色与黑灰色相融，呈现出了雄浑柔润，造型千变万化的神采，有着浓厚的地方特色，体现了泰岱文化和黄河文化的内涵。岱黄石产于山坡土层中，也有的裸露于表层，系亿万年地壳变迁、自然风化而成。岱黄石属石灰岩质地，距今有5亿年的历史，在采石地还发现了三叶虫化石和大量沉积的瓜子石。岱黄石结构细腻，摩氏硬度为5，色彩以金黄色和灰黑色相融为主，也有完全金黄色、黑灰色、淡红色等，蜡质感强。

山东悠久的历史文化和风土人情，给岱黄石注入了无穷的魅力和生机。岱黄石表现的景物气势宏大、雄中蕴秀。岱黄石若配以典雅的几座，陈设于居室厅堂，别具风韵。

天景石

天景石在山东费县城南芍药山天井汪村自度发现，取天井谐名为天景，其镶嵌在曲阜、平邑、费县一带山腰数10米厚的石灰岩夹层中，属第四系沉积岩类之泥灰岩，略有变质、微粒结构、质地细腻，摩氏硬度为2.9—3.5。此石块体独立，最大厚度为15厘米，纹彩一是由锰的氧化物侵入沉积而成黑色，二是由铁的氧化物沉积形成赭红、黄褐色，底色为柔和的绢黄色；或以天蓝色、绛红、青灰为基色，杂以墨黑、赭红等色彩。图案可见工笔、写意、版画、油画等效果。

木鱼石

木鱼石，因多有内部空心，扣之有木鱼之声而得名。又名响石，或称太一余粮、禹余粮、还魂石、凤凰蛋等。产于山东、河南等地。

木鱼石在寒武纪地层中产出，属于海相沉积，是花岗岩中的一种云母二长岩。它常见于溪流汇集处或池沼底部，呈不规则的块状，大小不一；表面呈浅棕、深棕色，或有黄色粉末，断面呈深棕或浅棕的相间的层次；质硬易敲碎；有土腥气，嚼之无沙粒感、无味；以整齐不碎、赭

黄色、断面显层纹无杂石者为佳。

木鱼石主要成分为三氧化二铁，并含有少量磷酸盐，高岭土及镁、钠、锌、钙等二十余种元素，其中许多是人体所必需的微量元素，具抗癌作用。因此，木鱼石有“得者有缘，无福妄得”之说。铁含量被认为是鉴别其真伪优劣的重要依据，品质好的含铁量可达41%—45%，为致密褐铁矿，而含铁量低于5%的为劣品。

木鱼石的形状大小不一、形态各异，空腔内有的呈卵形核状，有的呈粉沙状，有的为液体，用手摇动可发出动听的声响。有诗赞曰：“曾见山有洞，罕闻石中空，虽非珠玉类，可在一绝中。”古代的文人墨客利用其中空为盂为砚，所盛水墨经久不变色味。

《本草纲目》记载其有“益脾、安脏气、定六腑、镇五脏”的作用，“久服耐寒暑不饥，轻身飞千里”。

木鱼石还具有较强的析出性能。经其浸泡后的清水，在5分钟后饮用，甘甜爽口。其矿物质和微量元素含量优于矿泉水的含量标准，所含元素能促进人体发育，具有抗氧化、抗衰老，防止高血压、动脉硬化，降低胆固醇等作用。由于木鱼石有奇特的功效，被称为“中华第一神石”。

牡丹石

牡丹石产于河南洛阳龙门石窟以东十余公里的万安山偃师寇店镇，该地为宋代名人寇准曾经下榻过的地方。石形成于15亿年前，由多个长石斑晶汇聚为星球状体，其切面似牡丹花形。由于长石斑晶在岩浆流动过程中，遵循维持表面能最小的原则而彼此聚焦，相互联接、三五成群，使牡丹花形千姿百态。

牡丹石石质坚硬、细腻光滑，黝黑的底色衬托着绿色或白色的晶状体突现的花朵，高雅、清秀，仿佛镶嵌于内，风韵独特，集诗情画意之美，纳天地山海之气，是画家难描、诗人难喻的天然雅石，也是举世不可再生的珍稀品。牡丹石岩脉产于最老的地层太古界登封群的石牌河组，石质性能优越、风格独特，抗风化，经久耐用，无放射性。

这种石上的“牡丹”属自然形成，不沾一点人工痕迹，正如宋代诗人苏轼所说：“自然富贵出天资，不待金盘存华屋”，“洛阳牡丹甲天下，石上牡丹天下甲”。牡丹石矿脉窄，储量小，开采难度极大，更增加了神秘色彩。黑石生白花，白花映黑石，黑白相间，妙趣横生。黑色的石料摩氏硬度为6，可与花岗岩比高低；白色的花摩氏硬度为7，可同白玉相媲美。如果说黑色象征肃穆、庄严、稳重，白色则意味着圣洁、清纯、高尚，黑白相映，更显得简约、典雅、静谧。白色花瓣相叠、相拥，静若处事、美若天仙，极具艺术韵味。

牡丹石出产区域不宽，世界上目前还只有这一个很小的地区出产，所以资源并不丰富。因其易于制作工艺，所以用量比较大，产需矛盾突出，纯天然造型的雅石得到不易，一般都是经过人工修整的。

绿松石

又名绿宝石、松石，因其色、形似碧绿的松果而得名，是世界上稀有的珍贵石品种之一。因其早期是通过土耳其输入欧洲各国的，故又有“土耳其玉”之称。它在我国元代时称为“甸子”，到明清时才改称为绿松石。

绿松石主产于鄂西北部的郧县、郧西县、竹山县，其中郧县云盖山产出的品位最佳、最为著名，被称为“东方绿宝石”之乡。

绿松石是含铜、铝、磷的地表水与含铝、含磷的矿物或岩石（如长石、磷灰石等）作用后在裂隙中沉淀形成的结核状物体，其石脉属裂隙淋溶填充型矿床。摩氏硬度为6，折光率为1.62，双折射率为0.04，多色性弱，密度为2.6～2.8，具有柔和的蜡状至油脂光泽，带有白色条痕，不透明。石体多呈天蓝色、暗蓝色、绿蓝色、绿色及绿白色，颜色均一的块体上常分布有白色条纹、斑点或黑褐色铁线。绿松石属三斜晶系，晶体形态呈致密的隐晶质集合体，无解理，断口平坦状，有时呈皮壳状、结核状、贝壳状，单个晶体极为罕见。质地十分细腻，韧性相对较差。

绿松石还是我国古老的传统玉石之一，常被视为神秘、避邪之物，因而被当成护身符使用。我国西藏对绿松石格外崇敬，至今仍是神圣的装饰用品，用于宗教仪式。河南郑州大河村仰韶文化（距今6500—4400年）遗址中就出土了两件绿松石制成的、28厘米长的鱼形饰物。可见，绿松石是最早用作饰物的矿物品种。绿松石制品现已是重要的收藏品，天然造型的雅石更为珍贵。绿松石属优质玉材，我国清代称之为天国宝石，视为吉祥幸福的圣物。绿松石因所含元素的不同，颜色也有差异，氧化物中含铜时呈蓝色，含铁时呈绿色。其中以蓝色、深蓝色不透明或微透明、颜色均一、光泽柔和、无褐色铁线纹者质量最好。用于

观赏的绿松石主要是看其造型。绿松石代表着胜利与成功，有“成功之石”的美誉。

绿松石的鉴定特征为：在特有的不透明天蓝色、淡蓝色、绿蓝色、绿色及其底色上常有的白色斑点和褐黑色铁线状纹络。而与其相似的玉石有硅孔雀石、人工处理绿松石、染色玉髓、合成绿松石。硅孔雀石：天蓝色，瓷状光泽，折光率 1.50，密度 2—2.5，摩氏硬度 2—4，鉴定参数均较绿松石低。

人工处理绿松石：人工处理方法有染色、注入石蜡、石蜡油、塑料等。对于染色绿松石，在不太显眼处滴少许氨水，苯胺染料就会被氨水漂白。注油、注蜡绿松石：把热针靠近，但不触及宝石，放大镜下能看到熔化、流动的石蜡或油。注入塑料绿松石：热针触及宝石表面，注入塑料会发出难闻的气味。染色玉髓：玻璃光泽，透明度好，折光率 1.54，滤色镜下观察呈粉红色。人工合成绿松石：天蓝色，颜色均一，50 倍显微镜下观察可见球状结构。

因绿松石多孔隙、颜色娇嫩、怕污染，应避免与茶水、肥皂水、油污、铁锈和酒精等接触，以防液体顺孔隙渗入导致石体变色。绿松石还怕高温，不能直接火烤和阳光直射，以免褪色、炸裂、干裂。且其硬度小、性脆，切忌与其他硬物磕碰。

菊花石

菊花石产于湖南浏阳市永和镇大溪河底岩石层中，是生长在 2.8 亿年前早二叠纪下部地层中的一种天然岩石。菊花石的基质是灰岩，花朵图案是由天然的天青石（$SrSO_2$）或异质同象的方解石（$CaCO_3$）矿物元素构成花瓣。花瓣呈放射状对称分布组成白色花朵，花瓣中心由近似圆形的黑色燧石（SiO_2）构成花蕊。一般为黑底白花：在黝黑的底色上绽开出朵朵秋白菊，纹理清晰、界线分明，花蕊花瓣栩栩如生，神态逼真、玉洁晶莹，恰似丹青妙手绘就。

湖南浏阳菊花石

菊花石周围的基质岩石为灰岩或硅质砾石灰岩，灰岩中偶尔含有蜓类、蜿足类汉珊瑚化石，给其增添了生命活力。菊花花瓣为多层状，具

立体感。其花朵大小不一，最大者直径30厘米，最小者3厘米，一般10厘米左右。花形各异，有绣球状、凤尾状、蝴蝶状等。白色晶莹的菊花，陪衬黑色基质岩石的底色，黑白分明、古色古香，偶尔点缀几个古生物化石，更显得生动奇特，本身就是一幅天然美丽的图画。

除此以外，菊花石还有以下产地：

北京西山和房山也产有菊花石。这种菊花石基底是炭质板岩，质地灰黑，松疏。花瓣为紧密放射状，由束状灰白色红柱石矿物组成。

徐州市铜山县产螺旋菊花，石质细致。石上有明显的菊花图案，菊花呈圆形，有左旋和右旋之分。色彩有红紫色和青灰色两种，有的菊花花瓣的管匙从石的边缘反卷上来，宛如浪花，是菊花石中的特有品种。

河北兴隆的菊花石是一种特殊的流纹岩，所以又被称为流纹菊花石。其在流纹岩显示清晰的花纹，宛如深秋盛开的菊花。这种菊花是长石的雏晶和一些含铁和镁的矿物集聚在一起，加上岩浆流动而使雏晶形成悬滴，在它们凝聚后，形成放射性花状。

江西永丰除产白色菊花石外，还有橘黄色、褐红色，也可同时出现几种颜色。

湖北宣恩、恩施、建始、鹤峰、咸丰及恩施州清江流域内产火燧石菊花石。它的基底呈紫蓝色而且铿亮，十分奇特。石质硬且细腻，摩氏硬度在6—7之间。这种菊花石冬显微湿、夏凉彻骨，哈气成雾，转而聚为水珠。其为黑底白花，色若堆雪、形同嫩菊，日丽则泽艳、时阴而色暗。花径大小差异很大，在2～30厘米之间都有。花朵分布相对来说比较稀疏，却更显凝重高雅、超凡脱俗。

陕西南部也有出产。这里的菊花石出产在黑色和灰色的泥质灰岩中，石质的层理与周围岩层一致。这种萄花石上的“菊花”最大直径只有3—4厘米，花朵分布密集却排列有序，最多在一平方米的石面上能出现百朵茶花。这里的“菊花”呈圆形，有白色和灰白色两种，花瓣为单层对称分布，似精心设计的印花布上的图案。

新疆产的菊花石是锂蓝闪石菊花石，柳州产的菊花石是黄铁矿菊花石，云南产的是斜长石菊花石。

另外，广东河源也有菊花石，但这种菊花石应算是另一类菊花石了，它是一种生活在古代海底的软体动物的化石。远古时，这些软体动物呈螺旋状的壳印在海底泥上，形成美丽的螺旋菊花形图案，花朵的直径从一厘米到一米都有，多姿多彩。

菊花石中含有硒、锶微量元素，用其制作的茶具沏茶，可以保证茶叶长时间不变味，还能达到馥香四溢、饮之新鲜如初的效果。

菊花石发掘于清乾隆年间。当地乡民取石垒坝，发现石中含有“菊花”形象，乡中石匠便琢磨雕刻，遂使奇石成为贡品雅石，被朝廷官员、富商作为收藏、馈赠的佳品。

湖南浏阳市永和镇因出产菊花石而扬名，被文化部授予“中国民间艺术之乡”的荣誉。但是在大力发展菊花石产业的同时，也出现了无节制地滥采乱挖，致使当地群众担心这样下去永和镇的菊花石会很快彻底消失。迄今为止，世界上其他国家尚未发现有关菊花石的报道，而我国是世界上绝无仅有出产菊花石的国家，所以面对这种不可再生的珍贵资源，更应当加以充分的重视。

武陵石

武陵石

武陵石产于张家界武陵源一带的山麓上。那里水流湍急，冲击着造山运动时期形成折皱的山石。久而久之，武陵石受到风化，形成了不规则而且排列有序的竖型洞穴。武陵石色青灰，摩氏硬度在5左右。其大多数像中世纪古罗马的城堡。又因重岩叠嶂，错落有致的多孔排列，似古代巴蜀地区的悬棺，所以也被人们称为“巴蜀悬馆”。它充分地显现着鬼斧神工的曲线透着威严和神秘，因而赢得了石迷们的好评。

武陵石核

武陵石核产于风景秀丽的湖南西部边陲的吉局市武陵山脉的中心腹地武陵石，散落分布在方圆数公里、屈指可数的几座山体之中。其石质细密而坚实，摩氏硬度为5左右，色泽古朴、轮廓分明、造型独特。

从对武陵石核的产地、形态、分布的初步考察证明：此石实为岩中物体，故名曰武陵石核。因为武陵石核由砂石岩构成，而砂石岩主要源于二叠纪和三叠纪的沉积岩地层中。随着几千万年，甚至亿万年地质演变运动、风化变迁，沉积岩中就形成了这些许许多多、最原始的天然奇石。

武陵石核的资源分有型和无型两大类，而其有型可见资源非常有限。有型资源由两部分组成：一部分是长期风雨冲刷、山体滑坡和劈山开路留落在山沟、草坪、溪河以及被当地农民捡藏在家中的；另一部分则是半露悬挂在岩壁中的。无型部分则是深藏在岩石山体中无可计量的石核。

从泥土中脱落的石核颜色亦因其他自然因素有所变化，其外形各异，有状似飞碟、佛像、蛋类、酒器等。其中飞碟状石最为常见，但以色泽纯朴、线条流畅、造型饱满而对称，且石表面隐约可见有如树木年轮样细纹者为贵。

彩霞石

彩霞石，因具有红白相间，像雨后彩霞一样的花纹而得名，产自河南、河北、山东、广西等地。

彩霞石属碳酸盐岩类沉积岩，其纹理是在沉积过程中由一些矿物颜色或不同成分的矿物层理形成的。彩霞石纹是由呈巨大脉带状的张性断裂破碎带，在构造摩擦热力和地下水的长期作用下，形成不同深浅的红、橙、紫、白的方解石环带状沉淀，且各色方解石包绕或充填于巨大的石灰岩类构造角砾之间胶结固定为一体。石以红白相间颜色为多见，常常形成色调显明、交织变幻的种种画面，佳品通体似云蒸霞蔚、绚丽夺目。摩氏硬度在 6 左右。

彩霞石的特点是色彩鲜艳靓丽、图纹清晰明快、石质细腻润泽、色彩丰富而又和谐统一。所以，其一般都具有“偏色”现象，如广西的彩霞石偏于暖色，除红、白以外还有橙、绿、青、紫、黑、黄等色。

彩霞石是纹理石，讲究的是纹理特征，重在奇特。用这类岩石的不同色彩侧面呈现出不同景观，有一定观赏性。而目前有一些彩霞石的原岩，于岩石上呈现褐棕色薄层，多产生腊肉、五花猪肉的效果，具有独特的艺术魅力和收藏价值。

这一石种主要是欣赏图纹。除了一些天然的山石及水冲形成的赏石之外，大多数都是经过了人工切割成块或成片后再磨制成的工艺品。分为五类：一是平行色带切割再磨制者，常表现为动物图象；二是垂直色带切割再磨平抛光者，常见风光山林图象；三是将构造角砾岩直接就碎块的形磨光而成；四是单色方解石磨制的各种人工造型；五是因势利导，利用石头美妙的天然纹理将其加工成彩霞石的花瓶、石雕及腊肉、腊肠状的工艺品。

墨石

墨石主要产于柳州市柳江县百朋的石山上和广西恭城瑶族自治县北溪河河床中和周边岭坡上，广西其他石山地区也有分布。其发现于20世纪60年代末，因石通体黝黑如漆而取名墨石。墨石属碳酸钙沉积岩，摩氏硬度为5—6。石质性脆，尤忌碰撞，搬运时要特别小心。

墨石

墨石是山石形成，却又有别于地面上的山石。它是由于地壳运动的其巨大物理作用而导致山体岩石破碎，从而形成的各种形态的石体。有的被置于河床里，有的则被浅埋于岭坡的土壤中。因形成地位上的差异，墨石有旱墨石和水冲墨石之分。

旱墨石浅埋于泥土中，经过土壤和泥水长期化学腐蚀作用，同灵璧石一样于坳黑的肌肤上粘着些石皮，石皱清晰明朗，使原来的石体变化更为奇巧。旱墨石须经人工轻微处理，即将较为粗糙软质的石体表层冲刷洗磨。

水冲墨石在河床中经过长年累月的水洗冲刷，使原来较为粗糙的石体表面日渐细密光洁、富于润泽。具有一定形态的水冲墨石，无须经任何人为加工，便可成为一件雅石艺术品。

墨石的主要特点是：1. 石体黝黑如漆、质地细密、光洁润泽，给人一种凝重古朴之感。墨石一般极少有白色纹理出现，假使偶尔出现一两道白色纹理，则有可能产生画龙点睛的效果。2. 形态变化多姿奇巧，往往外形通透玲珑，符合瘦、透、雅、秀的艺术风格和品位。

墨石的颜色一般为黑色，也有其他颜色。有的白纹较多、白花斑斓，被称为“白花墨石”；有的杂有纹彩，称为花墨石；颜色稍浅而发灰白色的被称为类太湖石。类太湖石的墨石与传统的太湖石相比，莫辩雌雄。

由于墨石形体的富于变化，从观赏角度，墨石又大至可分为三类：1. 象形类，即各种人、禽、兽、器等应有尽有；2. 景观类，山峦、平远的自然景观；3. 抽象类，虽不具象但却是极有审美情趣的雅石。

墨石除以造型见长以外，也如灵璧石一样叩之有声，音质悠扬悦耳，可以制作成优质的石琴。

墨石的石体大者上吨，甚至近百吨，是很好的庭园置石；中型的可成为清供，极具观赏价值；微小者如拳，可以手玩目赏。

幽兰石

幽兰石产于广西中部柳州地区洛清江下游的鹿寨县幽兰村附近的山溪中及柳州地区象州县里雍村附近的石山中。它既是山石又是水冲石，颜色黝黑、质地细润坚实、石皮古朴粗犷，以其独特的山型景观受到雅石爱好者的青睐。幽兰石有两种：一种以黑色、青灰色为主色调，这是鹿寨县幽兰村产的，其特点是常带有似流水般的白纹形似山间溪水或流泉飞瀑；另一种产于柳州地区象州县里雍村附近石山中，这种幽兰石埋于土中，质感略粗，但仍不失古朴粗犷，也有理想的山景石形和其他象形。

因为幽兰石精巧且石质不硬，易于切割打磨，又极易被酸蚀，因此人工改造过的非天然造型的充斥市场。有时在全国性的展览评比中，很多评委都被蒙骗，可见其造假制赝已很见功力了。在这些“伪石”中，黑色带有白纹的一般多是根据根艺制作的套路，随形修整；那种质感略粗的颜色暗淡无光，多为强酸加工。

购买此石时如遇到造型过于完美的应特别注意，因为酸蚀是这一石种制赝的基本手段，所以可以用鉴别铜器的方法来对幽兰石进行认真的鉴别。凡酸蚀过的石头，其酸气必然在一定时期内不会挥发干净，通过嗅觉来辨清有无酸味即可，而不用去管那些白色条纹是真是假。其实造假者都是假石制造者中的耆宿，他们深知一般人的心理，所以都是以天然的白纹为创作造型的基点。

响石

响石种类很多，广义的响石，即是能发出较好乐音的雅石，如灵璧磬石、广西墨石等。狭义的响石是指中空但石中有物而发出声响的雅石，又名空心石。现在我们介绍的就是这种狭义的空心响石。响石可谓打破了“石不能言”的论点，而变成精美的石头会唱歌了。

响石产地很多，包括广西柳江河下游市郊阳和村附近的牛蹄湾河处、河南舞钢石漫滩国家森林公园九头崖一带的山中、重庆巴南区丰盛镇等。

响石石形一般多呈椭圆、扁圆及其他各种形状，体量大者可逾50公斤，小者仅似桃核。此石外表常见青铜色，故又称青铜石。空心石的成因，是由于含矿物质的岩层在成矿过程中，吸附在其他物质上形成结核，后经风化成为褐铁矿而成。当结核形成之后，经过干燥或成岩过程，失水固结，体积收缩，出现空腔，如果空腔中有可以自由活动的石核，摇动时便可作响。石核一般为砂粒、土块、泥裂块、粘土、水晶簇、方解石晶簇和水等等构成。其空腔越大、石核少而较大，则响度越高，这就是响石的发声原理。

响石又可分为两种：一种是石头体内含有颗粒，称为石响石；一种是石头体内含有液体，则被称为水响石。水响石腔中常盛有水，水质清甜可口，蓄存时间可逾万年，却不腐不臭。所以石响石易得，水响石罕见。水响石内的液体很难在岩石失水过程中保留下来，而石响石中的石头等颗粒保留则相对更容易，所以两者产量比例差距极大。通过比较两者发出的声音，也很容易辨别这两种响石。石响石内部因为含有颗粒，所以敲打时发出的声音清脆；而水响石含有液体，声音略显浑厚。

其实还有一些石种也有响石，如山东的昌乐县木鱼石、北京的锅底石、金陵的石罐、河南的药王石、新疆的石铃铛等。各种铁质、锰质、硅质、磷质、钙质、锶质（天青石）和石膏等等结核石，都有可能形成响石，而它们的形成机理是相同的。

响石从观赏角度而言，以顽拙、憨朴取胜，其内涵的深刻之处在于一个“空”字，意为追求超凡脱俗、不为名利所束缚的最高境界，这就是画家张大千非常喜欢响石的原因了。

红梅石

红梅石产于贵州安顺以北洪家渡一带，当地人称之“红麻子”，因石上生有小如绿豆、大似铜钱的螺旋状红色斑点而得名。除此之外，还有白色石英穿垒其上，时粗时细，成网成团。成团时，似祥云如瑞雪；成网时，如缠藤似纹枝。加之大小红点有凸有凹、星罗棋布，恰似那万点红梅。

红梅石的类型有：有画屏类、景观类、象形类、抽象类。其可归纳为以下五点：

1. 形象。该石有的凸凹褶皱，给人一种历尽沧桑之感；有的体态丰盈，使人顿生圆润憨朴之趣。细观个体颗粒，每粒都有完整的螺旋状外壳圈，由外至内，圆圈也由粗变细，清晰可见，体现出细腻生动的线条美和形象美。

2. 结构。围岩、化石、石英三者有机地结合在一起，充分呈现出一种完美的构造组合。

3. 恒古。在品赏景观、画屏、象形等之余，给人一种追溯恒古生命起源的享受。

4. 珍奇。“红梅石”这一品种，国内尚无在其他区域发现。

5. 色度。红梅石以突出红点为首，偶尔也有黑点、黄点、白点，尤以黄点为稀有。围岩部分的颜色也是因石有异，一般以灰色、青灰、锈黄、铁红为主。加上每件石上都含有白色石英，粗细变化无穷，足以堪称色度美。

红梅石的产状以地理石为主，水冲石为辅。该石个体大者论吨、小者论两，自然天成、形态各异。除上述形状外，也偶有柱状、空洞，倍受石友青睐。其内涵及变化较受文化人所爱。

红梅石属钙质类石种，不抗酸碱，在洗刷时最好以清水冲刷。即使个别地方难以清洗，也只能用 1∶3 稀释后的稀酸刷洗，切忌浓酸浸泡，以免损伤石皮。在养护述程中以养玉宝（一种专业养石油膏）少许，多次涂抹直至滋润为宜。

紫袍玉带石

紫袍玉带石产于贵州省梵净山西南侧江口、印江一带的梵净山区。

紫袍玉带石的矿物成分以绢云母、氧化铁为主，并含有绿泥石，锐钛矿、金红石、电气石；化学成分以钛、铁、铅、铬为主，并含有微量镁、锰、纳等矿物成分。摩氏硬度为 3—3.5。

紫袍玉带石层次分明，手感细腻柔润，色泽自然和谐，密度高，耐酸碱，硬度适中，雕刻性能好，形态多样，以沉稳的紫色为主、绿条相间，同时伴有桔红、白色等在其中，呈现出一种古朴、典雅而又俏丽动人的色彩效果。紫色代表吉祥之色，所谓紫气东来，而大红大紫又是民间历来热爱的色彩，寄托着希望和未来，此石色调正谓升官进爵、玉带横腰、如意吉祥之意。

石胆（铁胆）

石胆，又名“结核”、圆宝石、开运石，在我国的古籍中被称为岩精。产地很多，如北京、河北、湖北、广东、广西、云南、宁夏等地。

其泛指沉积岩中的石质或矿物质的疙瘩状集合体——结核，形成于距今2.7亿年的二迭纪早期石灰岩中。它的形成过程是这样的：在沉积物沉积或堆积之后，由于沉积物自身的自重所产生的压缩（压紧）作用而使沉积层压实脱水，矿物质也发生缓慢迁移、交代或结晶固化等等的化学的和机械的变化，从而使松散的沉积物逐步转变为坚硬的沉积岩。因此，石胆就是某些沉积岩在早期或后期成岩作用过程中，按“物以类聚”的化学迁移形式所缓慢生成的矿物质集合体。

石胆

常见的形状有球状、透镜状、连球状或不规则状的矿物质团块。有钙质结核、硅质结核、黄铁矿结核、粉砂质结核、砼质结核等，还有现代大洋底的锰结核。其中黄铁矿石胆（铁胆）的观赏价值最高。石胆还有很多变体如龟纹石胆、沟状石胆、铁胆、金星铁胆。

1. 石胆的一般特征

（1）石胆形态：常见扁球状、铁饼状、车轮状、帽状、锣锅状、正球状、飞碟状；偶见有双连体的哑铃状或死葫芦状、三连体状或多连体状等等。（2）摩氏硬度为6，碎块可以刻划玻璃。但性偏脆，不宜长期浸泡在水中。（3）常具同心状生长恒纹或龟裂状脉纹，其成因令人遐想。实际上，同心恒纹与铁胆周围的岩层层理有关，龟裂纹是铁胆或石胆遇地下水后膨胀开裂所致。（4）铁胆含黄铁矿的量有多有少，大致可分为3类：A. 全黄铁矿铁胆，透心都由黄铁矿组成，一般个小体径者为1～10厘米，个别可达30厘米。B. 半黄铁矿铁胆，一般个体中等大小，体径5～50厘米。C. 含黄铁矿铁胆，个体可大可小，可分为表壳型、纹层型及星点散漫型及不规则脉型等四种。

2. 石胆的其他特征

石胆分为黄铁矿质的和菱铁矿质的两类，而以黄铁矿结核的石胆最具观赏价值。它具有与众不同的几大特色：（1）外形多样，特别是晚期

分泌结晶的黄铁矿着生于金黄色铁胆表层呈立体凸出的斑纹时，更似浮雕式的黄铜铸件。有的像锅、坛、碟等器皿，有的似龟鳖或卡通头形等等。有的铁胆上的黄铁矿呈层圈状分布，或以铮亮的小晶粒布满胆体，更似金球一般，使人爱不释手。（2）颜色金黄，结晶面闪闪发光，具有强烈的金属光泽，颇似古铜镜一般。多种多样的纹理又使人感受到一种宝气十足的富贵稀奇的滋味，难怪有人愿以高价收藏。

石胆一直被作为中药来利用。土方用开水冲服可治疗内风湿、关节炎；用水浸泡过的水可明目清火。它还可制成中药，临床广泛用于治疗风痰、喉痹喉风、牙疳、赤白癜风、痔疮、口疮、石淋、癫痫等，另外还有催吐、祛腐、解毒的功效。

而且，石胆一直被视为正直、古朴、诚实的象征，带有庄严肃穆而稳重敦厚、丰满实在而坚不可摧的感觉，放置于案台上平添一份自然的纯净，真璞自现，象征意志的坚定、事物的圆满成功。球形的石胆单个或成对摆设观赏时，象征着事事圆满、红运享通。由于石胆的产状多变，人们总将其神秘化地理解为不可思议的神圣之物，认为是“神石”。特别是多个同时产出于悬崖峭壁之上，大如磨盘形态丰满而又布满层层横纹者，更被人深信为天地神力的造就。带边的锅形石胆又酷似旋转不停的星体，象征永恒的运动——事物无止境地发展、推动。正球形的石胆则给人一种包罗万象、内藏迷径、盘石永恒、孕育无穷内聚力且永远都在辐射能量的特殊感受。

3. 铁胆的清理

铁胆是生长在黑色富含有机质或灰白色富含粘土质、钙质的地层中，所以采回后要用碱水、草酸、稀盐酸适当浸泡，并用洗衣粉水中和酸性后再用清水冲漂干净。否则时间一长，残余的酸质会使黄铁矿（特别是细颗粒或沙粉状的黄铁矿）析出亚硫酸、硫酸而使铁胆崩裂、破损，以致失去收藏、观赏价值。

姜石

姜石也叫砂姜石，因有的形似生姜而得名，产于陕西、山西，其他如云南、贵州、广东、广西、河南、河北及福建，浙江沿海丘陵也有产出。它是一种分布广泛、有悠久应用历史的石种，而作为观赏用则是近几年才出现的。

姜石为钙质结核。所谓结核，就是指沉积岩中与围岩成分有明显区

别的某种矿物质团块，其形态有球状、卵状及不规则状等等。其主要产于粘土质地层中，如页岩、板岩、粘土岩和黄土之中。形成年代也很广泛，从十几亿年前直到第四纪风成黄土之中都曾发现过，并且在今后的岁月里仍将继续。年轻地层如黄土高原，其上分布的厚层黄土尚未固结成岩，其中常见姜石，被剥蚀出地表后成堆分布，被当地老乡称作“跌跤石”。

姜石矿物成分有方解石、褐铁矿、胶磷矿、石英、重晶石、菱锰矿、氧化锰，或以某一种矿物组成，如方解石姜石、褐铁矿姜石。依据结石与围岩形成的先后关系，姜石可分同生姜结石、成岩姜结石和后生姜结石三种。同生结核沿层理分布，并被地层层理所环绕，呈假整合状；成岩结核以不整合状态产出为主；后生结核切穿岩层层理，分布于裂隙之中。无论何种结核，形成时都有一个共同特点，即大气降水或地下水溶解较多的碳酸氢钙，在运移过程中，沿某一质点（如土块、沙粒或水滴）凝聚，由里至外越长越大，并胶结有地层中的粘土或砂粒而形成结核，其大小不一形态各异。姜石按地质成因分类，可分为：沉积姜石、成岩姜石、次生姜石。沉积姜石：风化作用下岩石中的钙、铁、锰被分解出来，它们不溶于水，随水介质运移，形成胶体溶液，然后在沉积作用过程中逐步凝聚形成砂姜石，附生于沉积岩中。成岩姜石：在成岩过程中水介质中的某些元素如钙、铁、锰围绕炭质、有机质沉淀结晶，常发生在煤系地层中及富有机质的砂页岩中。次生姜石：粘土层中由于裂隙发育，使水在内部产生运移，并溶解、沉淀、结晶。

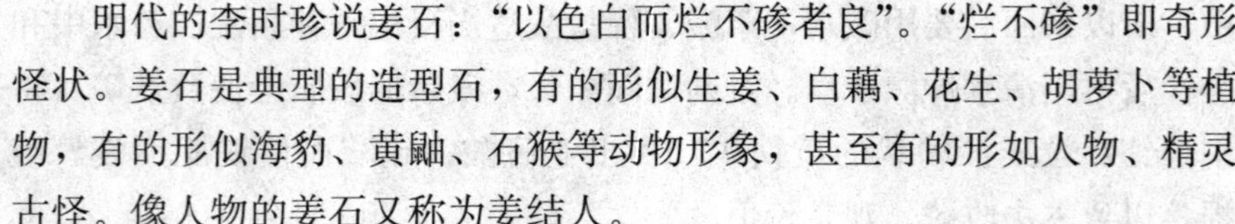

明代的李时珍说姜石：“以色白而烂不碜者良”。“烂不碜”即奇形怪状。姜石是典型的造型石，有的形似生姜、白藕、花生、胡萝卜等植物，有的形似海豹、黄鼬、石猴等动物形象，甚至有的形如人物、精灵古怪。像人物的姜石又称为姜结人。

姜石大小不等由几毫米至数十毫米，也有成巨形姜石，尺寸达 1 米以上，由于形象千奇百怪，所以受到人们的喜爱。姜石的颜色表面呈褐、黄色、褐黄色，内部浅灰、灰白、浅褐黄，也有呈黑色。姜石内部呈同心圆状结构，也有放射状、窗格状、胶状。结核石的摩氏硬度一般在 3 左右，如果成岩溶液中除含钙离子外，尚含硅、铁等离子，则摩氏硬度可增高至 5。结核石的矿物成分以方解石、白云石和高岭石类粘土

矿物为主，少量石英、褐铁矿。

我国对姜石的应用，至少有二千多年的历史，主要作为矿物药。李时珍所著《本草纲目》称：“生土间，状如姜。有五种，以色白而烂不碜者良。”“性咸，寒，无毒。主治丁疮、肿胀、水肿”等等。也有人用此来泡水或沏茶，长期饮用可预防大骨节等地方病，并具健康益寿的功效，与其所含对人体有益的微量元素有关。

假姜石：形貌似砂姜石，系风化作用而形成。

第二节　水　石

水石的主要特征是水冲形成、质地细润。大家知道，日本人将雅石称为水石，而把欣赏雅石称为水石道。我们来看一下日本人对水石的定义：“十数年前（指 20 世纪 60 年代），村田圭司先生提倡：‘水石’之定义是‘主要在室内被观赏的一块石头而使联想各种各样的自然美且使心灵在山水风物诗之世界游赏的东西’。以后对这定义没有异议，所以我觉得大多数水石家承认了。”

“水石指向的美是联想山水景状而且尤其尊重闲寂的美。把朴素的石头长年累月养育而成为沉静的色与肌，水盆也把古色的东西留意着使用，在清静的环境里观赏山水的枯淡美，是水石也。”（日本《爱石之友》大内久雄撰、春成溪水译）从这一定义来看，其不是对石头的分类，而是指水石鉴赏。

我们国内一般指的水石是说它的产状，即从水里打捞出来的，而又不像卵石那样全无造型个性的雅石。近些年来，广西红水河河底打捞出一些经水长年冲洗而形成的水石。其石系无尖刻消削，有型但不锐，表面光润，水洗度极高的一类雅石。这些雅石在水中不是被水流冲滚，而是水石砥砺、相互激越，形成石以水纯、水以石清、水石相正的局面。因水石与卵石在造型方式上是有区别的，另外卵石也不一定尽在水中，水石更不一定皆成卵形，所以单独分为一类。

崂山绿石

崂山绿石又名崂山海底玉，产于山东青岛崂山仰口村一带海域。因其大多蕴藏在海底，故又名海底玉。

崂山绿石是海底岩浆喷出后，在特定环境下沉积生成的。其石质坚硬、细腻，具有透明的翡翠绿或黛绿色的石英晶面，内含金鳞似的云母和五彩斑斓的长石微粒。色润缤纷是崂山绿石的独有特点。其属蛇纹岩类矿物的纤维状、鳞片状微晶集合体，主要成分为绿泥石。摩氏硬度在4—8之间。

崂山绿石

由于石与石间隙中聚集了角闪石、叶蜡石、云母、石棉等成分，开采时石与石夹层自然断裂，每块石料表面形成一层五颜六色的结晶“翠面”。结晶有柱状、针状、鳞状等；色分白、绿、黄、赭、黛、灰等，主色调为绿色，又有墨绿和粉绿之分，构成变化莫测的画面。其一般不能打磨抛光。

崂山绿石的颜色以绿为主，有翠绿、墨绿、青绿、灰绿、黄绿、粉绿等。其绿静穆古雅，像黛玉、像墨兰、像苍海，给人一种深沉谧静的感觉。崂山绿石的美还在于它的质地，晶莹缜密、温润可人，同时具有冬暖夏凉的特性。

崂山绿石主要是水石，但也有部分旱石。水石质地细腻润泽、黑里透亮；旱石则粗扩古朴。

从欣赏的角度来划分崂山绿石主要有二种：一是以翠面为主要欣赏对象的“板子石”。二是以欣赏形态为主石、翠混杂在一起纠结成块的“镶嵌石”。

“板子石”也称画面石，供人欣赏的是平展的翠面所表现出来的画面效果。画面石的形态是一种大多呈长方形、不太厚的板块状绿石。六个面均自然包壳、无断裂者为佳。它的精华所在是附着在板面上的一层翠绿色的结晶体，该结晶体呈纤维状平行排列。这种物质就是赏石家大加赞赏的“翠”，所形成的分布平面称为“翠面”。翠面晶莹光润、色泽变化不定、纤维状晶体密集平行排列，并在与纤维走向垂直的角度上分层出现端头，且多数端头呈鳞次栉比排列。这种用翠面表现的画是靠垂直层次来描绘意象的，风格类似浅雕，常有“竖划三寸当千仞之高，横墨数尺体百里之回”的效果。

“镶嵌石”所展示给人的是立体的山川景观或各种抽象形体。石块以直线型、平顶，近似于方体者为多，以表现山海景观为主，也有的如人物肖像、鸟兽虫鱼，多姿多彩。因此，崂山绿石的美表现在色、质、形、意综合的意境和神韵。

宋代文献中已有崂山出绿石的记载。明代文人雅士竞相收藏把玩崂山绿石，明末即墨县黄宗昌著的《崂山志》中称“邑多好之”，并详细地阐述了产地、产状：“仰口北产绿石，秀润可供，其佳者须经退潮后于海底取之。”至清代，崂山绿石成为贡品。《即墨县志》载：“即墨参将白壁以两尊崂山绿石献贡，龙颜大悦。”清代扬州八怪之一的胶州人高凤翰收藏的名品“山高月小”，被称为崂山绿石画面石的鼻祖。

彩陶石

彩陶石又称红河石、马安石，产于广西来宾的合山市河里乡马安村红水河十五滩。其属沉积岩，以硅质粉砂岩或硅质凝灰岩为主，摩氏硬度为7。

当红水河流经马安村时，由于长年累月受到长达几公里的暗礁阻击，暗礁右侧被冲出一条很深的河道，暗礁的左侧则形成一条三百多米长的回水湾。后因地壳的变化，河滩上青色的岩层被挤压出条条裂纹。雨季到来，大水淹没暗礁，把河滩上这些带有裂纹的青石头一块块地冲进了水湾。这样特殊的地理位置，使回水湾中积存了许多这样的石块。经年累月的潮涨潮落，夹带着沙石的水流把回水湾中石头的表皮冲刷得非常光滑。另外，光的作用和水中的杂质又使石头的表皮染上了一层很柔和的色彩，犹如传世的陶器上的釉色。

彩陶石细分还有彩釉和彩陶之别：石肌似瓷器釉面称彩釉石，无釉似陶面者称彩陶石。从颜色上划分有纯色石与鸳鸯石：鸳鸯石是指双色石，三色以上者又称多色鸳鸯石，而鸳鸯石以下部墨黑、上部翠绿为贵。其色分翠绿、墨黑、橙红、棕黄、灰绿、棕褐等色，多称为“唐三彩”。彩陶石以豆绿色为上乘，色质如宋代哥窑的龙泉青瓷，其纹路多呈草花形状。

彩陶石不仅美在色泽上，且造型独树一帜。其多数显得沉稳平静，而与玲珑剔透无缘。它的体量大的可达三四尺（1米左右），小的也有拳头大小。特别是大者，有阳刚之气，往往显得伟岸雄奇、内涵特别丰富。彩釉石多见平台、层台形，不求形异，首重色泽，以翠绿色为贵。

彩陶石耐酸、耐磨蚀，极难加工，特别是彩釉石类产出极少，为其他石种所少见。尤其是绿玉石，色调沉静优雅、纯净无暇，给人视觉以强烈的冲击。

彩陶石多以景观、抽象的自然形态显露，因而对它的鉴赏主要从形、色、质、点、线、面这六个方面进行审视。

彩陶石辨伪的方法。

彩陶石是 20 世纪 90 年代开采出来的石种。由于目前这一石种的资源已近枯竭，目前多有伪造的彩陶石。一般常见的是打磨过的彩陶石，但仔细看很容易辨别出来。彩陶石是由水冲后形成的，因此它的水洗度很强，表面光滑细腻，各种矿物组成颜色鲜亮。而打磨后的彩陶石表面没有质感，看上去不自然。

大化石

大化石，又称彩玉石、岩滩彩玉石，产于广西大化县大化瑶族自治县红水河岩滩，从水电站下游的岩滩大桥至吉发的 12 公里河段深约 30—60 米的水底水沙激流中。

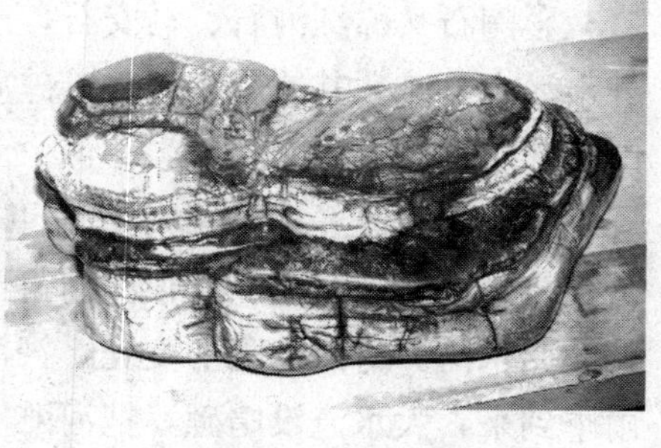

大化石

大化石生成于古生界二叠纪，距今约 2.6 亿年，属海相沉积硅质岩。其原岩为火成岩与沉积岩之蚀变带硅质岩石。摩氏硬度约为 5—7。因岩石受水中溶解的多种矿物元素如铁、锰离子致色素的浸染岩石，使石色彩艳丽古朴，色有褐黄、棕红、翠绿、桔红、陶白等多色，并伴有黑色草花纹。

大化石石肤温润如脂，富有光泽，层理变化有序，色韵自然，纹理清晰而具有韵味。色尤以金黄色为主色调，鲜亮温馨。石肤如釉润腻，佳者玉质感强。

大化石的天然造型取决于岩石层理在江河中所受的浸蚀和冲刷程度，多为层状结构，或嵩岳云岗、或璋台危岩。虽说千姿百态，但造型以层台形为多见，具象的人物或山形很少。

鉴赏大化石以其玉化的质地与丰富的色彩为主，质坚、色鲜、肤润、形满是基本要求。

由于大化石沉积河底的位置、深度、水质和水流有所不同，因此它们的生成形态有很大差异。如有的成方成圆、平台直窝、肤色苍润，显得端庄沉稳；有的尖棱峭角、凹凸交相，显得峥嵘怪谲。

收藏大化石的时候，除了石形的完整之外，一定要看它颜色是否丰富；其次就是石头的玉化程度如何。

大化石的真伪辨别：

大化石从 1998 年到 2002 年的短短四年间，竭泽而渔，致使资源殆尽，有的人为了谋利甚至开始“以它山之石来攻玉”了。

现在，许多大化石都不是产自岩滩，而来自岩滩附近的县。有的大化石自身水冲度不够或有不同程度的破损，动手者就再进行精加工。若细加工后的大化石“面目娇好”，则最要加以注意。现介绍一下大化石的加工过程：

局部加工。对切割造型后的毛坯石或原石残缺面或水洗度不够的“死面”进行粗坯打磨。一般是把残破的尖锐部分磨圆，或把“死面”的一层粗糙表皮磨掉。

整体加工。一些经敲击取下或毫无水冲度的块状原石，则全部将石表磨掉，再磨制成大化石特有勒层状、宽面平台状，偶见峰峦、天池状，底部切割平整。打磨后的石体是难看的哑光灰白色，但上油之后颜色便转为淡青、淡黄，通体色泽一敛、花纹毕露。

细加工。细加工分以下几个步骤。精磨：用金刚石磨片研磨，将粗坯上的原磨痕完全清除掉。有经验的工匠们大都采用“注水磨”的方法，可以很好地掌握磨的分寸。抛光：用软磨具加抛光膏进行机械抛光，抛光后可达镜面效果。喷砂：局部打磨的一般会进行喷砂处理，以保持与周围石肤的一致性。整体打磨也有喷砂的，这样可形成比较自然的石肤效果。涂油：涂油本来是保养石头的手段，而在大化石的造假中却成为不可或缺的一环。一般是涂抹凡士林。造假者经过反复实践，探索出日光曝晒下涂抹的方法。这样油被“吃”进石体不易干枯，行色和花纹能保持得久一些。

来宾石

来宾石俗称水冲石，产于广西来宾市境内红水河中下游的百艾滩中。

石以灰质岩石为主，其色彩多为灰黑色、灰白色、黄褐色等。内含有燧石、核灰石和灰岩。经过长年的风化，形成了许多奇形怪状，是能给人赏心悦目之感的怪石。

由于湍流亘古冲蚀、砂石磨砺，其表面细润光洁，石形富于变化，具有象形、景观、抽象、奇巧等不同类形，且品类繁多。“文贵曲折，石贵有纹。”其中以纹石较为珍贵。如：迁江的黑色密纹石、金钱纹石，蓬莱洲的疏纹浮雕石，黄牛滩的黄色龟裂纹石等等。其中最为典型的品种叫卷纹石。卷纹石产于广西柳州来宾县境内，距今已有二三亿年，石表层有卷纹形状，故称之。其质地坚硬可达摩氏硬度7，石皮光润，色泽有灰、绿、黄、黑等多种。其纹石可分：细纹、线条纹、粗纹、层叠纹、云纹等多种。该石纹路清晰可见、神韵逼真，“石质”、“石色”、“石形”、“石纹”均有极高的观赏价值。除卷纹石外，黑珍珠石、石胆石也较为珍贵。

总之，来宾石一般整体石形变化不大，给人以稳重大方的印象。它石质坚硬、质地细腻，石肤光滑，常有金属光泽。它色泽古朴沉稳，多为黑色或古铜色，偶尔有灰色，其中黑色最为常见。它纹理清晰，或细密，或舒展，或飘逸灵动，或深沉古朴，都具有特殊美感。

摩尔石

摩尔石俗称磨刀石，其名称取自英国的一位艺术家——英国人亨利·摩尔（公元1898—1986年）现代艺术史上最为著名的雕塑大师，艺术风格简洁、浑厚，以抽象和象征的手法成功地把人类与自然的形象融入他的艺术形式，为现代雕塑的发展做出了重大贡献。摩尔的艺术成就早在20世纪80年代就已经被介绍到中国，深受艺术界人士的推崇，并逐渐为广大艺术爱好者接受。摩尔抽象雕塑的造型与中国古代园林艺术中的太湖石造型颇为神似，曾引发出东西方抽象艺术欣赏之共性的讨论。时至今日，摩尔的艺术风格仍被当代中国雕塑家们在各种类型的城市雕塑中广泛借鉴，成为20世纪最为重要的视觉艺术遗产之一。所谓摩尔石，正是取形似摩尔的艺术创作风格，即多有孔洞的雕塑之意。

摩尔石产自红水河。红水河是珠江流域西江水系干流，发源于云南省曲靖地区的马雄山，东流至广西西林县与清水河汇合，称南盘江，成为贵州、广西的河界。其流经广西的西林、隆林、田林和贵州的兴义、安龙、册亨等县，在贵州省望漠县蔗香村与北盘江汇合后称红水河。红水河还向东横穿广西中部，在象州县石龙镇与柳江汇合后改称黔江，其干流长695公里。

摩尔雕塑中的不少形象，特别是带有孔洞的雕塑，得益于自然界奇石洞穴之灵感，似乎与大自然中的奇石有着异曲同工、千丝万缕的联系。摩尔说：“作为一种有意识的、经得起推敲的形式，仅仅带有空洞的石头，也可以构成一座立在空中的雕塑。”

而且，摩尔的雕塑更多地是居于似与不似之间的抽象意味，线条柔和、体态夸张、开阖自如、十分大气。这同时也是摩尔石欣赏的重点。

因摩尔石的主要特征是与摩尔雕塑相联系，所以除红水河流域外，其他地方所出的类似石头，也往往被冠以摩尔石之名，如有的九龙璧也称为摩尔石。

第三节 卵 石

卵石是人们接触最多的一类。它是岩石碎削物，而不是任何一种岩石的类型，因而可以是任何类型岩石经过流水长期的搬运过程中被磨掉了棱角而形成的。这些水中的岩石有高山上的岩石经温差、冰、植物等的风化作用，掉到山脚下的；有崩塌下来的碎石被山洪、大雨等冲到河里的，然后它们在河水的搬运过程中受水的冲击和互相磨擦，变得越来越圆，最后都可形成卵石。因为卵石的形成经历了长时间的变化和地理位置的变迁，因此卵石以它那玲珑圆润的身躯向人们证明着大自然的伟力。地球表面总是在变化着，风化作用、搬运作用总是在不停地进行，由此而来的“石来运通”是雅石爱好者的美好愿望。有这样一段描述，可以很好地表达卵石的品质：

黄河的怒涛拍打着沉默的两岸，挟带着泥沙的河水咆哮而下，一块块不规则的大岩石在旋涡中不情愿地滚动着，撞击声混杂着浪涛声响彻空旷的河面、田野和峡谷。这是一个壮观而充满艰险的环境，也是一个显示英雄本色的环境。洪水中的泥土，原本也有曾具岩石之外貌者，但松散和懦弱使其最终同流合污。而那有棱有角的岩石虽具有坚定和刚毅的内在质地，但倔强和粗笨使其不得已而随着汤汤河水滚动而去，以其固执谱写出一曲曲令人钦佩而又惋惜的壮烈悲歌。只有卵石更善于调整自我，更善于适应环境，在与急流巨浪的搏击中，棱角磨去了，外形改变了，但它的凝聚力和抗冲击力更加强大，在风浪中砥砺出更加完善的内在品质，显示了真正强者的定力和气度。

看过上面这段文字就足以不言形而有道了，因而我们把卵石单独列为一类。这样在比对评价时也就不必再说什么金沙江的、大渡河了，因为它们都是集合体。在卵石中三大岩石、几乎各种矿物都存在，是大自然地质博物馆的天然标本库。

独乐石

独乐石又名金海石，产于流经北京平谷和天津蓟县的古独乐河流域。

红纹独乐石

独乐石的原岩是十几亿年前远古代的石英岩，在15000万年前受火山岩浆中所含铁和锰矿液浸染、渗透而使高价铁和低价铁间隔分布，又经漫长的风化而碎落江河，再经水冲磨砺而形成褐黄色、暗红色、黑褐色和红紫色等色彩丰富的卵石。多变的颜色形成了层次为红白、黄白、褐白、黑白等色彩相间交替出现的特殊纹理图案。摩氏硬度为6—7。

北京独乐石草花石

独乐石纹理变化万千，但绝大多数呈现群峦叠翠、气势磅礴的山水画卷，纹理表现出峰、峦、川、湖、林木等图案。少数有人物、禽兽等图案。其画面参差、极富变化，区别于一般纹理景观石的朦胧图案，纹理感觉特别清晰细腻、浓淡相宜，介于中国画的工笔和写意之间，因此画面多虚实相生、疏密得体、背景深远、主次呼应，层次极为丰富。还突出表现了峰峦突兀、重重叠叠之美，展现了五岳之雄伟、天台之险峻、峨嵋之奇幽、山村之幽静的效果。

子母石

子母石又名砾石，即一块独立的石头上由大小不一、数目不等、形态各异的小石头共同组合成的一个整体。在这个整体中，个头大的较少，称为母；个头小的较多，称为子，所以叫“子母石”。子石老而母石幼。我国大部分地区都有产出，而北京怀柔区所产的子母石比较适宜清供与把玩。

远古时期火山爆发，狂喷的岩浆顺河而泻，将河中的大小石子裹挟而下，随后逐渐冷凝而成子母石。这种石头主要成分为河卵石凝固体，而粘连这些大大小小河卵石的矿物质为泥沙，这种泥沙也很坚硬。其颜色主要有灰色和淡红色两种，二者之间具有明显的区别。而且，这种凝固在一起的河卵石与一般河卵石不同之处是有石皮，且包浆比较好。

子母石光滑圆润、坚中见柔、玉化程度高，抚之如小儿肌肤，其形为不规则的自然结合，奇趣万千，久久观之给人以无限的遐想。

子母石其色彩很丰富：有的呈淡黄色、有的呈深红色、有的呈浅灰色、有的呈白中泛红色等。

同一块石头换个角度看又是另一种形状。少数的“子母石”有的如人像、禽类、兽类，特别是体积较小的“子母石”，更是雅趣盎然、妙不可言。一些“子母石”的抽象造型大痴大拙，反而更加惹人喜爱。

雨花石

雨花石又名灵岩石子、六合石子、玛瑙石子、文石子，其主要产地有南京、宜昌、宜宾等长江流域地区。它有水晶、玉髓、玛瑙、蛋白石、脉石英、石英岩、燧石、变质岩、花岗岩、火山岩、角砾岩、砂岩、石灰岩等多种。

雨花石的形成经历了原生形成阶段、次生搬运阶段、沉积砾石层阶段。

原生形成阶段是第一阶段。岩浆岩是雨花石原生生成的基石，如玛瑙砾石，最初是岩浆在火山喷发后在凝固分异时的空洞中形成原生玛瑙。最早距今4.3亿年，最晚距今6500万年。即从古生代志留纪早期，经过晚古生代、中生代，再到新生代。在这漫长的地质年代里，火山活动、构造运动、沉积作用不断发生，都可形成原生玛瑙及其他品种的雨花石。

第二阶段，即与母岩脱离后在外力下的搬运移动。原石经风化破碎，又经流水冲滚，将有棱有角的岩块在移动中，磨砺成浑圆的卵石。这个时期的地质年代最早不超过成岩以后构成当地地势的“造山运动”年代，最晚不晚于砾石层形成年代，大约距今2亿多年到100万年之间。它们是分期、分批，经过循环往复，多次搬运，才到达目的地的。

第三阶段，即沉积成砾石层的阶段，最早距今1000多万年，最晚距今约100万年，且这个砾石层是多次形成的。各个地质年代的各路

“游子”，随江河长途跋涉，在不同的地方搁浅留滞，如南京的“雨花台砾石层”。

雨花石砾石层主要形成于距今1000万到100万年的晚第三纪到早第四纪地质年代。雨花石古砾石层是多层、多时代的沉积，各个砾石层的岩性特征有所不同。南京古砾石层分布很广，是长江中下游沿岸特殊的产物。远至湖北宜昌，近到镇江等地都有。以南京为例，雨花台砾石层是不同地质年代的几套砂砾石层的混名。最早的一套形成于新第三纪的中新世（大约在1000万年以前），它分布于江宁和江浦县，叫洞玄观砂砾层或浦镇砂砾层。第二套广泛分布在六合县境内，叫六合砂砾层，形成于中新世晚期至上新世初期（大约500万年前后）。第三套分布在六合的黄冈、马集一带，叫黄冈砂砾层（大约400万年前的上新世）。最后一套才是真正的雨花台砂砾层，距今已有300万年的历史了（上新世末）。由于河道不断变迁，这四套古砾石层时而相互重叠，但更多的是各自分开、独辟蹊径。

历史上，雨花石就曾为人珍爱。宋代苏轼不但喜欢雨花石，而且总结记载了如何欣赏雨花石的文章，其留传至今的《怪石供》、《后怪石供》对我们今天欣赏雨花石还有着一定的指导借鉴意义，因此我们说苏轼是赏玩雨花石的鼻祖。他曾在齐安河上用饼换取小孩拾到的五彩石，回家后放在铜盆蓄养。由于苏轼的倡导，觅石、咏石成为长盛不衰的风尚，雨花石更成为文人雅士不可缺少的玩物。明代米万钟任六合县县令时也发现雨花石的玲珑可爱，自出高价，广收五色石子。当时，不但文人雅士，即便是老百姓也被卷了进去，六合出现了雨花石集市，卖石者往来六合、南京一带。

九龙璧

九龙璧又称华安玉，古称“茶烘石”、“云石”、“梅花石”。主产于福建漳州九龙江流域，以漳州市华安县北溪一带为丰，水旱皆产，属碧玉类宝石。

九龙璧原系距今2亿多年古生代二叠纪的海相沉积岩，是由距今1亿多年中生代侏罗纪陆相火山喷发变质而成条带状钙硅质角岩。抗压强度2414kg/cm²、抗折强度122kg/cm²、抗拉强度111kg/cm²、抗剪强度316kg/cm²、摩氏硬度为7～7.5、耐磨度为0.92、吸水率为0.06%、孔隙率为0.12%。

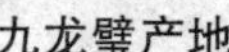

九龙璧产地

九龙璧历经九龙江急流千万年的冲刷、拍击、激荡、滚动和淘洗，形成了千姿百态、斑驳陆离、绚丽多彩的外表，是水冲石中的佼佼者。主要矿物成分因多是长条状颗粒平行层理分布，故呈现紫红色、淡黄色、黑色、翠绿色及墨绿色条带状弯曲结构纹理。九龙璧的颜色含有翠绿、藏青、橙黄、古铜、藕红、黑白等颜色；纹理含有云纹、水波纹、皱纹、平行纹等，色纹常常交织在一起，且通过这些色纹构成了五彩斑斓、绚丽多姿、变化莫测的各种图案，再加上浮雕肌理的出现，更使九龙璧的图案精彩纷呈。还含有锌、钼等 20 多种有益人体健康的微量元素。抛光后亮度达 100 度以上。由于九龙璧质地坚贞浑厚、肌理褶皱变化大、风格迥异、色调雄奇高古、造型精妙独特、图案纹理富有国画意境，在当今赏石界中可谓独树一帜。

1. 九龙璧欣赏主要包括以下几个方面：

（1）肌理变化。有两个方面的原因使九龙璧产生特殊的肌理：一是地壳运动导致条带状硅钙质角岩产生强烈的扭曲，表现出一种有序的张力美、地质美；二是经亿万年的激流冲刷，将质地较软的钙质等部分掏去，而将质地较坚硬的硅质留下，便形成了凹凸明显、沟壑纵横的肌理。这些肌理的存在，有如国画中使用了“皴法”，使石的艺术味道很浓、视觉效果很好。

（2）造型奇绝。一般来说，摩氏硬度 7 以上的高硬度石头，在造型上是很难有大变化的。然而，九龙璧在山型、景观、人物、动物、植

物、几何造型方面都有可以类比的。

（3）图案生动。九龙璧的图案构成有四类：A. 由色差构成；B. 由纹理构成；C. 由纹理和色差兼容构成；D. 由浮雕构成。

（4）要有玉质感。九龙璧又称华安玉，含透辉石、透闪石 50%以上，抛光度可达 100%。原胚极好的九龙璧经亿万年的翻滚、冲刷，往往出落得表皮光洁、细腻温润、色泽碧绿、富有宝气，令人爱不释手。石形饱满、玉质感极强、色彩斑斓、纹理清晰、内涵深刻者，可称上品。

九龙璧

（5）石皮包浆。九龙璧以水石为主，因其硬度特别高，要形成石皮包浆须经百万年的翻滚、水冲、水镀方可。其一旦出水，石皮包浆就基本固定下来，故非常难能可贵。从感官性状来说，有石皮的石头与没石皮的石头相比，其美丽程度便如两个档次。九龙璧特别讲究石皮包浆，以石皮完整无伤、釉面润滑、浆厚光蕴、手感好者为上。

（6）构成新奇。由于地壳运动、岩浆喷发，偶尔会出现九龙璧与蜡石、花岗岩及其他石种共生的现象，再经过天造地化锻塑成各种造型，而且色彩对比一般比较强烈，自然就有另一番的新奇、生动和雅趣。

九龙璧历史悠久、文化积淀深厚。唐宋时期，其被誉为珍宝而进贡朝廷，现北京故宫博物院仍有珍藏。而且，自古九龙璧就被众多玩家珍视和收藏。明代徐霞客曾三次到华安考察九龙璧。清代乾隆皇帝也收藏有“茶烘石”，即九龙璧。清末民初，黄仲琴入九龙江北溪高山峡谷，写了《华封观石记》和《华封观石后记》两篇赞叹九龙璧石的文章。

九龙璧含有多种对人体有益的微量元素，如锌、镁、铁、铜、铬、锰、钴等，经常把玩可使其所含微量元素被人体皮肤吸收，经常摩挲还

可以得到长期的良性按摩。九龙璧耐磨耐腐蚀，抗压、抗拉、抗剪、抗渗透强度高，在名石中保存性最高。

2. 九龙璧的真伪甄别：

目前九龙璧的制假者主要集中在其产地。造假手段主要以打磨为主，在九龙璧的象形石、景观石和画面文字石中，都有打磨的情况。

象形石是九龙璧最主要的赏玩类型，约占五成以上。其中最常见的是人物及动物造型。不管是人物还是动物，最重要的还是头部。所以做假者对一些人物或动物象形石头进行加工，个别的还制作出眼、嘴、脚等。

景观石是九龙璧的另一重要类型。有人利用九龙璧中部分石质较差、硬度较小、纹理中含有较多杂质的原石加工成洞穴石。还有人在喷砂清理进行到一半时于石上钻孔，然后再喷砂，使石面几乎一致。

在九龙璧的图案石中，人物、动物及花卉最常见，而整个画面构成一幅山水画的较少。九龙璧的图案大多由黑白（常是灰白）两色组成，因此图案石的加工常是在平面上去掉黑或白的部分，使其形成画面或使图案更加完美。另有极个别的造假者，在有缺陷的画面上添加几笔，构成理想画面，但色纹轻浮不自然，很容易识别。

九龙璧色彩丰富，其中有一种古铜色石，古朴典雅，于是作伪者以化工原料将石头染成这种色泽。但造假后的古铜色着色均匀呆板，没有天然古铜色的宝气和浓淡变化，只要多加比较就可看出差异。

泰山石

泰山石又称泰山卵石，产于山东省泰安市泰山主峰周围山区，东溪、西溪及东麓麻塔、下港峡谷皆有分布，而尤以主峰西部桃花源峡谷中所产成色为最好。济南的历城、长清也有出产。

泰山石外表多为不规则卵形，以花岗岩为主，间有石英。结晶颗粒较粗，纹理清晰，画面突出、粗犷凝重、对比色调强烈。其多为青黑色，并呈现白、褐、红色不等的花纹。以黑白花居多。

鉴赏泰山石是从石面上的线条、纹路、色彩和形象构图上寻觅具体的文化象征。章鸿钊《石雅》中说泰山“麻石中有文如阿拉伯数字者”。章氏所说的麻石即泰山石。因此，泰山石也称为文字花岗石。泰山文字石主要有字形、字体、字意三方面的评价标准，同时也要看石形、质地。所以，鉴赏文字石：第一，要看字形是否清晰可辨，能够被多数人公认；第二，要石中无杂乱笔画，字的位置适中；第三，如果是天然的

字体，要像楷书、草书、隶书或者名人之字；第四，看所现文字是否有重要的文化主题。

泰山石往往如母体泰山一样不以巧秀悦人，色彩古朴如中国水墨画的清高淡雅，或山水、或人物、或鸟兽，各得其妙。由于粗犷，泰山石在适当的视觉距离内观赏更显现出中国画大写意的神韵。

近年来，泰山石也开始受到当地政府的重视。为保护泰山、徂徕山地质地貌景观和泰山石资源，2006 年 8 月 16 日，泰安市人民政府发布了《泰安市人民政府关于划定泰山石保护区的通告》，保护范围包括了 95 个行政村，严令禁止在这些区域采掘泰山石。

而泰安与济南所产的泰山石略有不同。泰安的泰山石由于混杂了部分山石，而不仅仅是卵石，因此感觉更粗犷，构图以绚丽多姿的花纹及山水树木为主；济南的卵石主要是水冲石，因此其质地也相对细密，画面则以人物和动物居多。

长岛球石

长岛球石产于山东省烟台市长岛县南菜园湾、月牙湾等地。

长岛球石属石英岩。长岛地区，悬崖岩壁占 50%以上，海岸曲折、港湾众多，且向北口海岸发育。这里是有名的海峡风道，年均 8 级大风的天数达 67.8 天，北部岛屿能达到年均 108 天，最多 120 天，最大风速为 40 米每秒。每到冬季以北方寒流为主要形式的大风，携大浪轮番袭击口岸，致使濒海沿岸崩裂、坍塌的石英岩块在风浪无休止地冲刷磨砺中日趋圆实。半月湾球石就是这些高山巨石的子孙，在海湾的摇篮里，由时间老人抚育而成。石质坚韧，结构细腻，表面光洁圆润，如涂油抹蜡。形态多数为椭圆或扁圆，大如碗壶，小似李桃。色泽绚丽多彩：白如玉、绿如翠、红如玛瑙、黄似蜜。以圆度高、石表润滑、色艳丽、花纹奇为上乘佳品。长岛石的图案丰富多彩：或山水盛景、或人形兽貌、或花鸟鱼虫、或烟雨墨汁、或笔迹文字。

长岛球石在绝对零度（－273.15℃）时不变形，且在 2000℃的高温下不熔化。宋代苏轼专门撰写了《北海十二石记》来高度赞美长岛球石。叶剑英游览半月湾时，也即兴赋诗：“内长山岛月牙湾，勒事渔农并石田，昂价球石生异彩，妇孺岂惜指头艰。”

黄河石

黄河石产于黄河上游的刘家峡水库到孟津河道弯处的河道上，分为

云绵石是第四系大姑期冰渍泥砾层中的硅质灰岩硅质灰岩类砾石在特殊的地形水文条件下所形成。恩施盆地属于局部陷落盆地。清江河畔多为平坝、陡地，地势相对平缓，河流下切浸蚀较弱。露出于地表的岩石为第三系东湖群紫色砂岩，平坝、陡地上覆第四系大姑期冰碛泥砾层，沿河漫滩多为近代河流冲积相砂砾石层，局部残留有冰碛泥砾层。而清江云锦石就产于河漫滩残留的大姑期冰碛泥砾层中。河滩表面所见到的云锦石都有被河水冲刷、搬运、堆积过的痕迹。

残留于河漫滩泥砾层中的砾石种类有黄色粘土、亚粘土等成分，与陆地上冰碛泥砾层的成分比例无异。砾石种类主要是石英砂岩，其余为灰岩、白云质灰岩、硅质灰岩、硅炭质灰岩、炭质岩、燧石、岩、粘土岩、泥灰岩等等。

云锦石从泥砾层中挖出来时，外形为卵状、卵块式圆状，与其他砾石形状相似，所不同的是表层都被一层松软细腻的灰白色或黄色粘土包裹。洗刷去粘土层，便现出一层厚度不等的浮雕式的花纹，花纹层里面是一层灰白色或黑色母岩。花纹层摩氏硬度为 3.0—5.5，无石灰性反应。中心母岩有弱石灰性反应，系硅质、硅炭质灰岩。粘土岩及其他砾石则不形成花纹层。

洪水季节，河漫滩地下水位升高，硅质灰岩、硅炭质灰岩砾石中的炭酸盐、硅酸盐在淹水的还原状态下溶蚀；枯水季节地下水位下降，溶蚀出来盐类，有的淀积下来形成新的硅酸盐。在漫长的岁月里反复地溶蚀、流失、淀积，砾石外层的活性元素被溶蚀和流失，铝以氧化物的形成残留下来（灰白色或黄色高岭土状表层），而淀积析出的硅酸盐则逐步形成新的结晶岩层——云锦花纹层，其硬度因纯度和结晶程度而异。

所以，云锦石的形成必须同时具备三个条件：首先，要有可溶性硅或缓溶性硅的来源。河漫滩冰碛泥砾层中有大量硅质灰岩，提供了可溶性硅的充足来源。其次是具备干湿交替的水文地质条件。夏秋季节，河漫滩大都淹于水中，冬春季节则因雨水减少而水位下降，河漫滩处于干涸状态。这种干湿交替、往复循环的水文特点，为云锦石形成多姿多彩的花纹图案提供了极为有利的条件。第三，是具备相对稳定的地形条件。产地河底部是紫红色砂岩，河漫滩冰碛泥砾层又粘结成牢固的礁盘，流水难以冲刷、搬运，因而地形相对稳定。不具备以上三个条件，便不能形成云锦石。即使同一河滩中的石灰岩、粘土岩及不含硅的其他

砾石和以二氧化硅结晶状态存在的石英硅质灰岩在各级陆地和地下水位以下，同样不能形成云锦花纹。冲刷、浸蚀、搬运、堆积变化频繁的河漫滩的砾石也不能形成云锦花纹。

云锦石色如古陶、青铜器，或黄、或青、或乳白、或浅棕，古朴、苍劲、沉稳和厚重。云锦石的纹理石最为独特。挂甲藏胎，花纹突出石面，如镂如刻，线条粗细均匀，曲折婉转，优美流畅，如云似锦、如波似浪，像漪涟又如云海，像水面流淌的漩涡，一个连着一个，荡漾开层层波纹。有如线雕、浮雕、透雕等多种艺术手法形成。

云锦石按其形成的花纹特点、溶蚀的深浅，大致可分四种类型：其一，满花型。整个石面布满花纹，没有溶蚀空间，又称为全包型。其二，浮雕型。石面未被花纹完全覆盖，花纹或粗或细、或疏或密，错落有致，形成浮雕状。黄色花纹与灰折色的溶蚀空间对比辉映，更加赏心悦目。其三，镂空型。花纹疏密相间、彼此相连，空间溶蚀较深，有的只剩下很少的母岩。掏去溶蚀风化物，清洗干净，便如一件精美的镂空雕刻艺术品。其四，双色或多色型。硅质灰岩与硅炭质灰岩相间的砾石，在溶蚀、结晶过程中形成黄色、褐色或黑色花纹，互相映衬。

水花石

水花石产于湖南省安化资江中游一段，即城东坪镇柳塘，也就是现今的东坪水电站至鲶鱼洲约 4 公里长的河段。该雅石是继七亿年间形成冰碛岩之后产生的一种特色石种，体积不大，已发现最大的是 50 千克左右，最小的只有几两，摩氏硬度在 4—5.5 之间。

色纹属原生致色体，呈黄底色成灰色底，花纹颜色有黄，灰、黑、白等色。其色从表皮到里均为一样。花纹的形成年代久远，一般都在 3—4 亿年间，经历地球外壳的变迁、山体和海洋冲击并挟杂各种古生物在内，而产生出各种云纹、水波纹，以及似像非像的生物图和山水风景画面，浑朴大方、设计幽雅。每一件石头都是一幅美丽的绘画作品，表皮光滑、平整，构成的画面有三种形式表现：一是平面绘画，似画家用毛笔精心绘画，景象万千、意境深远。无论是山水风光、云纹图案，还是人物花鸟都诗情画意浓厚。二是图纹凸起呈弧形状的浮雕画面，又称阳雕。三是表面平整，其画面似刀刻进去的一样，线条清晰，凹进去的条纹非常光滑，哪怕是技术熟练的雕刻家也难达到其精美细致的程度，称为阴雕。如将这类石头放入水中，特别好看，尤其是那些有生物图像的画面，看上去就像活生生的东西，根本不像是生在石头上显示出来的，栩栩如生、人见人爱。

但它的特性是不能与蜡、凡士林、植物油接触，一旦沾上，什么美丽的图纹都将是一团乌云笼罩，再也看不清了，而且还有可能损坏其石质。

安化彩蜡石

安化彩蜡石是安化资江中游一段特有的水冲石。这种石头表面光滑、细腻，就像玛瑙、玉石一样，即使不进行打油、上腊等处理，也照样光彩耀目。其石质密度高，硬度大（7度以上）。其颜色艳丽，常有红、黄、白三色相间，有的还有紫、黑等五色相间。其造型多样，既有造型石，也有花纹石、文字石。

武义蜡石

武义蜡石产于浙江省金华武义县，其特点有三：

1. 种类繁多。武义蜡石若按其表面颜色可分为黄蜡石、白蜡石、酱蜡石、花蜡石和绿蜡石、红蜡石等，以黄蜡石所见为多，酱蜡、花蜡次之；若按质地优劣可分为冻蜡、胶蓝天、晶腊、细腊和粗蜡。武义蜡石中冻蜡较少见，得之即为有缘，较常见的是胶蜡和晶蜡。

武义胶蜡与晶蜡的区别主要是：胶蜡表面有一层厚薄不一的胶状体石皮，有的有明显的层次，以质地、颜色区分出来；而晶蜡一般没有石皮，多因含水晶体而呈现出晶莹的光泽。武义细蜡虽然也较稀少，但其中形纹佳者，石友亦采玩，而粗蜡多弃之不取。

2. 纹理多变。武义蜡石的表面肌理千奇百怪，较为多见的是呈凸起或凹陷的纹理，而表面平坦光洁者较少。较为特殊的纹理大致有：网络纹、猪肉纹、珠状纹或称葡萄纹、流水纹等。此外，在一些晶蜡石中常有或球状或平面的石英晶粒群，称之为晶体纹。

3. 造型丰富。武义蜡石的造型极其丰富，有象形石、景观石、意象石，也有浮雕画面石、平面画面石；有的宝气十足、有的古气苍然。

蜡石

传统赏石中的蜡石，原产真蜡国（今柬埔寨），故名蜡石。出产地很多，广东、广西、湖南、安徽、云南、贵州等均有产出。

蜡石属元古界震旦纪的硅质岩，因地壳变动，并长期受酸性物质的低温溶蚀而产生蜡状釉彩面而成。其质地细腻坚硬、色泽及外形多样。

蜡石的主要矿物成分是二氧化硅（SiO_2）的结晶体。由于晶体相互联结熔合镶嵌结构，造成表面光亮洁润、透明性强，色如黄玉、质如凝脂，纹理柔和。硬度高（6—7）的冻石可与田黄石竞美，大有乱玉之气概。蜡石总体可分为黄、红、白、黑四大类。蜡石中以黄蜡石最有名，黄灿灿的呈透明状，特别似“鸡油冻”。

蜡石的色调以金黄、亮黄、雪白为佳，红色、紫色、绿色为奇，棕黄、褐黄为次，土黄、灰黄为差。从传统的习俗看，黄色象征光明、富贵、丰收；白色象征纯洁、一尘不染；红色象征大吉大利、红火兴旺；紫色象征好运、幸运；绿色象征春天、生命、青春。所以，不同的蜡石赏析起来，趣味不同、各有千秋。

蜡石的质地从优到劣依次为玉蜡、蜜蜡、雪蜡和砂蜡。玉蜡石的石质坚硬细密、透明度高，给人以高雅明快、爱不释手的感觉。所以我们在欣赏时，可以从形、色、质、纹等方面进行分析和鉴赏。它不单具有深浅各异、明艳动人的几十种高贵颜色，而且具有比精光内蕴的丰腴美玉更有形象的各异的天然造型、丰富多彩的自然纹理，从而使它更有魅力，形成鬼斧神工的、天地造化的独特品格。

蜡石的主要特征为蜡质感强，因而显出的应为油脂或树脂光泽。上品甚为玉脂光泽，既浮于表又敛于内，细腻温润且坚韧。

好的蜡石在质地方面具有硬、韧、细、腻、温、润等诸多特性。绝对无令人生畏的野气，有的只是溢于表而纳于心的温和与灵气。同时好的蜡石把玩愈久，温润之感愈强，光彩和色泽也愈迷人，如同盘玉一样。

再从色彩方面看，真正的好蜡石完全可以和雨花石不相上下。或红者便有如鸡血，浅之则如枫如云；或绿便似翡翠，浅之又似藻似水；或白则有如白玉；或黄则甚似田黄……变化纷繁、深浅不一。有图形者则似泼墨山水、花鸟鱼虫，观之有如图画，意境悠远、妙趣横生、形美且色佳，较黄河石又不知胜出多少。更有甚者，可以集七彩于一身，既有蜡石的韵味，又有宝石的灵气。

最后从形态方面看，好的蜡石虽是以敦厚浑实者居多，却颇能给人稳重自然之感。或有蜂巢形者，视之有峰峦叠起、悬崖峭壁、参差不齐却错落有致；再有呈珠状者，白则如千年珍珠般晶莹光滑，黄又似熟透枇杷般油亮浑圆；最让人称奇的是竟有形同太湖石者，只可惜这种形态的蜡石实在是少之又少。

彩玉石

彩玉石，主要产于广西柳州地区三江县境内融江河段，其上游龙胜县境内也有出产。外形多呈卵状，石质坚硬细密，表面润泽光滑。常见有：彩卵、黄蜡和黑卵三大类。彩卵色彩丰富，多以黄、红、紫三色为主色调，或流光溢彩，或古色古香，以石之气韵独特见长。黄蜡石橙黄油润，表面常见有奇特的皱纹，显得沧桑老气，古感甚浓，十分罕见，被视为三江石之上品。

天峨石

天峨石又称红河石，产于广西河池天峨县境内的红水河，其上至南盘江，下游包括天峨、东兰、都安河段段。

天峨石的原岩产生于2.2亿年前的三叠纪，地层是三叠纪底部，以黄色、灰白色（原色为灰黑色、蓝灰黑色）粉砂岩为主。由于其上覆盖一层火山凝灰岩，因此其原岩也因受到一定的硅化作用而变硬。

天峨石的纹理是主要欣赏对象。它的纹理有平纹与凸纹。平纹是原岩在经过风化，岩石孔隙扩散后形成的风化染色晕纹；有的是一些微细层因含铁、锰质不同，风化后形成不同色纹。平纹石纹理多为浅褐色、黄褐色、褐棕色。凸纹石的纹理较深，多为深褐色、褐黑色、棕黑色等，又称浮雕石。

凸纹石的纹理则是原岩沉积时沿裂隙扩散及沉积的不均匀性造成，有的在后来又沿节理裂隙充填一些铁锰质，因此形成交错状纹理。经风化后，纹理部分坚硬，不易冲刷掉。红水河因流量大、落差大，加上经常夹带砂、泥质物，对在河床中的石块进行冲刷磨蚀，稍一风化就会形成凹凸不平、纹理凸显，似浮雕状。

天峨石质地细滑光洁，色彩或斑斓陆离，或素洁雅致；纹理或平或凹或凸，似版画，如浮雕，图纹形象奇逸古拙。

天峨纹理石，往往形成一些文字、人物或景观。特别是凸纹，加上纹理色深，色彩反差大，观之有浮雕画的感觉，而其凸纹，往往粗细、曲直、长短千变万化，细细品赏，其内涵丰富。况且从不同角度观之，其纹理构成的图像不同，有的物象形似，有的又很抽象，而有的含蓄，富有神韵，令赏石者浮想联翩。

柳州卵石

广西柳州卵石大致产于三江、运江一带，其最显著的特色就是色泽丰富，分红、青、黄、白、紫、黑诸色，有的五色斑斓，有的则青红交杂，黄白纷量，观之令人目乱心迷，其中以纯黑如漆者最为贵重。因卵石质坚而腻滑，纯黑卵石泛着黑光，甚至能照出人影，这种黑卵石尤为海外人士所看重，誉之为“柳州黑”。

柳州卵石依照其石表起棱与否被分为“平纹卵石”与“凸纹卵石”两类。这些卵石真正成圆形或椭圆形的并不多，大多呈不规则形状，因此更增添其多彩多姿的魅力。而有些卵石则是象形的，或像熊猫，或似猴头，还有像飞禽企鹅的，姿态显得憨厚可爱，其造型若似衲子羽流，庄重典雅者，则极贵重。

柳州卵石以彩卵石中的红卵和紫卵最具特色，色彩清纯，艳而不俗。质地坚而不脆，具有韧性和润泽感。水洗度极高，大多没有奇特的造型，却富有顽、拙之美。其中的红色彩卵堪称一绝，为其他石种所少见。由红色斑纹构成的画面或状形象物，或飘逸潇洒，比起昌化鸡血石来是不遑多让，更堪把玩。

马场石

马场石又名黄果树碧玉石。产于贵州安顺以北普定三岔河马场寨。

马场石属硅质基岩，其 SiO 含量可达 75％以上，系前寒武纪海底火山喷发的玄武岩浆，通过高温高压交织变质而成。

马场石石质坚硬，一般都在摩氏硬度 7 以上，上好者可达 7.5。该石硅化程度极高，玉质感特强。通过亿万年河水的冲刷、翻滚，石体表面光滑如琉，珠光宝气，光彩夺目。

马场石色彩丰富，这是有目共睹的。石中含有多种矿物化学成分，而每一成分又演变成某一种颜色。所以人称马场石为七彩玉，其实该石之色远不止七色，初步归纳起来可为：红如血、绿如翠，青如牛角、白如银；黑如墨、紫如霞，杂如彩练，黄如金。就马场石“红如血”而言，其实又分朱砂红、重枣红、鸡血红、玫瑰红、千层红等等。

马场石，有水冲石、洞穴石、地埋石三种。其中又以水冲石为上品，洞穴石为中品，地埋石为下品。三品之中又有三等：水冲石有形有色为上等，有形无色或有色无形为中等，无形无色则为下等，以此类推共为三品九等。

长江石

长江石的产地很大一部分在四川境内的大江两岸。一般把长江入三峡一段以后的石头称为三峡石。

江岸，特别是上游高山的山石经过自然风化、河水搬运、水打沙磨，形成了现在青藏高原复杂的地质结构，为长江石提供了石质细腻、色彩丰富、图文并茂的“原材料”。金沙江、岷江、大渡河、青衣江都具备流量充沛、落差巨大、河谷狭窄的特点，自然形成了一条理想的“自动加工线”。长江中上游主要分布在四川盆地及其西部地区，该区流域分布着沉积岩、火成岩、变质岩。地质构造复杂，地貌崎岖，主干支流共同发育，从而形成了现在的长江道。当金沙江、岷江、在宜宾汇合进入四川盆地后，江水流速减缓，在川南的丘陵中，长江龙行蛇游。那些从高原上被江水带来，经过江水“加工”过的卵石，沿江两岸沉积下来。从宜宾到重庆，长江两岸每年秋天，江水消退，水落石出，那些沉积了千万年的卵石，素面朝天，自然显现出色彩丰富、花纹奇特、品种繁多的长江卵石。

长江石的特点是雄秀相兼。秀是风姿，雄是灵魂。

长江石种类繁多。画面石、象形石、长江红、绿泥石、牡丹石以及长江彩卵等，都是以色艳、质细、意妙、形奇为其特色。其中尤以画面石最为著名。

金沙江石

金沙江石产于四川攀枝花市金沙江。

金沙江石的特点是：1. 纹理清晰。2. 色彩丰富、对比明显。五颜六色，如红色就有大红、桃红、胭脂红、粉红等，色彩反差大。3. 石质坚硬、造型完整。显得细腻坚挺、光泽度好。

乌江石

乌江石以乌江命名。产于重庆市武隆县乌江下游地区以及上游的贵州等地。乌江发源于贵州乌蒙山，一路向西奔流，于重庆涪陵注入长江。

乌江石系寒武纪寒武系、奥陶系、二迭系、三迭系地层为主，灰岩、白云岩占70%，其余为砂岩、页岩地层，是形成区域奇石的原岩。流域内碳酸盐类岩层分布，具典型的岩溶地貌，溶洞、暗河常见，河道上常常有急滩，水急乱流。在重庆市境内有险滩180余处，有“乌江天险”之称。乌江奇石多以碳酸盐类构成，乌江流经武隆滩峡时江水奔驰于悬崖峭壁间，重峦叠嶂，山峰入云，江出一线，气势雄伟。形状奇异的岩壁、怪石、溶沟破空横生，清泉直泻而下。乌江在武隆境内流程达80余公里，常在开阔的溪流交汇处形成几十亩大的河漫滩，堆积了大量的泥沙、卵石。从江口到羊角一段，共有六个较大的河漫滩，是乌江奇石的主要产出地。

乌江奇石质地坚硬。颜色以黑白居多，红、黄、绿等则少见，兼色有意境者不可得。图纹有人物、花鸟、虫鱼。外形奇特，形态万千，意趣天成。“贵州青”是乌江石是比较好的品种。

欣赏乌江石，多是以画面为主。画面图案构成完美，生动逼真，内容丰富，有不少是浮雕画面。石中的象形石、景观石，石皮青绿，质地细腻，无裂无痕，光洁柔润，也应特别予以注意。

盘江石

盘江石又名马岭河石，产于贵州黔西南及北盘江流域，石质主要为黑色碳酸岩及沙岩组成，由于受水流冲刷、融蚀而成天然庭园观赏石。此卵石类观赏石，含脉石浅条纹，组成文字石或各种自然景观。

河源石

河源石，又称青海黄河石、黄源石，产于青海省内黄河上游主河道，主要有乌金石和鼓丁石两种。乌金石外表起伏多变，孔洞、槽沟遍布；鼓丁石则石表鼓出一个个青灰或灰色圆形疙瘩，犹若星辰，又称星辰石。一般体量硕大，质地坚密，石肌细润，造型奇特。色泽深沉，多见青、黑、灰色。少见纹理，系火成岩。磨圆度较高，石表圆滑、柔畅，别有韵致。

南田石

南田石产于我国台湾省台东县达仁乡的南田海边，达仁乡三面环山，大部分是丘陵山地，地势由西高向东降至海平面，与海岸形成垂直面，沿岸骤降深水，沉沙冲积地平原少。系属中央山脉及东海岸山脉的第三纪层中新世地层，主要岩石是变质砂岩、页岩、板岩等。这里的卵石因浪花拍打、潮起潮落、上下翻滚，琢磨得格外晶莹剔透。南田石就是产在南田海滨的硬砂岩。

南田石是椭圆形或卵形的鹅卵石，中间有围绕成圈的白纹。灰白二色图案千变万化，以这些线条以形会意，幻化出抽象或具象的山水、动物、人物、禅风等许多耐人寻味的主题。凭着各人的想象力就可以赋予石头生命，且南田石不需经加工，手洗度很高，手感如长岛球石。

第四节 戈壁石

戈壁一词，源于蒙古语，意思是“难生草木的土地”。戈壁沙漠地区气候环境恶劣，降雨量少，昼夜温差悬殊，风沙大，风速快且持续时间长，各类岩石在这里经物理风化，特别是风的剥蚀和搬运作用洗尽了软弱，凸显出风骨。

千百年来猛烈的狂风对岩石的吹打、磨砺等于大自然对其一个全方位的雕刻，从而形成了千奇百怪的形状。岩石中所含的矿物质和化学成分及结构越复杂，经风蚀后其外貌形态就越丰富多姿，观赏价值也就越高。1936 年 6 月国民党元老邵元冲曾在敦煌、玉门、金塔等地的戈壁沙漠中采集到不少“坚致晶莹、玲珑峻拔”的戈壁，称之为“瀚海聚珍石”。随行者高良佐在其所撰的《邵翼如先生瀚海聚珍石考》一文中认为：“凡戈壁大漠中，每多石之精英，历年经久，风日所炙，风露所濯，霜雪所浸，则砂土之质剥蚀净尽，而光华灿呈矣。”跨过塞外屏障的燕山山脉，进入内蒙古的戈壁草原。一路上你会看到像天女散花一样撒落在戈壁滩上遍地奇形怪状的风砺玛瑙。玛瑙表面光洁圆润，甚是喜人。因为戈壁石的产状特殊，覆盖地域广袤，造型成因大同小异，所以我们把戈壁荒漠所出的雅石统称戈壁石，列为一类。

内蒙古荒漠

沙漠漆

沙漠漆是指戈壁基岩裸露的荒漠区，由于地下水上升，蒸发后常在石体表面残留一层红棕色氧化铁和黑色氧化锰薄膜，像涂抹了一层油漆，故名沙漠漆。多产于内蒙古阿拉善盟。宋代杜绾的《云林石谱》中早有记载。

戈壁地区非常干旱，地下水中矿化度很高，除各种盐类外，水溶液中也溶解高浓度的氧化铁和氧化猛。由于含盐量高，水分蒸发时被停留于地面上的砾石阻挡，在砾石底面形成许多露珠状的水点。同时，荒漠中的石头十分干涸，拼命吸收水分，使这些矿物质不仅仅停留于石头表面，也进入石内一定深度，形成各种美丽的画面，即似湖泊，如山水，以及像各种生物体形状的图案石。戈壁地区的各种砾石及原生岩石的节理裂隙表面，尤其是底面，常见有不同程度的沙漠漆化；加上砾石又被戈壁风暴掀动，经风沙研磨，使画面更加细腻，韵味十足。

沙漠漆依据画面分类，可划分出中国山水画、油画、朦胧画、生物图形等。依据载体的岩石来分有板岩、灰岩、花岗岩、火山岩、玛瑙、碧玉、蛋白石等。沙漠漆的观赏及收藏价值，以画面美丽、造型生动者为佳。

以石质而论，载体岩石越硬收藏价值越高。沙漠漆并不少见，但难得一见的是画面奇特新颖。它与模树石有类似之处，以作画于硬质岩石上者为佳，如能被玛瑙、蛋白石等透明矿物或岩石所包裹，则成绝品。

“沙漠漆”如同古玩的包浆，而且是最为典型的天然包浆，有土陶、瓷釉、红木、皮革等不同形态的表面质感，色彩特别古朴雅致，质光泽而润滑至极。黄色泽的沙漠漆最为珍贵，因为金黄色沙漠漆最为稀少。戈壁有着天然包浆的石种，再加造型各异，充分表现出令人神往的“老气”或“宝气”，从而产生了人文性，具有极高的艺术价值。

风砺石

风砺石又叫风棱石、戈壁石、大漠石，产于新疆、甘肃、内蒙古等沙漠戈壁地域。

风砺石是地面上的岩块受到风沙长期吹蚀、磨蚀而形成的具有独特外貌特征的石体。常见者有硅化蛇纹岩、碳酸盐化蛇纹岩、红柱石云母石英片岩、云母石英片岩夹变质砂岩、硅化灰岩、燧石灰岩、燧石大理岩、玉髓、水晶、芙蓉石、燧石、玉柱珊瑚等。由不同矿物组成的各类

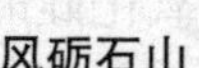
风砺石山

岩石，在地壳内外引力作用下，断裂、破碎形成大小不等的块状体裸露地表，受日光曝晒、风沙磨砺、雨淋冰冻……硬度较小者剥蚀，硬度较大者残留，表面变得凹凸不平，遂呈现奇形怪状。

风砺石的色彩极其绚丽。组成岩石的矿物，有各自的色彩。如赤铁矿为赤红色，磁铁矿、辉石、角闪石为黑色。若含有较多的染色离子时，便可出现各种不同的颜色。许多矿物还有其美丽的光泽，如玻璃光泽、油脂光泽、绢丝光泽、珍珠光泽等。同时，岩石在风化过程中，还会受到各种次生矿物的浸染，也会改变其色彩和花纹。特别是一些火山岩风化以后，原来在气孔中形成的碧玉、石英、水晶晶簇之类的硅质岩石被释放出来，再经风沙磨砺抛光，更是晶莹璀璨。

风砺石

风砺石形态丰富、形状奇特。风砺石多为象形石，由于受风砂侵蚀表面形成风蚀穴、风蚀沟、空洞，呈现千姿百态的外形，可称之为天然雕塑，有的如浮雕、有的如圆雕。嶙峋突兀，如山似峰，尤人类兽，象形栩栩如生；不象形的更有难以言表的韵味：层理曲折、空透灵漏，可谓无所不有，包罗万象。

把风砺石作为天然艺术品进行观赏，古已有之。《元和志》记载“砺石”：“肃州贡”。风砺石早在宋代以前已成为朝廷贡品。明金幼孜著《北征录》中载：“大漠中地多美石，犹如琥珀玛瑙玳瑁碧玉者，其光莹然。同行好事者下马拾以为玩。”清孔尚任称：“塞北瀚海中产石，五色陆离，奇形肖物，或不可名状，藏之斋中，已为怪石。”

由于风砺石的硬度高，切割打磨较难，更兼石皮特征明显，作假不易，只要看中色气、石质和造型，便可放心庋藏。

戈壁玛瑙

玛瑙石名称来源于古代印度，是梵语的音译，梵语为“阿斯玛加波”，意为“玛瑙”。古代印度人看到玛瑙的颜色和美丽的花纹很像马的脑子，就以为它是由马脑变成的石头，所以梵语称它为“马脑”。我国汉代以前称玛瑙为“琼”、“赤琼”、“赤玉”或“琼瑶”。自佛经传入中国后，翻译人员考虑到“马脑属玉石类”，于是巧妙地译成“玛瑙”。《广雅》有“玛瑙石次玉”和“玉赤首琼”之说。

玛瑙是二氧化硅的胶体凝聚物，常有圆形同心丝线状或平行条带状结构。它的硬度超过水晶，摩氏硬度在6.5—7之间，密度为2.65。

玛瑙是火山晚期热液充填早期洞隙后生成的矿物——石英质。其颜色是微量金属或着色矿物所至，形状多与生成空间有关，经风沙凌砺，石面光润，有鲜明的通透感。色彩极为丰富，黄、白、红、赭、兰、紫、灰，各显其美，流光溢彩、斑斓纷呈。有的玛瑙上共生着鲜红的碧玉，或在乳白色的玛瑙上生着黑色的碧玉，或在红色碧玉上共生着蓝色的玛瑙块，它们互生而贵，互换而奇，莫测如是，常使人不敢相信自己的眼睛而惊叹大自然的神奇造化。

玛瑙是在地壳表层内含砂酸的胶体溶液逐渐沉淀而形成的。所以它多呈层状，各层之间相互重叠成波纹形，光泽如蜡，呈微透明或不透明状。玛瑙的颜色主要为绿色、紫色、红色、白色、浅蓝色、褐色及黑色等。另外还有一些玛瑙呈现五彩缤纷的效果，多种颜色交织在一起，构成一些别致新颖的花纹。各种玛瑙都以红、蓝、紫、粉红为最好，并且要求透明、无杂质、无沙心、无裂纹。

由于玛瑙色彩丰富，优美动人，所以自古就被人们所珍视，并赋予它许多别称。如紫红色的称“酱斑玛瑙”、纹路如丝且又红白相间的称“缠丝玛瑙”、花纹像柏树枝状的称“柏枝玛瑙”、花纹如竹叶状的称“竹叶玛瑙”、内含细针状的其他物质或有条状裂隙的称“带发玛瑙”，其中加杂物形如波动的驼鸟羽毛的称“羽毛玛瑙”、一些含有五种颜色的称“锦犀玛瑙”等等。玛瑙经切磨、抛光后，用来制作各种装饰品及摆件。

玛瑙依其纹带花纹的粗细和形态分有许多品种。李时珍《本草纲目》中纹带呈“缟”状者称“缟玛瑙”，其中有红色纹带者最珍贵，称为“红缟玛瑙”。此外尚有“带状玛瑙”、“城砦玛瑙”、“昙玛瑙”、“苔藓玛瑙”、“锦红玛瑙”、“合子玛瑙”、“酱斑玛瑙”、“柏枝玛瑙”、“曲蟮玛瑙”、“水胆玛瑙”等品种。

在玛瑙一族中有一种玛瑙与水晶洞相似，外表质朴无华，椭圆形，剖开后内部似怒放的菊花，色彩丰富，质地细润，是玛瑙中难得的上品。还有一种珍品叫作缠丝玛瑙，其颜色黑亮，纹理细如发丝，一直都是宫廷贡品。

玛瑙还是治疗眼睛红肿、糜烂及障翳的良药。

世界上著名的玛瑙产地有乌拉圭、巴西、印度的德干高原和阿拉伯等地。黑龙江省的逊克县是中国的“玛瑙之乡”，新疆产的玛瑙品种很多。近年，湖北省神农架地区发现了大型玛瑙矿床。内蒙古自治区巴彦淖尔市乌拉特后旗（巴音宝力格镇）巴音戈壁苏木西北部的沙漠中，有一个面积6平方公里的干涸湖床，在亿万年前是海底或者湖底，海水或湖水退去后，底部的矿物露出地表，经风吹日晒雨淋，形成各种不同形状的玛瑙；平坦的湖底铺满五彩缤纷的玛瑙和碧玉，称为“玛瑙湖”。赏石中的玛瑙除雨花类外，大多是有饱含人文内容信息的戈壁玛瑙。

玛瑙的鉴别：

组成玛瑙的细小矿物除玉髓外，有时也见少量蛋白石或隐晶质微粒状石英。严格地说，没有纹带花纹的特征，不能称玛瑙，只能称玉髓。玛瑙纯者为白色，因含其他金属元素（如铁、镍等）出现灰、褐、红、蓝、绿、翠绿、粉绿、黑等色，有时几种颜色相杂或相间出现。玛瑙块体有透明、半透明和不透明的，至蜡状光泽。

在没有纹带花纹的“玉髓”中，也有不少是玉石原料。根据颜色的不同，有“红玉髓”、“绿玉髓”，亦称英卡石；“葱绿玉髓”、“血玉髓”，亦称血石和“碧玉”等。

真假鉴别方法如下：

1. 颜色。真玛瑙色泽鲜明光亮，假玛瑙的色和光均差一些，二者对比较为明显。天然红玛瑙颜色分明，条带十分明显，仔细观察，在红色条带处可见密集排列的细小红色斑点。染色蓝玛瑙颜色艳丽、均一，给人一种假的感觉。

2. 质地。假玛瑙多为石料仿制，较真玛瑙质地软，用玉在假玛瑙上可划出痕迹，而真品则划不出。从表面上看，真玛瑙少有瑕疵，劣质则较多。

3. 级别。水胆玛瑙是玛瑙中最为珍贵的品种，特征是玛瑙中有封闭的空洞，其中含有水。

4. 透明度。真玛瑙透明度不如人工合成的好，稍有混沌，有的可看见自然水线或“云彩”，而人工合成的玛瑙透明度好，像玻璃球一样透明。

5. 重量。真玛瑙比人工合成的玛瑙重一些。

6. 温度。真玛瑙冬暖夏凉，而人工合玛瑙随外界温度而变化，天热它也变热，天凉它也变凉。

葡萄玛瑙

葡萄玛瑙，就是像葡萄串一样的玛瑙。产于内蒙古阿拉善盟中蒙边界苏宏图以北 20 公里。在中生代的侏罗纪和白垩纪行将交接之际，沿蒙古弧形构造深断裂有大规模的玄武岩浆喷发和溢出，形成规模浩大的火山岩流。岩浆喷出地表后，由于温度和压力骤然降低，其中所含的二氧化碳、水蒸气等气体迅速向空中逸散，冷凝成岩石后，便在岩石中留下许多大小不等、奇形怪状的气孔和空洞。火山活动的后期，饱含二氧化硅胶体的热液从深部挤上来，无孔不入，一旦钻入岩石的气孔之中，便冷凝成玛瑙、碧玉、蛋白石、石英等个体，多为球形、椭圆形或不规则状。

葡萄玛瑙的形成环境相对较宽松，产于火山口附近的大型空洞中。硅胶热液无法充满整个空间，类似喀斯特溶洞中的成岩环境，硅胶以某一质点如砂粒、泥块、水滴凝聚成珠状、球状或水滴状，物以类聚，后来者附着于先期形成的珠体上，无论是悬于洞顶、长于洞底或挂于洞壁，越长越大，成为串串葡萄状。在以后的岁月里，岩洞又为红色粘土所充填，因此葡萄玛瑙多埋于红泥中，起到很好的保护作用。

葡萄玛瑙由于坚硬如玉，摩氏硬度为 7，晶莹剔透、造型奇特。它们通体色彩斑斓，有铁锈红色、紫色以及透明色等。这些浑然天成的玛瑙小球互相堆积，犹如串串葡萄，因而这种大漠奇石就有了葡萄玛瑙的美誉。更为珍奇的是，在有些葡萄玛瑙上还会有几颗像鱼眼睛一样的玛瑙珠。

刚开采出来的葡萄玛瑙是不能直接用水清洗的，因为蜡状物遇水会膨胀，撑破表面的珠粒，所以必须先把表面的大部分蜡状物清理掉，然后再用清水泡洗。如果是冬天刚采出的葡萄玛瑙必须注意保暖，否则会冻裂。不过大约半年以后就不怕冻了。

现在由于资源濒于枯竭，已暂时关闭架子山葡萄玛瑙的开采。但是仿真的葡萄玛瑙很多。甚至仿真的技术已于 2003 年 9 月 2 日申请了国家专利，成为一部分人脱贫致富的方式。

仿真天然葡萄玛瑙的制作方法包括造型和仿真处理两个步骤：

造型仿真葡萄玛瑙

1. 造型又细分为选材、整体象形处理、雕刻“葡萄”颗粒三道工序。(1) 选材：把不完整的葡萄玛瑙石或无球状、肾状葡萄颗粒的玛瑙石或其他类似石材选为加工仿真天然葡萄玛瑙的原料；(2) 整体象形处理：将原料加工成带有鸟兽、人物、林木、花草、山水图案的基材；(3) 在原料或基材上雕刻出类似天然葡萄玛瑙的球状或肾状“葡萄”颗粒。

2. 表面仿真处理又细分为表面打磨、整平、酸类化学药液腐蚀、清洗、喷砂，再清洗等工序。(1) 将半成品表面打磨光滑，将需要平整的部位整平；(2) 将经过打磨或未经打磨也可以用的半成品浸入酸类化学药液中进行表面腐蚀；(3) 用水清洗；(4) 用喷洒法除去经上述工序处理过的材料表面的由于腐蚀、浸泡而产生的白色粉末；(5) 最后，再次用水清洗即得仿真天然葡萄玛瑙成品。

葡萄玛瑙在清供雅石中是最富珠光宝气并价格相当昂贵的一个石种，仿真天然葡萄玛瑙形象逼真，鉴赏与购买时一定要细心辨别。

因葡萄玛瑙日益匮乏，石质与葡萄玛瑙相似但不呈葡萄状，而是以各种造型见长的青白玛瑙，有后来居上之势。

第五节　板片石

板片石是指以板材的形式来展现欣赏内容的雅石。理论上说不论什么石种，都可以加工成板材。如北京的独乐石原是卵石，如将它劈成板材，石中的图纹更为夺目。皖螺石制成板材也是尽显风骚的。只不过是有些石种适合于制成板材，有的制成板材不太方便而已。这类石品主要是通过对岩石的剥、切分离成片状，以欣赏石面中的纹理图案为主的自然雅石。如模树石、齐彩石、国画石、云石等。

一、模树石

模树石又叫树枝石，古人称松石、松屏石、醒酒石、婆娑石等，由于其形状很像树枝状植物化石，故有“假化石”之称。主要产于北京、河北、辽宁、江苏、河南、四川等地。

模树石形成于4亿年前的远古时代，多由沉积岩形成的板岩变质而成。板岩中的氧化铁、氧化锰溶液在一定的温度和压力下，沿着岩石的节理、裂隙及层理等空隙处渗透、扩散进板岩，历经长期沉淀固结在同一层面上，矿物结晶形成的似生物结构如多角状似水母印痕，呈现出密集的松树或枝叶的图案。受沉淀物多寡和渗入的元素不同的影响，图案往往出现墨、红、黄、青、灰等丰富的色彩，形成天然彩墨石画，这种石画不怕雨淋日晒，并有耐腐蚀的特性，被喻为永不褪色的国画。

北京模树石画面

其他基岩也可产生模树石，如在沉积岩、变质岩甚至火成岩中，都有形成模树石的可能。但是，产生子灰岩、大理岩、砂岩、花岗岩、石英脉等硬度较高的岩石上，且画面上形状奇异如日出、皓月当空、松林深谷、密林小溪等。冰洲石、水晶石、蛋白石等透明度高、硬度大的石质中者，往往出现模树石的珍品。如模树石的图案被透明矿物质或岩石所包裹形成的松石水晶。柏枝马瑶、模树巴林冻石等就更是珍贵了。此外，黄土中的砂姜，在粘土岩中形成的叠锥，在岩石层面、节理等裂隙中氧化锰沉淀也可形成模树石。

模树石画面古朴、典雅清逸 、妙造天成，它是自然界赋予我们的宝贵财富，是不可再生的，它被称为远古天然彩墨石画的岩石。在整个板岩画面上，单株的似天河山草，成林的如劲松挺拔；恬静淡雅有如山村乡野，壮美雄伟好似巍巍嵩岳；既有工笔写实之妙，又有泼墨写意之韵。连色彩的浓淡调和、透视关系上的近大远小都很合乎现代绘画的要求。

虢石模树石是模树石中的精品。首先，因为虢石本身比较珍贵，是历史上有名的石种，在《素园石谱》、《云林石谱》中均有记载。该石石质特别细腻光滑，颜色有紫色、红色、豆青色、绛红色、乳白色、姜黄色、浅绿色等。这种模树石色彩十分艳丽和丰富，一个图案中具有两到三种颜色，有的枝繁叶茂，有的酷似盛开的鲜花，令人惊叹不已。

北宋司马光珍《答薛虢州谢石屏》中写道："观此石，自生花草，如秋过气清，信夫！非刻非绘，天地之异气，山泽之珠宝也。"北宋欧阳修收藏的"虢州月石屏"上写道："石中有月形，石紫色，月白，月中有树森然。其纹黑而枝叶老劲，虽世之工画者不能为。"欧阳修为此作《中秋不见月问答》曰："试问玉蟾寒娇娇，何如银烛乱莹莹。不知桂魂今何在，应在吾家紫石屏。"虢石模树石属典型的沉积岩，岩石层面非常分明，一块石头上有紫色、豆青色、绛红色三个层次，树枝图案均在岩石的面上，图案除树木花草外，还有动物、人物等。

宋赵希鹄的《洞天清录》、元杨珞的《山居新话》等对模树石均有记述。《洞天清录》载："蜀中有石，解开自然有小松形，成三五十株，行则成径，描画所不及。"

二、齐彩石

齐彩石，又名五彩石、临朐彩石，俗名蟹青石。产自山东省临朐县南部石家河乡禅堂崮脚下焦家庄村、张家庄、崔册村一带的山岭，溪畔中的岩层。

齐彩石的形成距今约1.2亿年，是地壳变动、岩浆充填、热力作用和接触变质反应的结果。齐彩石为石灰岩质的料石，其艳丽的色彩和纹理包含在料石之中，难于被发现。

原石大小不均，石层厚薄不等，硬度不同，一般为摩氏硬度5左右，属接触交代变质岩。

齐彩石是在原石料基础上经过清除石垢、刨去石皮而显现出彩色画面的。或通过大理石切割技术把大料石切片，产生了临朐彩色画面石，画面石可以观赏正背两面图案。

齐彩石质地细腻，表面光滑如润、手拭如膏，光泽充盈、油光可鉴，如瓷如玉、石玉合一，荧光较强。色彩斑斓，有红、黄、绿、黑、青、褐、紫、灰等颜色，纹理图案清晰如画图。经过巧妙构思和精细加工后的齐彩石，千姿百态，风采迥异，一块块争奇斗艳，胜似天然的山水画面，有的似逼真的人物、动物，形象惟妙惟肖。

根据石质、纹理和色彩分为：披绿石、老五彩、铁石、梅花石、杠子石、黑白石、虎皮石、红皮石、水纹波浪石、枣花石、倒影石、古画石、竹子石等二十多个品种。该石品种之多，至今尚无定数，且无人收藏齐全。

老五彩石

以黑青色为基调，石质坚而细腻，叩之声似钟。墨黑的石头中夹一层或几层白色或碧翠色的色带，若沿色带绽开，有的则出现赤、白、绿、棕等多种颜色，色泽鲜艳，对比度强，可谓天生丽质，但优者甚少，能形成图案者更少。

倒影石

形似水中倒影，多见黑白相间，其色彩纹理，似江河湖海，或水中倒影的画面，若带红绿镶边的图案更佳，如春江花月夜、荷塘月色、早春二月等景观。质地优良的倒影石，绚丽多姿，整个画面宁静怡人，含蓄秀美。

梅花石

石上有梅花盛开图案，纹理色泽多见于红白黄相间，如果制作得当，常常显现雪中梅、红梅争春等图案。

枣花石

集中产在宝畔台、枣行、石瓮沟三村周围的山岭上。质地坚硬细润，挖掘出土后，锯解为石板，便有枣树、花草、湖泊、人物等图案，清晰美观，栩栩如生。小者如巴掌，大者似屏风。把石板镶上底座，摆在楼堂馆所，如一幅幅立体画，潇洒雅观，韵味不尽。

山水石

多为黑白或淡黄绿相间，有的峰耸溪流，谷间白云。有的碧水秀石，树木葱笼；或奇或幽，奇异多彩。石上的山水图案，有着写意山水之美。

三、国画石

国画石，因其具有浓郁的中国画笔墨意趣而得名。在我国产有国画效果的石头有广西、山东、贵州等地，这些石头一般都是经过分剥或切割成片状后供人们观赏的。

广西草花国画石

又名草花石。产于广西象州地区象州县、来宾县铁帽山林场的黔江下游处，与武宣县八仙铃一带。

广西草花国画石

此地岩层属片层岩，岩脉呈状走向。原岩系距今约 2.5 亿前二叠纪下统孤峰组底部岩石，属上古生界。层位岩性上部为暗红色硅质灰岩，风化后呈灰色、黄灰色、米黄灰色、浅紫灰色，下部为暗蓝灰色钙质硅质岩和硅质灰岩，风化也多呈灰色、黄灰色、灰白色，米黄灰色等。这是国画石最多的层位，底部是薄层状硅质岩夹灰岩。

国画石的图纹，是由于矿物沿节理裂隙及毛细孔充填，在一定程度风化情况下，多种矿物元素致色：二价铁和三价铁离子致色呈褐色、褐黄色、褐棕色，个别为棕红色、褐红色；四价锰离子致色呈棕黑色、黑色等；绿泥石致色呈浅绿灰色。矿物元素致色的结果，使其图纹呈现出绚丽多彩的色纹。节理中矿物的填充，其来源除原岩的矿物外，由于印支运动，上覆有一层火山凝灰岩，使该层岩石受到一定程度的热液变质作用，加上多种矿物致色，形成甚为丰富的图纹。石上形成的“太阳”和“月亮”是单体珊瑚或海百合茎横切面的结果，而这些图纹是岩石风化后才显露出来的，这与岩层的一些小的褶皱构造有关。水中及其溶蚀的矿物质，沿节理裂隙渗透，风化后使矿物元素致色而形成各种不同的色纹。风化时间长，矿物元素致色程度高，图纹和色彩就丰富、集中。而集中的程度，也与节理的密集程度成正比，这样便形成了图纹的不同层次。

广西草花国画石所处的层位，采集时其深度一般在2米之内，明显地受到河水渗透控制，加上多产于节理裂隙发育较易破裂的褶皱轴部。因此，草花石整块最大的也多在100cm—150cm×30cm—50cm之内，而多数是在30cm×10cm之内。靠水边部分具有图纹，而其底部的岩石，则是单色的深灰色、灰色钙硅质岩。有些草花石形成晕色、呈渐变的褐黄色，这是水沿岩石中矿物颗粒间渗透，毛细管作用形成不同的色带。其中节理充填不同矿物质能形成多种纹线。

广西草花国画石摩氏硬度达到3—6，黄色部分硬度较低，灰色带玉质部分硬度较高。采集时多使用爆破方法取得毛石，然后按纹理进行外形细磨加工，使天然的图案清晰可见，石质细密古朴、景观绮丽、多姿艳彩、永不衰败。上面的山水风光、名胜古迹、花鸟人物，无奇不有。每一幅都是不可仿制的孤品。既有轻描淡抹、清雅绝俗，也有浓笔重彩、抽象写意，即使是绘画高手也难以描摹，它是经过大自然洗炼而天然形成的石质艺术品。

山东国画石

又称泰山国画石。产地在泰山山脉，形成于5亿年前的寒武纪时代。

山东国画石尽显北方山水豪迈气质。画面以北方山水形象为主题。山石肌理温润细腻，纹路变化万端。既有轻描淡写、清丽脱俗，又有浓墨重笔、写意抒情。

泰山国画石

在形态、纹理、色彩、神韵方面极富人文审美情趣，体现出诸多绘画技法。

贵州国画石

产自贵州，石面光滑，色彩鲜亮多变，形象丰富。

国画石在中国石文化中是最年轻的石种之一。首次面世是1996年。所以，吴冠中说："踏破铁鞋无觅处，终生追求忽显现；今日拜倒石头前，还笑米芾未曾见。"

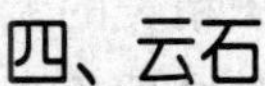

四、云石

云石又名大理石，别名结晶石灰石。云石的称谓很多：因石出自苍山而名"点苍石"、因有"凉生肘腑间"质感而被诗客称为"醒酒石"、因有"凤凰玉女点石"的传说而被山民叫做"凤凰石"、官家征石进贡故名"贡石"、民间用于柱础故称"础石"、因大理古称榆城而名"榆石"、又因大理古有"天竺妙香国"之称而名"天竺石"，最终在商业名称中趋向于称"大理石"，而在石文化中仍称为云石。世界所产的云石，以意大利为最多，又以我国云南大理为最美、最奇。供观赏的云石主要产地有山东烟台的莱州、云南大理白族自治州的点苍山以及台湾省台东县知本溪一带。

云石是由碳酸盐岩经区域变质作用或接触变质作用形成的变质岩。大理石主要由方解石和白云石组成，有时含硅灰石、滑石、透闪石、透辉石、斜长石、石英、方镁石等，具粒状变晶结构、块状构造。

因原岩不同可形成不同类型的大理石。如纯钙镁碳酸盐岩变质后可形成方解石大理岩和白云石大理岩；硅质灰岩变质后可形成石英大理岩、硅灰石大理岩；碳质灰岩变质后可形成石墨大理岩等。还可根据结构构造、颜色进一步划分为白色大理岩、灰色大理岩、粉红色大理岩、细粒大理岩、粗粒大理岩、条带状大理岩等。通常白色和灰色大理岩居多，其中质地均匀、细粒、白色者称汉白玉。大理岩可形成于不同的温压条件下，如透闪石大理岩形成于低中温条件下，透灰石大理岩、镁橄榄石大理岩则形成于中高温变质条件下。

云石属六方晶系，主要化学成份为$CaCO_3$，摩氏硬度为3，遇酸则发泡起反应。云石石质结构细致，磨光性好，块度大，石块中含杂质、斑点很少，透光度较好，是最优良的品种。当云石磨成0.03毫米的薄片，放在偏光显微镜下观察，可见方解石呈条带状微晶，矿物颗粒很细，大约在0.1—0.5毫米之间，粒度均匀。

磨光加工后的大理石板材颜色绚丽，有美丽的斑纹或条纹。其结晶颗粒由细粒至粗粒均有之，颜色为白色、白地黑纹、灰色、黑色等，或因含有色物质，呈斑驳状、泼墨状、云雾状、脉纹状。

云石一般分为三类：一为汉白玉，晶莹洁白，娟秀素雅，用于建材与雕刻。二为云灰石，又称水花石，因石面灰黑色花纹似涟漪荡漾而得名，气若浮云，千变万幻，主要也用于建材，也不乏构图精美的天然石画。三为彩花石。作为观赏的云石主要是指彩花石，依其纹理色调不同又分为绿花、秋花、水墨花等数种。绿花又称春花，呈翡翠、青黛等色；秋花又称杂花，呈橙黄、赭褐、赤色、五彩花纹；水墨花号称“大理石之王”，墨分五色，酷似水墨国画，且有明显的米点笔触。或玉润明洁，或苍翠晶莹。这些或含云纳雾，或险峰藏泉，把大千世界万般情景都凝结在大理石中，幻为永恒，才能算做石文化的云石。云石中的花纹成分为金云母、碳质、绿石、石英或角闪石、黑云母、斜长石等。大理苍山所产的彩花属于花纹大理石。

水黑花云石，是彩花云石中最名贵的一个品种。它之所以名贵，除了品种稀有之外，主要还在于它自身所具有的非凡美学格调。水黑花以黑白两个颜色为基调，素雅脱俗，其天然画面的意境，与中国传统水墨画极为神似；在表现形式上，水墨画的勾皴点染、浓淡干湿、虚实疏密、飞白泼黑等墨色技法以及以小观大、尺幅千里的构图和透视方式，都与水墨画不谋而合。许多天然墨痕笑锋，均为神来之笔，其浑厚高古的格调令多少文墨客为之倾倒。云石还有一种金镶花（玉），绿色花纹边缘渲染着一道浓艳的金黄色边沿，如同晚霞夕照，瑰丽多彩，十分稀贵。

云石的品赏有质地、形状、纹理和色泽四个方面。如果件件云石具备细腻而光泽的质地、周正平薄的形状、变化多端而突出景物的纹理、鲜润生动的色泽，那么其即属于上品。但是真正凸显赏析价值的无疑是纹理之间所构成的形象，尤其是形象的逼真、传神和画面的完整性。

在质地、形状、色泽、意境、韵律和纹理中，纹理是首选，只有纹理所形成的图案能够达到神韵的境界，才考虑其他方面的特性。云石形态表现出来的意境特征，非常接近绘画作品中的写意，而这恰恰是中国画的高境界，非常耐看和具有欣赏韵味，让人浮想联翩。所以意境是云石的灵魂，通过发现意境的发掘，则会令普普通通的大理石片得以升华为艺术珍品，达到慧眼出宝、展现云石艺术的魅力。毕竟纹理所形成的色调浓淡干湿与线条的疏密虚实，是凸显图案协调性的关键，也是令画境出神入化、韵味十足的精髓所在。

天然云石具有无穷的艺术魅力和珍贵的艺术价值，凡高、毕加索、徐悲鸿、张大千、李可染等艺术大师的杰作，在云石中都能找到相同的笔法、风格和画意，甚至更为高雅，更为神奇，其艺术价值绝不在人工杰作之下。

云石的加工有“揬磨、提景”等手法，运用揬磨、提景的手法，可将图案进行显隐。好的云石要经有经验的人观山岩走势方可开凿取石。石材取下，要细察其纹脉，选最佳剖面以金钢砂锯成石板。继之以砺粗磨，使之略显纹理。再由精通画理的人，依国画笔意，在石纹自然情势的基础上定酌剪裁，再用细石磨出山川云月的形态。最后上蜡发光，使之润泽。云石的切磨过程，人的主观愿望往往贯穿其中，正是“未成曲调先有情”，尤其是最后的细磨工序，说磨不如说画，石上的每个纹路，都会随其手下动作的轻重出现枯润、浓淡的变化。石屏上的意境很大程度要靠磨者的艺术造诣来调整，所以石屏上略有点凹凸是正常的。

此外，云石片都存在着正反两面，如果两个面的图案都出现画境的特征，那么就属于更为难得，而两面的画境出现迥异的观赏性，无疑还会提高其价值。

云石片上的图案需要依靠品赏者丰富的想像力和欣赏水准，也是品赏人艺术修养的见证。

顺便一提的是，大量老的云石片，往往会与家具或框架在一起，有些框架或家具本身就是上等木料所制成，同样具有收藏价值，千万不可将之抛弃，可以一同庋藏。

云南大理苍山在唐代已开始破山剖岩，是最早开发大理石观赏价值的地方。云石的收藏历史可追溯到宋代，当时出现了用于观赏的云石石屏。明代的云石收藏已进入高品位的藏品行列，到了清代更是出现了专门痴迷于云石的收藏家和鉴赏家，民国张轮远为此石还专门撰写了《万石斋大理石谱》。

云石的真伪鉴别

人造大理石是用天然大理石或花岗岩的碎石为填充料，用水泥、石膏和不饱合聚酯树脂为粘剂，经搅拌成型、研磨和抛光后制成。

人造大理石一般可以分为四类。

1. 水泥型人造大理石。这种大理石是以各种水泥或石灰磨细砂为粘结剂，砂为细骨料，碎大理石、花岗岩、工业废渣等为粗骨料，经配料、搅拌、成型、加压蒸养、磨光、抛光而制成。

2. 树脂型人造大理石。这种人造大理石多是以不饱和聚酯树脂为粘结剂，与石英砂、大理石、方解石粉等搅拌混合，浇铸成型，在固化剂作用下产生固化作用，经脱模、烘干、抛光等工序而制成。

3. 复合型人造大理石。这种人造大理石的粘接剂中既有无机材料，又有有机高分子材料。用无机材料将填料粘接成型后，再将坯体浸渍于有机单体中，使其在一定条件下聚合。底层用无机材料，面层用聚酯和大理石粉制作。

4. 烧结人造大理石。烧结方法与陶瓷工艺相似：将斜长石、石英、辉石、方解石粉和赤铁矿粉及部分告领土等混合，一般配比为粘土40%、石粉60%。用泥浆法制备坯料，用半干压法成型，在窑炉中以1000℃左右的高温焙烧。

人造大理石透明度不好，而且没有光泽。

鉴别人造和天然云石最简单的方法是用酸。天然云石不耐酸碱，滴上几滴稀盐酸，剧烈起泡，人造的则起泡弱甚至不起泡。

云石中的假还有一种就是石质是天然的，但是图纹有染色。云石是多孔性材料，容易受颜料染蚀。本色为白色，因矿物质的渗透晕染而成五彩缤纷的色纹，岩石经过剖切打磨，往往构成山水、人物、禽兽之类图案，尤以山水题材最为多见。检查是否经过染色可经用稍湿的白布擦拭。如白布被染即是经染色处理的云石。

判别天然云石画面的真伪，要仔细观察石上前后及四周的花纹图案是否连属，是否浑脱自然。凡石上天然纹色深入石肤之内，且前后连贯而无雕琢痕迹的，为真。如果纹色浮浅呆滞，断续而不相连属的，则多为人为。

以新充老的鉴别：

云石屏作为观赏之品、收藏之物进入市场，明代已有确切记载。崇祯年间（公元1628—1644年），徐霞客来到大理，见有观赏性云石的销售市场，遂以“百钱市一小方”，珍藏于身。民国年间，钱士青在《游滇纪事》中说：“大理石为云南特产，或制成挂屏八幅，上等者约二三十元，次等者十余元；或制作插屏一方，上等者约值七八十元，下等者亦须十余元。分别大理石之优劣，以天然之色，而磨工又平整，以手拂之无凹凸之处，即为上品；如着颜色而又不平整，即为下品。或制作花盆，如系完全之大理石雕出者，即为上品，价值较贵，其次以六方镶成者，而价值较廉耳。”

如今的云石有旧品与新品两大类，它们来源不同，区分标准不同。老的云石片和其他文物一样，有新旧之分。新旧云石价格存在差异，有些有人为牟暴利，以新充旧。因此新老云石便有鱼目混珠、碔砆充玉者。云石做伪始于宋代，此后屡见不鲜。

明文震亨《长物志》中记有：“大理石出滇中，白若玉黑若墨者为贵。白微带青，黑微带灰者，皆下品。但得旧石，天成山水云烟如米家山，此为无上佳品。古人以镶屏风，近始做几榻，终为非古。近京口（今江苏镇江）一种与大理石相似，但花色不清，用药填之为山、云、泉、石。亦可得高价，然真伪亦易辨，真者更以旧为贵。”

以新充旧的做假方法有：

1. 在劣质大理石的表面伪造纹色，渲染景物，以图蒙混。

2. 用刀刮，用药填充为山、云、泉石。这类作假的云石用手摸时有凸凹感。

3. 花纹不完整，或颜色黯淡。用生漆和铜绿，填补石面，使石面花纹完整、颜色鲜明。

4. 在原本就是素白的石面直接用彩墨渲染出。尤其那些石面上有山水、人物的更应格外注意。

5. 用不是云石的石料经过填药、油炸等手段仿制为云石。

6. 新石旧款。老云石多有题刻铭文。仿旧的云石也往往模仿古代名人的题款。如清代的阮元对大理石格外厚爱，常在石屏上题诗作铭。因此后人在大理石屏上也往往仿阮元题款。现在阮款石屏百中难得一真。

7. 框架作旧。为新石装仿旧的框架以显老。

云石的保养：

云石是多孔性材料，因此容易染污，清洁时所用的水应少，定期以稍微湿、带有温和洗涤剂的布擦拭，然后用清洁的软布抹干和擦亮。

云石主要成分以碳酸钙为主，约占50%以上。由于云石一般都含有杂质，而且碳酸钙在大气中受二氧化碳、碳化物、水气的作用，也容易风化和溶蚀，而使表面很快失去光泽。对于失去光泽的云石也可用柠檬汁或食醋清洁污痕，但柠檬停留在上面的时间最好不要超过1～2分钟，必要时可重复操作，然后清洗并弄干。

轻微擦伤的云石，可用专门的大理石清洁剂和护理剂。

云石的放射性：

因装修不慎引发的室内污染事件如今越来越多，尤其是许多有关“大理石有可怕放射性”的说法更是让很多人害怕。这实际上是一种误解。

云石实际上是大理岩，是由沉积岩中的石灰岩经高温高压等外界因素影响变质而成的，主要是由方解石及白云颗粒组成。方解石和白云石的放射性很低，由放射性很低的石灰岩变质而成的大理岩，其放射性也是很低的。

部分人造大理石放射性高。人造大理石是用天然大理石，有时也用花岗岩的碎石为填充料，用石膏和不饱合聚酯树脂为粘剂，经搅拌成型、研磨和抛光后制成，这里富含有害气体。人造大理石放射性高低取决于花岗岩填料的多少和本身的放射性以及石膏的放射性，而有害气体则主要取决于粘合剂中所含甲醛和苯等挥发性物质的多少。人造大理石烧制后要加入一定数量的灰渣，而有些劣质煤的灰渣会有较高放射性。同时，人造大理石中有石膏，处理不好，就会有较高放射性。

第五篇 矿物晶体

矿物晶体是中国石文化中不可分割的组成部分，且清供矿物晶体古已有之。宋代《云林石谱》所记的“菩萨石”就是一种矿物晶簇。此石“其色莹洁，状如太山狼牙。映日射之，有五色圆光。其质六棱，或大如枣栗，则光彩微茫，间有小樱珠，则五色粲然可喜”。此外，《云林石谱》所记的“于田石”、“辰州砂床”、“琼华石”等，也都属于矿物晶簇。矿物晶体也是自然造化、天然产出的，是极具观赏价值的艺术品。大自然的鬼斧神工，赋予了它变幻莫测的艺术效果，人们从中可以得到意想不到的审美享受和科学知识。

矿物晶体的种类很多，有红色矛头状的辰砂、柱状晶体或成为晶簇的雄黄、棕黑色厚板状晶体的黑钨矿、以集合体出现的孔雀石、长柱状透明或半透明的水晶、块状和薄片状的自然金、螺旋状和树枝状的自然银以及不同颜色的玛瑙等等。欣赏矿物晶体，主要是看它的颜色组合、晶体的完整性和品种的名贵程度三个方面。有时一些矿物本身并不名贵，但是当它们集合在一起成为多种颜色的晶簇时，往往会拟人状物，或以多变的立体几何图形向人们展示出美的韵律，从而呈现出色彩绚丽、晶莹剔透的艺术美感。

第十二章

矿物晶体知识

第一节　矿　物

矿物是由地质作用形成的单质或化合物，也是组成岩石或矿石的基本单位。其一般具有相对固定的化学结构，在一定的物理化学条件下化学组成比较稳定。

自然界的矿物除极少数呈液态（如自然汞）和气态（如天然气）外，绝大多数都呈固态出现。而且，根据固态矿物的性状，其可以分为结晶矿物和胶体矿物。

结晶矿物具有确定的内部构造，其质点在三维空间呈周期性重复排列，所以往往具有规则的几何外形，如平坦的晶面、笔直的晶棱。胶体矿物除少数为被膜状外，多呈鲕状、肾状、葡萄状、结核状和钟乳状等浑圆形态。

矿物的分类方法很多，目前广泛采用的是结晶化学分类法。这种方法将矿物分为自然元素、硫化物、卤化物、氧化物及氢氧化物和含氧盐五个大类。而来自地球以外的天然矿物称为宇宙矿物或陨石矿物。

第二节　矿物晶体

矿物晶体俗称宝石结晶体，只产生于矿山的夹缝与空洞中，数量极

少。另外，由于矿物晶体的生成要经过几十万年、几百万年，甚至上亿年之久，而且具有不可再生性，因此堪称是大自然的宝贵遗产。

一、矿物晶体概况

矿物晶体是由组成物质的质点有规律地排列所形成的。换句话说，凡是质点呈规律的排列，无论其有无多面体外形，都是矿物晶体。由于自然界的矿物绝大多数是晶体，又由于晶体是具有格子构造的固体，因此矿物晶体就具备了所共有的、由格子构造所决定的基本性质。

矿物晶体对于研究地球的内部运动和结构、地壳的变化和地质的演变，都具有重要的作用。而且，一些矿物晶体里含有的稀有矿物和化学元素，还给现代科技提供了研究素材。但是，我们欣赏、收藏矿物晶体都是因为其璀璨夺目、形态万千的表象可以使人赏心悦目。

这些具有多面体外形的矿物晶体，通常具有奇特、稀有而美丽的特性。因此，在灯光的照耀下，各种矿物晶体会折射出夺目的光泽，朱红、柠黄、湖蓝、湛蓝、乳白、淡紫……真是数不胜数、流光溢彩。墨绿色的孔雀石是一种铜矿标本，色泽饱满厚重、外观柔和端庄，并天然生长出千万条不同造型的褶皱，外表还裹着薄薄的一层绒，仔细看去像丝绒包裹下的盆景小山般诱人。钙铝石榴子石是颗粒状的红宝石结晶体和茶色水晶的共生矿，每块只有几毫米见方的红宝石结晶体，且有很多“抛光”棱面，类似于已经加工完成的红色钻石。

中国已发现的矿物晶体品种丰富、造型独特、共生物质多，而且世界上已知的150种有用矿物在我国都已找到。雌黄、辉锑矿、辰砂、黑钨矿等晶体更是我国具有代表性的矿物自然形态，属于中国优质矿物晶体。

我国现有四大矿物晶体产区，如下：

西南三省探明的矿产达110种之多，有“矿物晶簇王国”的美称，主要有七彩褐铁矿、异极矿、水锌矿、辉锑矿、铅锌矿、方铅矿、菱镁矿、萤石、雄黄、水晶等。贵州的辰砂和辉锑矿誉满全球。

西北产区包括新疆、青海两省区。新疆阿勒泰地区的花岗伟晶岩中常常可以看到色彩艳丽、千姿百态的矿物单晶和晶簇，主要品种有石榴石、绿柱石、锂辉石、磷灰石以及各种色调的水晶晶簇、钠长石晶簇、电气石—钠长石—石英—绿帘石集合体等。青海主要有水晶、紫晶、黄晶、烟晶、茶晶等。

华南矿物晶体品种不多，但名气较大，广东阳春的孔雀石扬名海内外。

中南产区包括湖南、湖北、江西和安徽四省。历史上这一地区岩浆活动频繁，成矿条件优越，其特点是：与铜矿共生的矿物晶体特别多。该地区除了孔雀石久已成名之外，香花石、湖北石、方解石、萤石和钨矿也是最为走俏的藏品。

二、矿物晶体的特性

1. 自限性

自限性是指晶体在适当的条件下可以自发地形成几何多面体的性质。一般而言，晶体为平的晶面所包围，晶面相交成直的晶棱，晶棱汇聚成尖的角顶。因此，晶体的多面体形态是其格子构造在外形上的直接反映。

2. 均一性

由于同一个晶体各个不同部分质点的分布是一样的，所以其各个部分的物理性质与化学性质也是相同的，这就是晶体的均一性。这是由晶体的格子构造所决定的。

3. 异向性

在同一格子构造中，不同方向上质点的排列一般是不一样的。因此，晶体的性质也随方向的不同而有所改变，这就是晶体的异向性。如：蓝晶石（又名二硬石）的硬度随方向的不同而有显著的差别，平行于晶体延长的方向可用小刀刻动，而垂直于晶体延长的方向则小刀不能刻动。

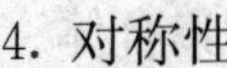

4. 对称性

在晶体的外形上，常有相同的晶面、晶棱和角顶重复出现的情况。这种相同的性质在不同的方向或位置上做有规律的重复，就是对称性。

5. 最小内能

在相同的热力学条件下，晶体与同种物质的非晶体、液体、气体相比较，其内能最小。所谓内能，就是晶体内部所具有的能量（动能与势

能）。对于一个晶体来说，它要处于一个稳定的状态，在结晶时就要将多余的能量释放掉，从而使有规律排列的质点间的引力与斥力平衡。

6. 稳定性

由于晶体有最小的内能，因而结晶状态是一个相对稳定的状态。而且晶体是具有格子构造的，质点的运动只在其平衡的位置上震动，而不脱离其平衡位置。因此，晶体是一个相对稳定的体系。

三、矿物晶体的形态

矿物晶体的形态可以分为两种类型：单体形态和集合体形态。

1. 单体形态

由同种晶面（性质相同的平面，在理想的情况下应当是同形等大的）所组成的晶形，称为单形。因此，单形是由对称要素联系起来的一组晶面的总和。换句话说，单形也就是通过对称操作而可以重复的一组晶面。所有的矿物晶体，共可划分出 47 种单体形态。

按单个矿物延伸的方向可分为三类：

（1）一向延伸类型

属于这种类型的单矿物晶体向一个方向延长，形成针状和柱状。

（2）二向延伸类型

二向延伸类型的单矿物晶体是指晶体向空间两个方向延伸生长。

（3）三向等长类型

三向等长类型的单矿物晶体，在空间三维方向等长生长。

2. 集合体形态

矿物集合体的类型主要有以下几种：

（1）针状、纤维状和毛发状集合体

组成集合体的各个矿物向同一方向延长。单体粗者称为柱状集合体，单体较细者称为针状集合体，单体很细者称为纤维状集合体。

（2）板状、片状及鳞片状集合体

这种集合体中的各个矿物同向两个方向延伸生长。

（3）放射状集合体

矿物单体呈长柱状或针状，并以一点为中心向四周呈放射状排列。

（4）晶簇

矿物晶簇是指由生长在岩石的裂隙或空洞中的许多矿物单晶体所组成的簇状集合体，它们一端固定于共同的基地岩石上，另一端自由发育而成良好的晶体。晶簇可以由单一的同种矿物的晶体组成，也可以由几种不同的矿物晶体组成。

在自然界以完好单晶或晶簇产出的矿物比较稀少，一般都要在晶洞裂隙中才有可能找得到。这是因为矿物晶体发育完整的重要条件是需要一个能自由生长的良好空间，且溶液的过饱和度比较低，使矿物结晶速度进行得比较缓慢。在一定温压条件下，流体和洞壁围岩不断相互作用，才能生成各种发育完好的矿物晶簇。

我国幅员辽阔、地质背景复杂、自然环境条件各异，因而矿物晶簇分布很广、种类繁多。一般来说，作为观赏的矿物晶体大多是晶簇。

(5) 结核

矿物绕某一核心生长而成球状、瘤状矿物集合体，其内部为同心层状构造。

(6) 杏仁体

由充填于火山岩气孔中的次生矿物构成的、呈杏仁般的白色扁球形矿物集合体。

(7) 晶腺

晶腺是外形近于球形的矿物集合体，具同心层状构造。

(8) 树枝状集合体

矿物集合体形似树枝，故得此名。

(9) 钟乳状集合体

钟乳状矿物集合体能形成于裂隙和空洞中，并从顶板下垂或从底板向上生长。

(10) 花朵状

石膏、方解石、重晶石及菱锰矿等矿物，可形成花朵状矿物集合体。

四、矿物晶体的平行连生

我们经常可以看到：天然形成的同一种晶体，彼此一个连接一个地生长在一起，称之为晶体的规则连生。而且，晶体的规则连生可分为平行连生、双晶和浮生。

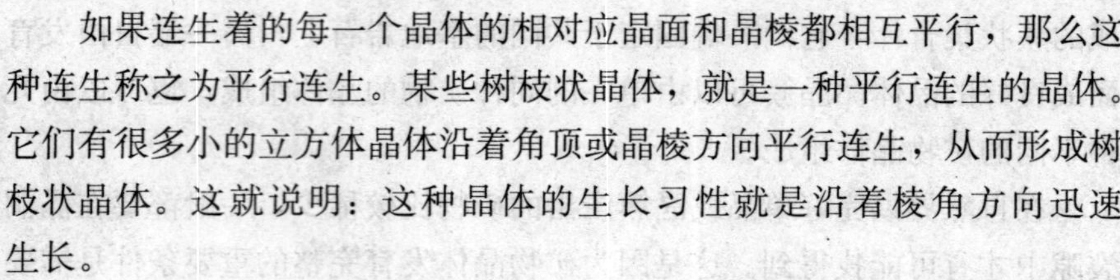

如果连生着的每一个晶体的相对应晶面和晶棱都相互平行，那么这种连生称之为平行连生。某些树枝状晶体，就是一种平行连生的晶体。它们有很多小的立方体晶体沿着角顶或晶棱方向平行连生，从而形成树枝状晶体。这就说明：这种晶体的生长习性就是沿着棱角方向迅速生长。

平行连生从外形来看是多晶体的连生，但它们的内部格子构造都是平行而连续的。从这点来看，它们与单个晶体没有什么差别。

第十三章

常见的观赏性矿物晶体石

矿物晶体作为观赏的一大类别，在收藏、观赏、评析、交易等诸多方面，与传统的岩石类清供雅石有较大的不同，并有着它自身的特点。

自然界中有着丰富的矿物质组合。在目前的化学学科中，称谓某些化学组合已具备了一定的丰度，但这时若要有晶体产出，还必须具备特定的物理化学条件，并具有足够的生长空间和生长时间。所以，总体来说，自然界中晶体矿物的产出较之岩石类的存在，数量是少之又少。座座大山可以几乎全部是岩石类构成，而矿物晶体只是偶见于狭小的洞穴中，或者仅仅埋藏在底下深处。

晶石类中，诸如水晶、方解石、黄铁石三大类，我们似乎见到的也不少，而且有些还晶形硕大、晶体成簇。那是因为它们的化学成分是二氧化硅、碳酸钙、硫化铁，这些矿物的造矿元素在地壳中的丰度相当高，生长条件又不“苛刻”，就让我们见到的相对多了些。然而还有成千上百种的金属矿物及另一些非金属矿物的结晶体，自然界就很难找得到了。于是乎，它们就成了少见的观赏性晶体石，其中有些还被人们称作宝石了。

观赏性矿物晶体石有以下一些特点：

1. 除了通常赏石时看到的整块石体的造型、色泽外，矿种的珍罕性要占到相当重要的地位，乃至成为主要的评价指标。一块核桃大小，甚至更为小的稀有晶体，可以比几十厘米大小的水晶、方解石簇贵重得多。

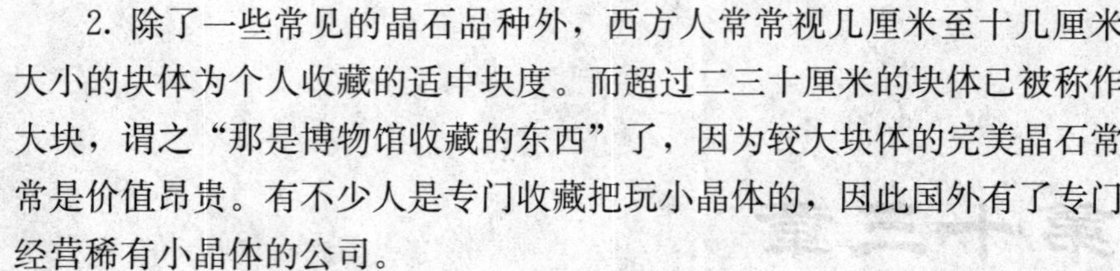

2. 除了一些常见的晶石品种外，西方人常常视几厘米至十几厘米大小的块体为个人收藏的适中块度。而超过二三十厘米的块体已被称作大块，谓之“那是博物馆收藏的东西”了，因为较大块体的完美晶石常常是价值昂贵。有不少人是专门收藏把玩小晶体的，因此国外有了专门经营稀有小晶体的公司。

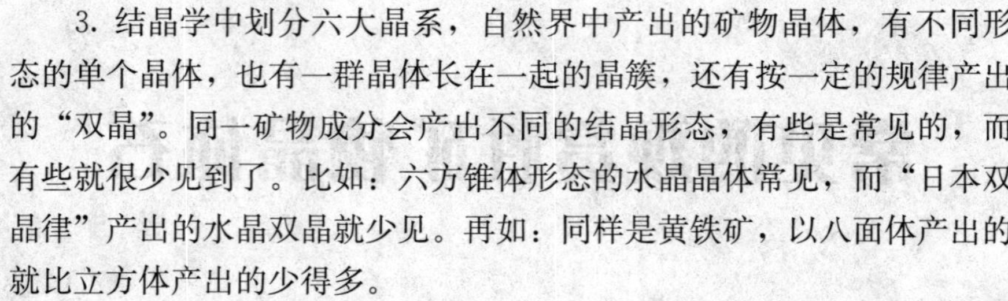

3. 结晶学中划分六大晶系，自然界中产出的矿物晶体，有不同形态的单个晶体，也有一群晶体长在一起的晶簇，还有按一定的规律产出的“双晶”。同一矿物成分会产出不同的结晶形态，有些是常见的，而有些就很少见到了。比如：六方锥体形态的水晶晶体常见，而“日本双晶律”产出的水晶双晶就少见。再如：同样是黄铁矿，以八面体产出的就比立方体产出的少得多。

4. 有些晶体矿物具有极其漂亮的结晶形态和艳丽的色彩，但它们在自然界中较少见，因此能见到的常常是较细小的晶体，用肉眼观赏就大大逊色于在放大镜下品赏。不少矿物晶体的标本在变焦数码相机的液晶显示屏上，或在放大镜下观赏时，就能欣赏到极其精美的形态，往往比灯光照耀下的喀斯特溶洞的景致还要美得多。所以这类晶石的鉴赏要宏观与微观相结合，甚至有时非得借助放大镜不可。

下面我们根据矿物的化学成分和化合物类型来把矿物晶体分为五大类，即自然元素矿物、硫化物及其类似化合物、氧化物和氢氧化物、卤化物和含氧盐。

第一节　硫化物及其类似化合物

硫化物及其类似化合物是指金属或半金属元素与硫等阴离子相化合而成的天然化合物。其中阴离子除了硫之外，还有硒、碲、砷、锑、铋；而阳离子主要是位于周期表右方的铜型离子和过渡型离子。它们相结合而形成硫化物机硒化物、碲化物、砷化物、锑化物和铋化物等。硫化物及其类似化合物的矿物种数有 350 种左右，其中硫化物就占了 2/3 以上。

辰砂晶体

中国湖南辰州（今沅陵）盛产此矿物，故称辰砂，古时又称丹砂或朱砂。

辰砂的化学成分是 HgS，晶体属三方晶系的硫化物矿物，矿物和条痕都呈朱红色。辰砂晶体主要是菱面体和厚板形，少数为短柱形，贯穿双晶较常见。常见的是粒状、块状以及被膜状集合体。三组完全解理。肉眼识别辰砂的主要依据是：红色及红色条痕，密度大（达 8.0），摩氏硬度低（为 2—2.5），金刚光泽。而且，辰砂是典型的低温热液矿物。

《素园石谱》说辰砂的晶体呈板状或菱面体状、半透明、朱红色、发出金属光泽，并这样说道：“大者如鸡子，小者如石榴子。其良者若芙蓉，箭镞簇簇，迸如榴房，连床者紫黯若铁色，而光明莹彻，可置几案间。”

中国产地还有新疆阿尔泰、湖南晃县和贵州铜仁等。

雌黄晶体

雌黄的化学成分是 As_2S_3，晶体属单斜晶系的硫化物矿物。单晶体呈板状或短柱状，集合体呈片状、肾状、土状等。板状解理极完全。摩氏硬度低（为 1.5—2），密度为 3.49。柠檬黄色，条痕鲜黄色，从油脂光泽至金刚光泽都有。与自然硫相似，但自然硫不具完全解理。

雌黄经常与雄黄共生，是提取砷及制造砷化物的主要矿物原料。中国湖南慈利和云南南华也有出产。

雄黄晶体

雄黄的化学成分是 AsS，晶体属单斜晶系的硫化物矿物，橘红色，故得雅称“鸡冠石”。单晶体通常细小，呈短柱状，少见，一般以粒状或块状集合体产出。长期暴露于日光下会变为粉末状。板状解理良好。雄黄条痕呈淡橘红色，与辰砂相似，但辰砂的条痕颜色鲜红，呈油脂光泽。摩氏硬度低（为 1.5—2），比重为 3.48。

雄黄是中国传统中药材，具有杀菌、解毒的功效，与雌黄、辰砂和辉锑矿紧密共生于低温热液矿床中。雄黄与雌黄还是提取砷及制造砷化物的主要矿物原料。它们是非金属矿物，在山岩中总是形影不离，犹如水中成双成对、亲昵怡游的鸳鸯，所以被人们戏称为“鸳鸯矿物”。人们可以根据不同的颜色区别雌雄，但雄黄长时间受光照射后会直接转变

成雌黄。

湖南省慈利和石门交界的牌峪是世界雄黄产地之最，1965年曾在那里发现一颗特大雄黄晶体，重255.32克。1988年2月，这颗泛着鲜艳红光的特大雄黄晶体在美国图森举办的国际标本及宝石珍品展览会上亮相，使各国矿物学家及宝石专家叹为观止。

方铅矿晶体

方铅矿是硫化物中很著名的矿物，由金属元素铅和非金属元素硫组成，分子式是PbS，组成中常含有银、硅、锑、砷、铜、锌、硒等元素。晶体外形常呈立方体，有时为立方体和八面体的聚形，集合体常呈粒状和致密块状。

方铅矿颜色呈铅灰色，在白色瓷板上的条痕呈灰黑色，金属光泽。摩氏硬度为2.5，密度为7.4—7.6，这是它重要的鉴定特征之一。方铅矿还有一个重要特征是发育三组相互垂直的完全解理，故很容易裂成立方体小块。

方铅矿是自然界分布最广的含铅矿物，经常在热液矿脉及接触交代矿床中产出，伴生矿物有闪锌矿、黄铜矿、黄铁矿、方解石、石英、重晶石、萤石等。它还是炼铅的最重要矿物原料，而含银的方铅矿又是炼银的重要原料。中国的著名产地有云南金顶、广东凡口、青海锡铁山等。

黄铁矿晶体

黄铁矿因其浅黄铜的颜色和明亮的金属光泽，常被误认为是黄金，故又称为“愚人金”。

黄铁矿化学成分是FeS_2，晶体属等轴晶系的硫化物矿物，成分中通常含钴、镍和硒，具有NaCl型晶体结构。常有完好的晶形，呈立方体、八面体、五角十二面体及其聚形。立方体晶面上有与晶棱平行的条纹，各晶面上的条纹相互垂直。集合体呈致密块状、粒状或结核状。浅黄（铜黄）色，条痕绿黑色，强金属光泽，不透明，无解理，参差状断口。摩氏硬度较大，达6—6.5，小刀刻不动；密度为4.9—5.2。在地表条件下，其易风化为褐铁矿。

黄铁矿是分布最广泛的硫化物矿物，在各类岩石中都可出现，也是提取硫和制造硫酸的主要原料。中国黄铁矿的储量居世界前列，著名产地有广东英德和云浮、安徽马鞍山、甘肃白银厂等。

辉钼矿晶体

辉钼矿化学成分为 MoS_2，晶体有不同类型，分属六方和三方晶系的硫化物矿物。呈铅灰色，表面上看像铅，条痕为亮铅灰色，强金属光泽。通常呈叶片状、鳞片状集合体。一组极完全底面解理。摩氏硬度约为1—1.5，密度大（为5）。薄片具挠性，在光下不透明，有白色到灰白色的强烈多色性和非均质性。与石墨相似，但比其密度大、光泽强、颜色及条痕较淡。

辉钼矿常产于花岗岩与石灰岩的接触带及和伟晶气成矿床中，是提炼钼的最重要的矿物原料。中国的辉钼矿储量名列世界前茅，辽宁的杨家杖子是主要产地。

闪锌矿晶体

闪锌矿化学成分是 ZnS，晶体属等轴晶系的硫化物矿物。其晶体结构中经常含有铁、镉、铟、镓等有价值的元素。闪锌矿近乎无色，但随着含铁量的增加，颜色会从浅黄、黄褐变到铁黑色，透明度也由透明到半透明，甚至不透明。闪锌矿的条痕颜色较矿物颜色浅，呈浅黄或浅褐色。无色晶体，解理面呈金刚光泽。浅色闪锌矿稍有松脂光泽，深色闪锌矿呈半金属光泽。闪锌矿完好晶形呈四面体或菱形十二面体，但少见，常呈粒状集合体。它有完全的菱形十二面体解理，但在实际观察中很少能看到六个方向有解理的情况。摩氏硬度为 3.5—4，密度为 3.9—4.2。

闪锌矿是最重要的锌矿石，几乎总与方铅矿共生，是提炼锌的主要矿物原料，其成分中所含的镉、铟、镓等稀有元素也可以综合利用。中国著名产地是云南金顶、广东凡口和青海锡铁山。

黄铜矿晶体

黄铜矿的化学成分是 $CuFeS_2$，晶体属四方晶系的硫化物矿物。单个晶体很少见，集合体常为不规则的粒状或致密块状。黄铜色，表面常有斑驳的蓝、紫、褐色的锖色膜，条痕绿黑色，金属光泽。断口呈参差状或贝壳状，无解理。摩氏硬度为 3—4，小刀可以刻破，性脆；密度为 4.1—4.3。黄铜矿易被误认为黄铁矿和自然金，但以其更黄的颜色和较低的硬度而与黄铁矿相区别，并以其绿黑色的条痕、性脆及溶于硝酸与自然金相区别。

黄铜矿是提炼铜的主要矿物之一，是仅次于黄铁矿的、最常见的硫

化物之一，也是最常见的铜矿物。在地表风化作用下，其常变为绿色的孔雀石和蓝色的蓝铜矿。

中国的黄铜矿分布较广，著名产地有甘肃白银厂、山西中条山、长江中下游的湖北、安徽和西藏高原等。

辉锑矿晶体

辉锑矿化学成分是硫化锑，晶体属正交（斜交）晶系的硫化物矿物。晶体常见形态特征鲜明者，单晶具有锥面的长柱状或针状，柱面具明显的纵纹，一般呈柱状、针状、放射状或块状集合体。集合体常呈放射状或粒状。

辉锑矿

辉锑矿物理性质主要有：铅灰色，条痕黑灰色，强金属光泽，不透明，沿柱面发育有一组完全板面解理，性脆。摩氏硬度为2—2.5，比指甲稍硬；密度为4.52—4.62。蜡烛加热可以熔化。

辉锑矿常与黄铁矿、雌黄、雄黄、辰砂、方解石、石英等共生于低温热液矿床。

中国是著名的产锑国家，储量居世界第一，尤以湖南新化锡矿山的锑矿储量大、质量高。早在1368年，人们就发现这里的矿藏了。

湖南锡矿山采矿过程中曾发现一个扁圆形晶洞，洞壁长满参差的、宝剑样的辉锑矿晶体，犹如一座收藏龙泉宝剑的宝库。而这个带竖纹而闪耀着银灰色光辉的大晶体，则是稀世之宝。

毒砂晶体

毒砂的化学成分为FeAsS，晶体属单斜或三斜晶系的硫化物矿物，中国古代称为白砒石。单晶体常呈柱状，集合体往往为粒状或致密块状。其主要物理性质是：锡白色，条痕灰黑色，金属光泽，摩氏硬度为5.5—6.0，比重为6.2。锤击它，会发出蒜臭味。

毒砂是分布最广的一种硫砷化物，常含类质同象混入物——钴，所以除可以作为提取砷及制造砷化物的原料外，还可以用来提取钴。

毒砂常产于高温热液矿床、伟晶岩及交代矿床中，在钨锡矿脉中与黑钨矿、锡石共生。中国的毒砂多分布于湖南、江西、云南等地。

第二节　氧化物和氢氧化物

氧化物和氢氧化物是一系列金属和非金属元素阳离子与氧阴离子或氢氧阴离子化合的化合物，其中包括含水的氧化物。这类矿物的种数在200种左右。氧是地壳中分布量最多的元素，按重量约占地壳总重量的47%，这和石英、磁铁矿、赤铁矿等氧化物在地壳中的广泛出现是有密切关系的。

组成本大类矿物最主要的有硅、铝、铁、锰、钛、铬、铌、锡、铀等，大多数属于惰性气体型离子和靠近惰性气体型离子一边的过渡型离子。

在本类矿物的物理性质方面，以硬度最为突出，一般均在摩氏硬度5.5以上。而石英、尖晶石、刚玉依次为7、8、9，达到了仅次于金刚石的各级硬度。在光学性质方面，由镁、铝、硅等惰性气体型离子组成的氧化物和氢氧化物通常呈浅色或无色，半透明至透明，以玻璃光泽为主；而铁、锰、铬等过渡型离子则呈深色或暗色，不透明至微透明，表现出半金属光泽或金属光泽，并且磁性增高。

刚玉晶体

刚玉的化学成分为Al_2O_3，可含微量的Fe、Ti或Cr等元素，晶体属三方晶系的氧化物矿物，且一般为蓝灰、黄灰、红和绿色，如含少量的铬呈红色、含少量的铁和钛呈蓝色。红宝石和蓝宝石是透明的红色和蓝色宝石级刚玉的别称。单晶多呈桶状双锥形，或双锥与底板面的聚形，较少为厚板状，晶面上常有斜纹或横纹。集合体呈粒状或致密块状。玻璃光泽，无解理，裂理发育，摩氏硬度为9，密度为3.98。

刚玉常产于穿插在超基性岩内的伟晶岩中以及高铝低硅的变质岩中，并常见于冲积砂矿中。中国的刚玉产于山东。

石英晶体

石英的化学成分为SiO_2，晶体属三方晶系的氧化物矿物，即低温石英（a-石英），是石英族矿物中分布最广的一个矿物种。广义的石英还包括高温石英（b-石英）。

低温石英常呈带尖顶的六方柱状晶体产出，柱面有横纹，类似于六方双锥状的尖顶，实际上是由两个菱面体单形所形成的。石英集合体通常呈粒状、块状或晶簇、晶腺等。纯净的石英无色透明，玻璃光泽，贝壳状断口上具油脂光泽，无解理，摩氏硬度为7，密度为2.65，受压或受热能产生电效应。

石英因粒度、颜色、包裹体等的不同而有许多变种：无色透明的石英称为水晶，紫色水晶俗称紫晶，烟黄色、烟褐色至近黑色的俗称茶晶、烟晶或墨晶，玫瑰红色的俗称芙蓉石，呈肾状、钟乳状的隐晶质石英称石髓，具不同颜色同心条带构造的晶腺叫玛瑙，玛瑙晶腺内部有明显可见液态包裹体的俗称玛瑙水胆，细粒微晶组成的灰色至黑色隐晶质石英称燧石（俗称火石）。

石英的用途很广：无裂隙、无缺陷的水晶单晶用作压电材料来制造石英谐振器和滤波器；一般的石英可以作为玻璃原料；紫色、粉色的石英和玛瑙还可作雕刻工艺美术的原料。

石英是最重要的造岩矿物之一，在火成岩、沉积岩、变质岩中均有广泛分布。巴西是世界著名的水晶出产国，曾发现直径2.5米、高5米、重达40余吨的水晶晶体。

第三节　卤化物

卤素化合物为金属元素阳离子与卤素元素（氟、氯、溴、碘、砹）阴离子相互化合而成的化合物，其矿物种数约在120种左右。其中主要是氟化物和氯化物，而溴化物和碘化物则极为少见。

由于组成卤素化合物离子的性质和矿物结构中所存在的键型不同，所以各卤素化合物的物理性质也不尽相同。另外，由于组成卤素化合物的阴离子半径不相同，显著影响着化合物形成时对阳离子的选择。在硬度上，氟化物的硬度一般比氯化物、溴化物、碘化物高。其中氟镁石的摩氏硬度为5，是本大类矿物中硬度最大的。

萤石晶体

萤石又称为氟石，化学成分为CaF_2，晶体属等轴晶系的卤化物矿物。在紫外线、阴极射线照射下或加热时，它发出蓝色或紫色萤光，并因此而得名。

晶体常呈立方体、八面体或立方体的穿插双晶，集合体呈粒状或块状。浅绿、浅紫或无色透明，有时为玫瑰红色，条痕白色，玻璃光泽，透明至不透明。无色透明的萤石稀少而珍贵。晶形有立方体、八面体或菱形十二面体。摩氏硬度为 4，密度为 3.18。如果把萤石放到紫外线荧光灯下照一照，它会发出美丽的荧光。

萤石主要产于热液矿脉中，而无色透明的萤石晶体产于花岗伟晶岩或萤石脉的晶洞中。中国是世界上萤石矿产最多的国家之一，主要产于浙江、湖南、福建等地。

第四节　自然元素矿物晶体

目前已知大约有 40 种元素以自然状态存在于岩石中，且这些元素以最原始的状态存在，不与氧，硫等阴离子结合，因此我们称之为“自然元素”。与其他矿物相比，自然元素矿物非常稀少，约占地壳质量的 0.1%。但是它们非常重要，主要是由于其在工业上的用途——可作为某些贵重金属（金、银）和宝石的主要来源。根据元素的金属键性质，将自然元素分为：自然金属、自然半金属、自然非金属。

自然金

自然金化学成分为 Au，晶体属等轴晶系的一种自然元素矿物，且良好的晶体极少见。自然金通常呈树枝状、粒状或鳞片状，较少呈不规则的大块状，俗称“狗头金”。

颜色、条痕均为金黄至浅黄色，随含银量增加而变淡，金属光泽，不透明。摩氏硬度为 2.5—3，无解理；密度为 15.6—19.3。它是热和电的良导体，不氧化，不溶于酸，但可溶于王水。有较强的延展性，1 克自然金可拉成约 2 公里长的细丝。

鉴定特征：金黄色、金属光泽、密度大、硬度低、富延展性。

产于原生矿床中的自然金俗称山金，但它主要产于含金石英脉或蚀变岩脉中，故又称为脉金。同时，产于砂矿中的金俗称砂金。中国的山东招远、黑龙江沿岸、河南小秦岭和湖南等地均有产出。

第五节 含氧盐矿物晶体

含氧盐又分为碳酸盐、硫酸盐、铬酸盐、钨酸盐和钼酸盐、磷酸盐、砷酸盐和钒酸盐、硼酸盐矿物。

碳酸盐是金属元素阳离子和碳酸根相化合而成的盐类，其种数在95种左右，其中方解石、白云石等是在自然界分布极广的矿物。一些碳酸盐矿物具有完好的单晶体，也可呈块状、粒状、放射状和土状等集合体形态。碳酸盐矿物大多数为无色或白色，含铜者呈鲜绿或鲜蓝色，含锰者呈玫瑰红色，含稀土者或铁者呈褐色，含钴者呈淡红色，含铀者呈黄色。矿物硬度不大，一般在摩氏硬度3左右。最大的是稀土碳酸盐矿物的硬度，但也不超过4.5，以非金属光泽为主。碳酸盐矿物主要为外生成因，分布广泛，可形成大面积分布的海相沉积地层。而内生成因的碳酸盐岩多数出现在岩浆热液阶段。

硫酸盐矿物是金属元素阳离子和硫酸根相化合而成的盐类。硫是一种变价元素，在自然界因呈不同价态而形成不同的矿物。目前已知的硫酸盐矿物种数有170余种，只占地壳总重量的0.1%。硫酸盐矿物多数是成分比较复杂的盐类，因此是晶体结构中对称程度较低的，主要属于单斜晶系和正交晶系。而且由于大多数硫酸盐矿物含有水，使其最突出的物理性质是硬度低，一般在摩氏硬度2—3.5之间。另外，颜色一般为无色和白色，密度也不大，在2—4之间。硫酸盐矿物的形成需要有氧浓度大和低温的条件，因此地表部分是最适宜于形成硫酸盐矿物的地方。

在本类矿物中，外生成因远比内生成因重要。其中由原生金属硫化物氧化后而成的硫酸盐矿物，在种类上几乎占本类矿物的半数。而在海盆中化学沉积的硫酸盐矿物主要是钾、钠、钙、镁、钡、铝的含水硫酸盐。至于内生热液而成的硫酸盐矿物，主要是钡、钙、锶、铝等无水硫酸盐，见于中低温热液脉中或作为低温热液围岩蚀变的产物。

铬酸盐矿物是金属元素阳离子和铬酸根相化合而成的盐类。铬是一种变价元素，在自然界以不同价态出现并形成不同矿物。在自然界，由于大部分铬参与了氧化物和含铬硅酸盐的组成成分，因而组成铬酸盐矿物的数量和种数都很少。就目前资料来看，尚未超过10种。铬酸盐矿物最显著的特点是具有鲜明的颜色，通常为黄色、桔红色或褐红色，在含铜时则为绿色。硬度一般不高，在2—3之间；密度一般在2—3之间。铬酸盐矿物往往是风化条件下形成的产物，见于矿床的氧化带。

钨酸盐和钼酸盐是金属元素阳离子与钨酸根和钼酸根相化合而成的盐类。由于钼和钨的原子半径和离子半径相同，因而在矿物学中通常把钨酸盐和钼酸盐归为一类。由于钨的原子量很大（183.86），因而一般钨酸盐矿物的密度在6—7.5之间。又由于钼的原子量（95.95）远比钨小，因此钼酸盐矿物的比重一般比钨酸盐矿物小。钨酸盐和钼酸盐矿物的硬度都不高，不超过4.5。本类矿物的颜色，除黑钨矿为深褐红色至黑色、钨铅矿为深红褐色、黑钼铀矿为黑色外，其余多为淡色。

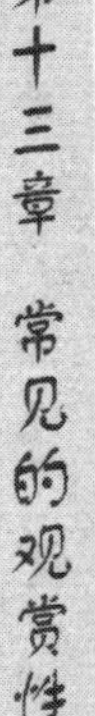

磷酸盐、砷酸盐和钒酸盐是金属元素阳离子与磷酸根、砷酸根或钒酸根相化合而成的盐类。磷、砷和钒在化学元素周期表上同属第V族，因而将它们归为一类。本类矿物的种类较多，已知者达300余种，其中磷酸盐近200种、砷酸盐百余种、钒酸盐约二三十种。但它们中除极少数在自然界有广泛分布外，大多数都数量极少，其总量仅占地壳的0.7%。半径较大的三价阳离子和二价阳离子与磷酸根、砷酸根和钒酸根等络阴离子结合，才能形成稳定的无水盐；半径较小的二价阳离子往往形成含水盐；一价阳离子一般只能一起形成复盐。

本类矿物是较复杂的化合物，因而晶体对称性低的就比较多。绝大多数属正交晶系和单斜晶系，其余的分别属三斜晶系、三方和六方晶系、四方晶系，而属于等轴晶系者仅寥寥几种。由于成分比较复杂，种类也较多，在物理性质方面的变化范围较大。颜色方面，凡是含色素离子，如铁、锰、钴、镍、铜、铀等的，均出现较为强烈的颜色。此外，大多数矿物均具玻璃光泽。磷酸盐矿物有内生成因的，也有外生成因的。内生成因的大部分形成于岩浆作用和伟晶作用，也可形成于接触交代和热液作用；外生成因的是由复杂的生物化学作用而成，或者是由内生成因的磷酸盐矿物经变化后形成的次生矿物。按矿物的种数而言，外生成因的磷酸盐矿物比内生成因的多。因此，几乎所有的砷酸盐都是由砷化物遭受氧化而形成的次生矿物。如钒形成的独立矿物就出现不多。

硼酸盐矿物约 120 多种，其主要阳离子约 20 种，其中以钙、镁、钠、锰、铁等最为重要，而阴离子主要是硼的络阴离子。硼酸盐矿物通常呈等轴状和粒状，物理性质与成分、结构密切相关。由惰性气体形离子为阳离子的矿物通常呈白色或无色透明，具玻璃光泽；而以过渡元素为主要化学成分的矿物多成彩色或暗色，半透明至不透明，可具金刚光泽。绝大多数硼酸盐矿物硬度介于摩氏硬度 2—5。硼酸盐矿物的成因主要为内生和外生成因。内生成因多见于镁矽卡岩和钙矽卡岩，而外生成因的硼酸盐矿物主要见于盐湖，为化学沉积作用的产物。

橄榄石晶体

橄榄石晶体属正交（斜方）晶系的一族岛状结构硅酸盐矿物的总称，因常呈橄榄绿色而得名。晶体化学成分主要为镁、铁、锰。其中偏于富含镁的镁铁橄榄石最常见，一般称为橄榄石。晶体为短柱状，多呈粒状集合体。随铁含量增多，可由浅黄绿色至深绿色，玻璃光泽，透明至半透明。解理中等或不完全，常具贝壳状断口，性脆。摩氏硬度为 6—7，密度为 3.3—4.4。

橄榄石是组成上地幔的主要矿物，也是陨石和月岩的主要矿物成分。它作为主要的造岩矿物，常见于基性和超基性火成岩中。镁橄榄石还可产于镁夕卡岩中。而且，橄榄石受热液作用蚀变可变成蛇纹石。同时，透明色美的橄榄石可作宝石。

中国河北张家口汉诺坝玄武岩包体中有宝石级的橄榄石。

方解石晶体

方解石晶体属三方晶系的碳酸盐矿物，三组完全菱面体解理，故名方解石。晶体常为复三方偏三角面体或菱面体与六面体的聚形，集合体多呈粒状、块状、钟乳状、鲕状、纤维状及晶簇状等。通常为无色、乳白色，含杂质则染成各种颜色，有时具晕色。其中无色透明的晶体称冰洲石，玻璃光泽。摩氏硬度为 3，密度为 2.6—2.9，性脆。遇冷稀盐酸剧烈起泡，放出 CO_2。

方解石是分布最广的矿物之一，也是组成石灰岩和大理岩的主要成分。在石灰岩地区，溶解在溶液中的重碳酸钙在适宜的条件下沉淀出方解石，形成千姿百态的钟乳石、石笋、石幔、石柱等自然景观。

白云石晶体

白云石晶体属三方晶系的碳酸盐矿物，其晶体结构与方解石类似，晶形为菱面体，晶面常弯曲成马鞍状，聚片双晶常见，多呈块状、粒状集合体。纯白云石为白色，因含其他元素和杂质有时呈灰绿、灰黄、粉红等色，玻璃光泽。三组菱面体解理完全，性脆。摩氏硬度为 3.5—4，密度为 2.8—2.9。矿物粉末在冷稀盐酸中反应缓慢。

鉴定特征：硬度稍大，在冷稀盐酸中反应缓慢等特征，可与相似的方解石相区别。

白云石是组成白云岩和白云质灰岩的主要矿物成分。

孔雀石

孔雀石的晶体属单斜晶系的碳酸盐矿物，因颜色类似蓝孔雀羽毛的颜色而得名。晶体为柱状、针状或纤维状，通常呈钟乳状、肾状、被膜状或土状集合体。颜色呈绿色，玻璃光泽，半透明。摩氏硬度为 3.5—4，密度为4—4.5，遇盐酸起泡。

《云林石谱》中记载说：它融结为山岩，“于绿色中又如刷丝，向明视之颇光灿闪色，细碎者入水烹研可装饰”。孔雀石常生成在铜矿上部的氧化带中，其绿色带绒状惹人喜爱。有的玫瑰花状的蓝铜矿会和绿色丝绒般的孔雀石集合生成在一起，分外引人注目。

孔雀石是含铜硫化物氧化的次生产物，常与蓝铜矿、赤铜矿、褐铁矿等共生，可用作寻找原生铜矿的标志。中国海南岛石碌等地盛产孔雀石。

蓝铜矿晶体

蓝铜矿的晶体属单斜晶系的碳酸盐矿物，中国古代称为石青。晶体为柱状或厚板状，通常多呈粒状、钟乳状、皮壳状或土状集合体。深蓝色，条痕为天蓝色玻璃光泽，土状块体为浅蓝色。贝壳状断口。摩氏硬度为 3.5—4，密度为 3.7—3.9。常与孔雀石共生。

它产于铜矿床氧化带中，是含铜硫化物氧化的次生产物，可用作寻找原生铜矿的标志。

石膏晶体

石膏晶体属单斜晶系的含水硫酸盐矿物，晶体常呈近似菱形的板状，燕尾双晶常见，多为纤维状、粒状、致密块状集合体。玻璃光泽，纤维状者呈丝绢光泽。一组极完全解理，薄片具挠性。摩氏硬度为 2，比重为 2.3。其有多种形态产出：质纯无色透明的晶体称为透石膏；雪白色、不透明的细粒块状称为雪花石膏；纤维状集合体并具丝绢光泽的称为纤维石膏。

石膏主要由化学沉积作用形成。泻湖盆地中沉积的石膏层，规模巨大，常与硬石膏、石盐、钾石盐等共生。中国的石膏矿储量在世界名列前茅，以湖北应城最为著名。

绿柱石晶体

绿柱石的晶体属六方晶系的环状结构硅酸盐矿物。晶体常呈六方柱，柱面上有纵纹，集合体有时呈晶簇或针状，有时可形成伟晶，长可达 5 米，重达 18 吨。多为浅绿色，成分中富含铯时，呈粉红色，称为玫瑰绿柱石；含铬时，呈鲜艳的翠绿色，称为祖母；含二价铁时，呈淡蓝色，称为海蓝宝石；含三价铁时，呈黄色，称为黄绿宝石。玻璃光泽，解理不完全。摩氏硬度为 7.5—8，密度为 2.6—2.9。

绿柱石主要产于花岗伟晶岩中，云英岩及高温热液脉中也有产出。它是炼铍的主要矿物原料，色泽美丽者是珍贵的宝石，如祖母绿、海蓝宝石。

电气石晶体

电气石晶体属三方晶系的一族环状结构硅酸盐矿物的总称。其晶体呈近三角形的柱状，两端晶形不同，柱面具纵纹，常呈柱状、针状、放射状和块状集合体。颜色多变，富铁者为黑色，富锂、锰、铯者为玫瑰色或深蓝色，富镁者呈褐色或黄色，富铬者为深绿色。玻璃光泽，断口松脂光泽，半透明至透明。无解理。摩氏硬度为 7—7.5，密度为 2.98—3.20。有压电性。

电气石多与气成作用有关，一般产于花岗伟晶岩中，也可产于交代作用形成的变质岩中。色泽鲜艳者可作宝石，在中国称为碧玺。

黄玉晶体

黄玉的晶体属正交（斜方）晶系的岛状结构硅酸盐矿物。晶体通常呈短柱状，柱面有纵纹，多呈粒状或块状集合体。无色或黄、蓝、红等色，玻璃光泽，透明至不透明。一组与柱面垂直的完全解理。摩氏硬度为 8，密度为 3.4—3.6。

黄玉是典型的气成热液矿物，产于花岗伟晶岩、酸性火山岩的晶洞、云英岩和高温热液钨锡石英脉中。世界著名产地有巴西、俄罗斯的乌拉尔和巴基斯坦的卡特朗。其可作轴承及研磨材料，质佳者可作贵重宝石。中国内蒙古和江西等地也出产黄玉。

石榴子石晶体

石榴子石晶体属等轴晶系的一族岛状结构硅酸盐矿物的总称，化学成分主要有铝、铁、铬、钛等。按成分特征，其通常分为铝系和钙系两个系列。

铝系矿物成员有：紫红色、玫瑰红色镁铝榴石；红褐色、橙红色铁铝榴石；深红色锰铝榴石。钙系矿物成员有：黄褐色、黄绿色钙铝榴石；棕、黄绿色钙铁榴石；鲜绿色钙铬榴石。石榴子石晶形好，常呈菱形十二面体、四角三八面体或两者的聚形体，集合体呈致密块状或粒状。颜色变化大（深红、红褐、棕绿、黑等），无解理，断口参差状，玻璃光泽至金刚光泽，断口为油脂光泽，半透明。摩氏硬度为 6.5—7.5，密度为 3.32—4.19。性脆。

石榴子石在自然界分布广泛。镁铝榴石主要产于基性岩和超基性岩中，铁铝榴石常见于片岩和片麻岩中。钙铝榴石和钙铁榴石是夕卡岩的主要矿物，钙铬榴石产于超基性岩中。而且，石榴子石主要作研磨材料，色彩鲜艳透明者可做宝石，俗称子牙乌。

十字石晶体

十字石晶体属单斜晶系的岛状结构硅酸盐矿物，晶体通常粗大，呈短柱状，常见十字形贯穿双晶体，因此而得名。颜色主要有棕红、红褐、淡黄褐或黑色，玻璃光泽。摩氏硬度为 7.5，密度为 3.74—3.84。

十字石常产于富铁、铝质的泥质岩石的区域变质岩中，如云母片岩、千枚岩、片麻岩等。透明的十字石可作为宝石。

斜长石晶体

它是斜长石类质同象系列的长石矿物的总称，共分为 6 个矿物种，包括钠长石、奥长石、中长石、拉长石、倍长石和钙长石。岩石学中将前二者统称为酸性斜长石，而将后三者统称为基性斜长石。晶体属三斜晶系的架状结构硅酸盐矿物，多为柱状或板状，常见聚片双晶，在晶面或解理面上可见细而平行的双晶纹。石体为白至灰白色，有些呈微浅蓝或浅绿色，玻璃光泽，半透明。两组解理（一组完全、一组中等）斜向相交，故得名斜长石。摩氏硬度为 6—6.5，密度为 2.6—2.76。

斜长石广泛分布于岩浆岩、变质岩和沉积碎屑岩中。色泽美丽者可

作宝玉石材料，如日光石。

锆石晶体

锆石晶体属四方晶系的岛状结构硅酸盐矿物。晶体呈短柱状，通常为四方柱、四方双锥或复四方双锥的聚形。锆石颜色多样，有无色、紫红、黄褐、淡黄、淡红、绿等，金刚光泽，无解理。摩氏硬度为7.5—8；密度大，可达4.4—4.8。

锆石在各种火成岩中作为副矿物产出，在碱性岩和碱性伟晶岩中可富集成矿，也常富集于砂矿中。中国东部的碱性玄武岩中也有宝石级的锆石。

天青石晶体

天青石晶体属正交（斜方）晶系的硫酸盐矿物，与重晶石形成完全类质同象系列，且富含钡的称为钡天青石。常呈厚板状或柱状晶体，多为致密块状或板状、粒状集合体。质纯时无色透明，有些带浅蓝或蓝灰色调，条痕白色，玻璃光泽，透明至半透明。三组解理完全，夹角等于或近于90°。摩氏硬度为3—3.5，密度为3.9—4.0。灼烧其碎片时火焰为深紫红色。

沉积形成的天青石与碳酸盐和石膏伴生，热液成因的天青石常以矿脉产出。中国江苏溧阳爱景山天青石脉状矿床是亚洲最大的锶矿产地。

红柱石晶体

红柱石晶体属正交（斜方）晶系的岛状结构硅酸盐矿物，晶体通常呈柱状，横断面接近四方形。集合体呈放射状或粒状，而呈放射状的俗称菊花石。颜色有粉红色、红褐色或灰白色，玻璃光泽，柱面解理中等。摩氏硬度为6.5—7.5，密度为3.15—3.16。红柱石在生长过程中俘获部分碳质和粘土矿物，在晶体内部定向排列，则在横断面上呈十字形，俗称空晶石。

红柱石常见于泥质岩和侵入岩的接触变质带中。中国北京西山盛产放射状的红柱石。

第十四章

常见的观赏性矿物晶簇

水晶晶簇

水晶是结晶完好的石英晶体，化学组成是氧化硅（SiO_2）。晶体状态有六方双锥和六方柱构成的带锥头的六方体。水晶常因含有铁、锤、铁、碳等不同杂质而有许多变种。如：无色透明的或乳白色半透明的称水晶，紫色的称紫晶，烟灰色的属烟晶，茶褐色的为茶晶，黄色的称黄水晶，玫瑰色的为蔷薇水晶（芙蓉石），此外还有金黄水晶、蔷薇水晶和墨晶等。其中紫晶是最受人们喜爱的宝石品种之一，它除颜色高雅外，还寓意万事如意。而且，国际宝石学界把紫晶列为 2 月生辰石。

水晶大多呈单晶晶簇产出，有时还可能和其他矿物晶簇（如萤石、重晶石、辰砂或镜铁矿等）共生。与其共生的镜铁矿往往呈花瓣状集合体，构成“铁玫瑰”，形态十分美观。水晶晶簇本身常组成形如菊花的放射状集合体，很受人们的喜爱。

水晶晶族

水晶几乎产于全国各省（市、自治区），但以江苏、贵州、四川、内幕古、海南等省较多。在国外，巴西以盛产水晶著称，特别是紫晶。其他产地还有马达加斯加、日本和美

国等。

水晶矿床主要为花岗伟晶岩型和中温热液充填型。前者多出现于花岗岩体的内、外接触带，后者则分布于硅质岩层（如石英岩、砂岩、硅质页岩、片麻岩）及灰岩、白云岩中呈脉状、透镜状晶洞。水晶晶体是在岩石空洞中生长起来的，因而成长过程中一定要有足够的空间，同时必须以洞壁为依托。因此，我们所见到的天然水晶晶体往往是上半截发育得很完美，而下半截的晶体不完整。

方解石晶簇

方解石也是一种分布广泛的常见矿物晶体（簇），化学组成是碳酸钙（$CaCO_3$），主要为无色或白色，有时因含其他元素而呈浅黄、浅红、紫、褐黑色等。无色透明的方解石晶体称冰州石，是重要的光学材料。方解石晶体一般发育完好，形态多种多样，常见的有柱状体、菱面体、板状体、三角面体等。单晶大小可以从几毫米至数十厘米不等。因此，方解石晶簇形态丰富多姿、造型美观。有时，方解石晶簇还可和金属硫化物晶体（如黄铁矿、闪锌矿）共生，形态更为美丽。

笔者在湖南水口山铅锌矿考察时，曾见过巨大壮观的、以方解石晶簇为主的晶洞，其中可容纳数十人之多，局部可见到菱面体状方解石晶簇和半透明的棕色闪锌矿晶体共生产出，构成美丽的图案。方解石晶簇主要产于以碳酸盐岩为围岩的热液脉状矿床中，如贵州、广西、云南等省。

萤石晶簇

萤石是一种钙的氟化物（CaF_2）。矿物晶体大多为半透明至透明，在紫外线照射下出现极强的荧光，呈现出多种诱人的颜色，包括红色、绿色、蓝色、褐色、黄色、橙黄色和紫色等。晶体通常为立方体，两个立方体常相互穿插构成双晶，其次为八面体及菱形十二面体。单晶大小可由数毫米至几十厘米。

萤石大部分形成于热液作用阶段，产于硅酸盐岩中，如花岗岩、流纹质火山岩、页岩及砂岩等。主要共生矿物有方解石、重晶石及各种金属硫化物，如闪锌矿、方铅矿、黄铜矿和黄铁矿等。我国萤石资源极其丰富，晶簇往往发育完好，在浙江、山东、辽宁、广东、云南、湖南、贵州、四川等省均有产出。

沙漠玫瑰

内蒙古沙漠玫瑰

这种精美、雅致的沙漠玫瑰虽然有点古怪迷人，但确实是一种自然现象。它不是一种花儿，而是一种在特殊的玫瑰型物体生长发育环境下生成的结晶体。它大小不一，有的从其花瓣大小来看，很明显是一朵玫瑰花；有的形成刀刃状表面的球状物；还有的是由许多小的玫瑰状晶体组成的较大族状物。它们通常是棕色沙子的颜色。

沙漠玫瑰形成的必要条件是：干旱的环境、硫酸钙（$CaSO_4$）资源、季节性波动的水面。考虑到地质方面的时间，沙漠玫瑰一般形成很快，大约为几百年时间。

在沙特阿拉伯，沙漠玫瑰在东部省平坦的富含盐成分的 Sabkhas（季节湖）地区通常可以找到。从阿拉伯湾来的富含盐分的液体渗透到地下，并流到 Sabkhas 中，且聚集硫酸钙在水面形成石膏。当 Sabkhas 中的水面季节性地上升、蒸发和下降时，石膏的晶体就会在这些粒状孔隙空间生长并且陷入到松软的沙地里。

沙漠玫瑰相对来讲是比较容易找寻得到的，通常在 1—4 尺深的沙地里，最大的一个（大于 2 尺）是在东海岸沙地潜水面下发现的。我国的内蒙古、甘肃也有一定数量的沙漠玫瑰。

鱼眼石

鱼眼石产于湖北省黄石市铜矿伴生的硅灰石矿的晶洞中，呈板状透明晶体，形态多样、色阶丰富。它是一种含有结晶水的钾钙硅酸盐矿物，因其具有硅氧四面体层状结构，从解理面上散射出的光线呈珍珠光泽，酷似鱼眼的反射色，故人称“鱼眼石”。世界上过去只有印度才出产，但其具有商业价值的不多，达到宝石级的就更少。

淡黄色板状鱼眼石晶体标本其中常伴生有沸石、水晶等多种共生矿物，极具收藏价值。

钟乳石

钟乳石又称石灰华，多产于石灰岩溶洞中。溶洞是形成钟乳石的环境条件，凡石灰岩洞都有断层和裂缝，会常年缓缓不断地渗水和滴水。

含有碳酸钙的水不停滴落，使水中的碳酸钙淀积，并经过亿万年的堆积增长才慢慢形成钟乳石。

钟乳石有多种颜色，如乳白、浅红、淡黄、红褐。有的多种颜色间杂，形成异彩纷呈的图案，且常常因所含矿物质成分不同而色彩各异。它的形状千奇百怪，有笋状、柱状、帘状、葡萄状；还有的似各种各样的花朵、动物、人物，清晰逼真、栩栩如生。

钟乳石

石棉晶体

石棉是能劈分成细长而柔韧的纤维并可资利用的纤维状硅酸盐矿物的统称，是一种耐热、绝缘、耐酸、耐碱的材料。其可分为蛇纹石石棉和闪石石棉两类。狭义的石棉是指透闪石石棉和阳起石石棉。而蛇纹石石棉和闪石石棉的区分是：把石棉放在研钵中研磨，蛇纹石石棉成混乱的毡团，纤维不易分开；闪石石棉研磨后易分成许多细小的纤维。不含铁的石棉呈白色，含铁的石棉呈不同色调的蓝色。光泽为纤维状集合体丝绢光泽。

蛇纹石石棉分布很广，占石棉产量的95%以上，主要形成于侵入岩与白云岩或白云质灰岩的接触带和超基性岩经变质作用形成的蛇纹岩的网状裂隙中。闪石石棉多在动力变质条件下，由热液提供钠和镁交代含铁硅质岩而成。中国四川石棉县及青海省芒崖是石棉的著名产地。

石棉县是我国唯一的一个以矿物命名的县，境内有著名的贡嘎山在东北麓的峡谷中，奔流不息的大渡河则穿城而过。在震旦纪时的富镁超基性岩体中，由于经过强烈变质，蛇纹岩脉状充填，岩体延长7.3公里，宽约1公里，而石棉就产于岩体的裂隙中。

蛇纹岩石棉纤维长度可达1—2米，在世界上也十分罕见。作为一种观赏性矿物，它很具有收藏、观赏价值。

第六篇 赏石实践

赏石活动是一种艺术欣赏活动，而雅石欣赏是人们以雅石艺术形象为对象的审美活动。它是对雅石的“接受”，即感知、体验、理解、想象、再创造等综合心理活动。与一般艺术欣赏的“再创造”一样，赏石通过欣赏雅石艺术形象的诱导，结合自身的生活经验，发挥想象，来丰富或提炼艺术形象。

第十五章

雅石赏玩

“水里的小石子，我觉得，是最美妙的艺术品。

那圆融，滑泽，和那多种多样的形态，花纹，色彩，恐怕是人力以上的东西吧。

这不必一定要雨花台的文石，就是随处的河流边上的石碛都值得你玩味。

你如蹲在那有石碛的流水边上，肯留心向水里注视，你可以发现一个光怪陆离的世界。

那个世界实在是绚烂，新奇，然而却又素朴，谦抑，是一种极有内涵的美。

不过那些石子却不好从水里取出。

从水里取出，水还没有干时，多少还保存着它的美妙。待水分一干，那美妙便要失去。

我感觉着，多少体会了艺术的秘密。”

这是郭沫若的诗《水石》。引用这首诗的目的在于：我们在对雅石作定义前先进行一下铺“垫”。

雅石作为一种深受人们喜爱的艺术品，经过历代赏石家的不断探索与传承，形成了自成一体的赏析传统与习惯。一般民间称为玩法，在日本称为水石道，我们统一称为雅石道。“雅”在汉语中是“正”的意思，表示高尚、美观、规范。雅石应具有功宣礼乐、妙似神仙的作用。用现代的语言讲，就是有正确、高尚的道德观，能给人带来美的享受。

石圣米芾执笏揖首拜石开雅石道的先河，苏轼置盆供石是雅石道之滥觞。雅石道包含了对雅石本体的欣赏评价和以雅石为核心的附属配置，以及雅石欣赏的过程，其既有内容又重形式。如：清蒲松龄的《聊斋志异·石清虚》中就有“雕紫檀为座，供诸案头”。这就是指的供石的玩法也是雅石道的内容之一。此外，还有以石浸水而显纹色、摆放雅石的几架，及至厅堂墙壁的中堂对联、灯光音乐等等。而在雅石道中最重要的是为雅石品题。

雅石作为艺术品首先应具有一定的感染力，能对自己、他人起到潜移默化的教化作用。它是以岩石为材料，经自然力的作用而形成一种可视的造型艺术，和绘画、雕塑等造型艺术不同之处是它的表现技法是自然力，如浸蚀、风化等等。和一般的艺术门类一样，岩石要升华为雅石艺术，就要有内容与形式的统一。因为艺术形象是要求不仅具有具体可感的形象性，而且具有概括性，并要具备艺术形象的典型意境。

雅石的基本特性：1. 雅石形象是欣赏发挥想象的客观基础。2. 赏石者的审美活动是主动的。3. 这种再创造具有赏石者的想象性和赏石者的个性差别以及赏石者对艺术爱好的多样性。

赏石的一般方法为：1. 在赏石实践中提高审美能力，多看多研究。审美能力是指对艺术形象的感知能力，对美丑的判断能力以及想象创造能力。2. 在雅石与现实的关系中把握雅石艺术的审美特征。3. 重视从整体中欣赏。4. 不断加深和扩展已有的审美感悟。5. 注重艺术之间的相互联系。

雅石的艺术语言：艺术语言是指一门艺术所独有的表现方式和手段，即动用独特的物质媒介来表现艺术形象，从而使得这门艺术具有自己独具的审美特征。这种独特的表现方式或表现手段就称为艺术语言。雅石艺术的艺术语言就是雅石的构成元素，包括雅石的色、质、形、声。难怪陆游说：“花如解语还多事，石不能言最可人。”

以往有很多人还把意蕴、意境和形、质、色、声混到一起。其实这是不同类的概念。艺术意蕴是指艺术作品应当在有限中体现出无限、在偶然中蕴藏着必然、在个别中包含着普遍，即典型与意境的审美内涵。艺术意蕴深藏于艺术形象之中，需要欣赏者去感受、体验和领悟。因而，对艺术意蕴的把握就是一个领悟的过程。艺术意境是艺术中一种情景交融的境界、是艺术中主客观因素的有机统一。意境中既有来自艺术家主观的“情”，又有来自客观现实升华的“境”。这种“情”和“境”不是分离的，而应有机地融合在一起，所谓境中有情、情中有境。所以不应把意蕴、意境和形、质、色、声放在一起进行讨论。

第一节　雅石的品题

一般来说，每一件雅石都要有一个名字，以区别于其他雅石，这个名字就叫品题。雅石的品题不仅仅是代号，更重要的是雅石赏析者对雅石所承载的文化内涵的认识和情感的寄寓。所以，雅石的品题是雅石价值体现的一个重要方面，是物质的石头进入文化领域的标识。我们知道“人以群分，物以类聚”的道理，其实石头也是有种类的，这就和宋词一样，不但有曲牌，另外还得有词名。如：毛泽东作《念奴娇·昆仑》，其中“念奴娇”是曲牌，“昆仑”是词名。我们可以这样称呼一尊石头，如：“灵璧石·达摩渡江”。石种“灵璧石”相当于曲牌“念奴娇”，而“达摩渡江”则相当于词名“昆仑”。

雅石的品题正是赏石的水平所在，是石魂的体现，也是赏石者对所赏雅石认识、寄情言志的体现。因此，雅石的品题不啻于艺术欣赏中的再创造。

品题的关键在于发现和挖掘，根据雅石所承载的内涵提炼出名实相符的主题内容。而且，雅石的品题应遵循和注意以下几个方面的问题：1. 品题要贴切，即所题之名与所指之石要名实相符，不要生硬拔高。2. 品题要有文化内涵、要有主题，能起到教化怡情的感染作用。3. 雅石与奇石不同，雅石不以猎奇为能事。所以品题时内容一定要健康向上，摆脱低级趣味。所谓子曰：“诗三百，一言以蔽之。曰，思无邪。”4. 品题要防止牵强附会。在日益高产和文化基础淡薄的时候往往出现牵强附会的品题。5. 涉及重大主题时更要严谨审慎，如伟人像、重大事件的标志等。6. 力避以偏概全。

雅石品题可直白，也可含蓄。直白能直指要旨；含蓄可情在意中、意在言外，使观赏者有更广阔的联想和想象天地，能够领悟到雅石所蕴含的深刻韵味和作者所寄寓的思想感情。无论是直白还是含蓄，都最忌

讳晦涩。晦涩不但不美，还让人产生不可捉摸、不得其解的感觉。现在，在雅石品题中最常遇到的问题就是含蓄得让他人如坠云雾之中。

因此，雅石的品题应体现雅石自身个性。雅石是以自然美、抽象美见长的，所以品题尽可能朴实、概括、典雅，妍而不媚、正而不板、古而不拗。

第二节　雅石的托座

清梁九图的《谈石》认为：雅石的配衬有木座、有水盘，“不容混也”。木座“当置之净几明窗”；而水盘“贵傍以回栏曲槛”，“杂陈违理，贻笑方家矣”。赏石艺术是一种“天人合一”的造型艺术。在这个领域里，除“雨花石”、“手玩石”以及作为科研之用的“奇石”不用配座外，其余用作“观赏陈列”的雅石均需配制托座。托座是赏石艺术不可分割的有机组成部分，也是雅石欣赏过程中必不可少的附属设施。有的人没有弄清赏石艺术“天人合一”这一基本特性，认为只要是金子，在哪儿都能发光。其实这种观点犯了机械唯心论的错误，是将所谓的纯自然科学方法机械地套用在人文科学的领域之中。殊不知人的文化积淀与心理的作用，提出了“好马不必配好鞍”的荒谬观点。“好马配好鞍”是锦上添花，何况赏石作为一个艺术门类，体现的是欣赏者的再创作活动，那么它就更是一个必不可少的重要内容了。我们所说的“好鞍”，不是指用金玉堆砌，也不是用珠宝罗列，而是通过对雅石主体的烘托，展示出人们于雅石的所寄之情、所述之事。所以，雅石托座不是可有可无的，而是祥龙叱咤脚下的风云。所以，日本爱石家村田圭司在《沙盘与底座摆设的差异》一文中说：雅石“假若就那么搁着不管，只不过是小石块，但是在沙盘上摆设，在底座上摆设或在木板上摆设的时候，那就显现出艺术的兴趣”。这就是配托座与不配托座的文野之分了。

一、托座的作用

托座主要用于安放雅石，具体的功效有三：一是托立主体，平衡重心。雅石形状各异，底部大都不平，难以立稳，而雅石本身又不宜敲凿加工，虽有切底为景的，但总比原石成景略逊一筹。因此，陈列、摆设雅石就需用托座，按其最佳角度把它托立起来。有时为显示雅石的动态感，需要斜放，但一改变摆放姿势又会造成重心不稳，这就需用座的重力来调整实体的平衡和视觉的平衡。二是装饰美化、烘托主题。俗话说："红花还需绿叶衬。"雅石有座的衬托可增强主体形象的态势，把主题烘托得更加鲜明。特别是一些古雅拙朴的雅石，配上刻有简洁图案的红木雕刻底座，愈显出古色古香的天然韵味来。三是补缺藏拙、扬长避短。有的象形石有损伤或缺憾之处，通过配座可以把它隐藏起来。

根据不同形式雅石的重心平衡点，依据赏石者为雅石所赋予的文化主题将雅石安放妥当，更便于欣赏、更有利于安全。

二、雅石配座应该遵循的原则

1. 量体裁衣。好马配好鞍、好刀配好鞘。雅石配托座是一项雅石审美的再创作过程。一般而言，雅石的置放围绕观赏的角度与需要，有横置、竖置、倒置、斜置等摆放方法。托座的设计制作也应根据雅石的摆设方法进行。很多人在购买雅石时经常把那些配置不相宜的托座丢弃，而根据自己的欣赏水平和眼力重新设计托座，以展现自己的赏石功力。都市里赏石者的石源大多是在市场或石农家中购得。显然，大多数石农为石头所配的托座均为权宜之作。

2. 主辅融洽。托座与雅石之间的关系，永远是主与辅的关系。雅石是欣赏的主体，好的托座只要能尽显雅石的风韵即可，而不是雕塑展示。无论托座是繁是简，都应围绕着雅石这一主体来设计加工。因此，无论给什么样的雅石配托座，无论托座的大小、高矮、长短、款式、明暗、色差以及与雅石的比例等等，都应依据具体的雅石而定。人们在鉴赏雅石时，首先映入眼帘的应是雅石本体，而不是托座。否则雅石就成雕塑上的镶嵌物本末倒置、喧宾夺主了。

3. 比例协调。托座的大小、高矮、长短尺寸应依据雅石这一主体的形象进行合理的匹配，两者之间的相互比例一定要协调。上座后的石头和未上座的石头相比较，需更能激起赏石者的愉悦美感及有助于主题的揭示。一般情况下，石与座之间的比例可参考黄金分割率原则，做到

上下和谐、典雅大方、恰到好处。

4. 色泽和谐。托座与雅石的颜色搭配和谐，以利于烘托主体、深化主题、提高雅石的观赏效果，其作用应是锦上添花。柔和的色泽，在观赏时会让人有一种亲近、自然、和谐的感觉。雅石的托座应尽量选择沉稳的颜色，以古朴大方、庄重典雅为宜。

5. 与石相映。托座形态要紧密抓住雅石的形态特征。雅石形态各异，因石之形设计与其相呼应的托座，才能充分发挥出托座的功效，起到增加美感的作用。所以，能否与石相映是在考验设计者的综合艺术修养水平。

三、主要的托座类型

托座包括：素座、花座、平盘、立盘和挑架。下面着重介绍两款托座：

（一）素座

素座又称板座，多为木质。以适当的木质根据雅石的倚正、外廓，或方或圆或者随石形而曲。一般最常见的多是这种随形的素座。

随形素座的制作工艺比较简单，效果简洁明快，适合表现清净无为的性格特征。素座的具体做法为：

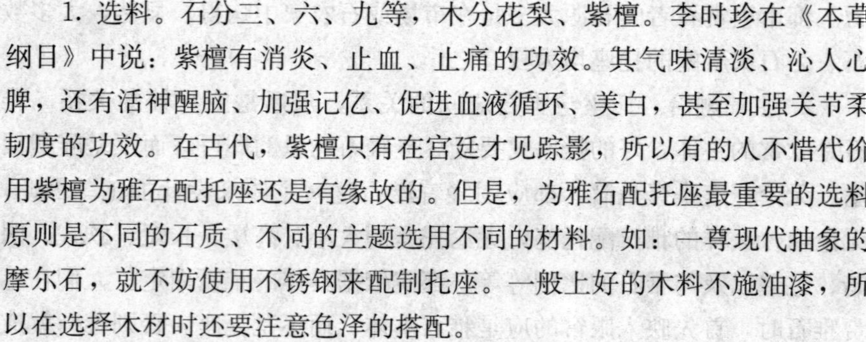

1. 选料。石分三、六、九等，木分花梨、紫檀。李时珍在《本草纲目》中说：紫檀有消炎、止血、止痛的功效。其气味清淡、沁人心脾，还有活神醒脑、加强记忆、促进血液循环、美白，甚至加强关节柔韧度的功效。在古代，紫檀只有在宫廷才见踪影，所以有的人不惜代价用紫檀为雅石配托座还是有缘故的。但是，为雅石配托座最重要的选料原则是不同的石质、不同的主题选用不同的材料。如：一尊现代抽象的摩尔石，就不妨使用不锈钢来配制托座。一般上好的木料不施油漆，所以在选择木材时还要注意色泽的搭配。

2. 划线打窝（wò）。根据石形及安放的角度，将全石的着力点找好，置放在木料上，画好石窝的外形；然后用木工雕刻机（罗机）配以适当的铣刀切削出石窝的大形，再将雅石置上，查找待修和改进的地方，用木凿进一步修整，使雅石能达到设计目的，安稳地置于窝上。窝与石之间的衔接要吻合，力求做到“天衣无缝”，不用胶粘也能放得稳当。这样便于移动，也便于座、石分开保养。

3. 经过打窝后，再以雅石的俯视投影为基础画出整个木座的外形。可用曲线钜随形切割，做成木座的坯型。

4. 用雕刻机或修边机配上花型的铣刀，沿木座坯型铣削，直至铣出光滑的线型。

5. 添足。添足一是为了美观，以似鼎彝；二是为了使木座更加平稳。因为有时桌案与木座接触面积太大，反而不利于局部不平的调整。木座的足一般多为矮脚，最好是在整体木座上挖出。

6. 打磨润色。名贵木材所加工的木座打磨后如无缺陷，即可擦涂核桃油保养呵护。如果是普通杂木，还要调色、润色与油漆。

（二）花座

花座有两类：一是在素座的基础上施以线雕、浅浮雕；二是为了加强气氛的烘托、突出主题而进行的木雕创作，也有的是将雅石与根艺相结合。雕花座款式有很多，如叠石松树座、牡丹花座、莲花座、竹子座、葡萄座、根座、龙座、柳树座、云座、水浪座等，比较复杂。

好的花雕座可以提高雅石的品味，如船舸形态的雅石配以海浪花雕可以创造出主题的环境氛围。但是花座最易喧宾夺主，一定要记住座与石是花与叶的关系，不可本末倒置、弄巧成拙。所以，花座的创作更要在得体上下功夫。

四、雅石配座时的注意事项

1. 主辅得位。石为主，座为辅。“辅”不可华于“主”，否则易流于“喧宾夺主”。“辅”的线条宜简忌繁、造型宜抽象忌具象。

2. 款式得体。托座的样式宜因形制宜、因石制宜。尤其雕花的托座更应精雕细刻，一定要有个性，切忌千篇一律。

3. 材质得用。托座的材质宜坚硬、去性、干燥，忌疏松、性暴、伤裂、湿潮。

4. 色泽得宜。托座无论是花梨、紫檀，还是松、杨、柳、楸，都要显出木质纹理。粉饰时名贵木材宜擦蜡擦油，普通木材也要施以透明清油以体现自然。切忌施用混油。

5. 作工得良。托座是要烘托雅石的，绝对不能为雅石抹黑。雅石作为造型艺术，人们欣赏的是最终效果，所以完全有时间对托座的设计进行反复推敲。宁可慢工出细活，做到精益求精，也绝不能当众出丑。有一些外人看不到的地方，如座脚下，要光滑，否则易伤几案。打窝要看准重心，严丝合缝，否则失重后不但不美，反而会埋下安全隐患，悔之莫及。

五、雅石的其他衬配

（一）沙盘

沙盘是以盘盛沙置放雅石。特别是平远的山水景石应配以沙盘，便于眺望，最为得体。

青铜沙盘

沙盘的材质有铜、铁、石、木、陶、瓷及树酯等，其中青铜与陶最为古朴、充满意趣。

日本人多用沙盘和水盆，所以援引村田圭司的话对沙盘的用法及乐趣加以说明：雅石“在沙盘上摆设的目的是作乐淋着色的事，跟普通所说的淋着釜（茶道具）之口味一样，滋润的色调渐渐地干下来的风趣，恰如山雾渐渐地散失的情景，那好极了。又跟水容易相好的石肌的观赏石，由湿润更深阴影之风趣”。沙盘内可铺设海砂或泥土，营造山野氛围。有的还可视情况适当地选择一些饰品加以点缀，如用瓷制塔、桥、舟、人、亭等精致小巧的工艺品点缀其上，可平添意趣。

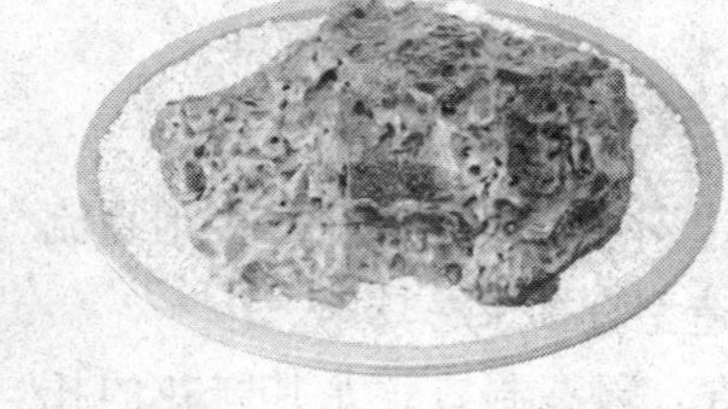

铺设海砂的沙盘

（二）水盆

以盆盛（chéng）水，将石置水中，以更好地表现出石头的色彩与纹理。这就是苏轼《怪石供》的供法。卵石类玛瑙多置于盆碗之中浸没观赏，以更好地显示纹色图案。苏轼提倡使用表铜古盆，而现今人们多使用比较好的白色瓷盆、瓷碗。选择水盆一定要依据所盛放的雅石大小、数量来选配。颜色应以静为主，以免干扰雅石的欣赏。

（三）装框

有一些雅石可直接镶嵌于木框中，挂于墙壁。镶框是将雅石坐于板材背板上，主要用于展示那些具有浮雕效果的雅石，如灵璧石王。

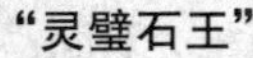
“灵璧石王”

（四）雅石几架

桌、案、台、架、博古都是家具。为了与雅石相和谐，追求高雅的格调，一般将雅石置放于和谐的承载性家具上，使之“珠联璧合，相得益彰”。

雅石与家具也是重在和谐。这里的和谐包括色调、材质、型制、大小和繁简。一般明式家具多简洁明快，清式家具多沉稳与华饰并重。

第三节 雅石的供设与清玩

雅石陈设大致有以下几种类型：

1. 敬奉型。一般这样陈设的主人大多是爱石如师、敬石如丈的，因视石为崇高的神灵，所以陈石于最显赫的位置。

2. 风水型。这是根据中国传统地理勘舆学的阴阳五行学说，在适当的位置安放山石或水石以调剂阴阳和补转时运。

3. 点缀型。以雅石为艺术品，在适当的位置给予陈设，以体现收藏者的情境、与众不同的风雅。

4. 满堂型。这种类型大多为酷爱雅石者将雅石集中陈设，品种罗列齐全、各成系列。

5. 仓储型。这种类型里有的是以雅石为收藏品以俟升值的，还有的是以石养石、从事经营的石商、石贩。

厅堂供石多用条桌、条案。杂陈多用台、几、博古架。台、几适用单石的欣赏，博古架适合组群。形体较大的供石，一般置石座或直接植于地表。

一、供石

（一）供石的由来与礼仪

供石有着久远的渊源，先民在混沌之初就普遍地有拜石的习俗。我国历史是以夏朝为起始的，而在中国的史前文化中，人类的始祖是女娲。相传女娲抟土造人，炼石补天。其实，女娲是一个通名，即人类的始祖，她奉石为图腾。很多民族也都有过以石为图腾的历史。现存于河南登封县境内嵩山的“启母石”曾使无数华夏子孙顶礼膜拜。羌族到今还将“白石”作为民族图腾来崇拜。塔吉克族的名称还是以石为图腾而来的。“塔吉克”古称“大食”，史载“大食”人是崇拜石的民族。“大食”为突厥语“Tash”之译音。米芾的祖上即是西域的突厥人，居米国。《隋书·西域传》载：“米国，都那密水西，旧康居之地也。”“大业中频供方物。”唐代的职贡图多有雅石充贡，可能大业进所贡“方物”中也是有雅石的。

米芾拜石即是最庄严的供石方式。赵朴初于1990年9月在安徽太湖县寺前镇，捐资2万元在寺前设立了一个“拜石奖学金”。他还写了一首《拜石赞》说明了拜石的意义，诗中说道：“不可夺，石之坚，天能补，海能填；不可侮，石之怪，叱能起，射无碍；其精神，其意态，俨若思，观自在，友乎师，石可拜。”米芾亦儒亦禅，谙熟儒门享仪和禅门仪轨。供石是米芾日常的修行功课。他拜石是十分严谨、十分恭敬的，如同用研山易晋宅一样。除此之外，他还亲自绘制过拜石图。米芾所绘的拜石图我们现在虽然没有看到，但是有元代倪瓒的《题米南宫拜石图》诗云：“元章爱砚复爱石，探瑰抉奇久为癖。石兄足拜自写图，乃知颠名传不虚。”倪瓒是元代最著名的山水画家，他很崇拜米芾，并同米芾一样爱石，还仿效杜绾，自号“云林居士”。据此诗可知，米芾确曾自写过《拜石图》。后世有很多画家都喜欢画拜石图，但是所画之石多是自在发挥的、艺术想像的形象。如明代吴伟的《人物图卷·米颠拜石》（今藏上海博物馆）、清代任熊的《拜石图》（今藏北京故宫博物院）以及后来的张大千、李可染等都曾以米芾拜石为题材进行过绘画创作。

《宋史·文苑》中的记载是“具衣冠拜之”。宋人叶梦得的《石林燕语·卷十》也记载了这样一件事：“知无为军，初入川廨，见立石颇奇，

喜曰：‘此足以当吾拜’。遂命左右取袍笏（hù）拜之，每呼曰：‘石丈’。言事者闻而论之，朝廷亦传以为笑。”这里进一步说了古人拜石时是要衣袍执笏的。笏是古时朝礼时使用的法器，《释名》有曰：“笏，忽也。君有教命，有所启白，则书其上，备忽忘也。”即上朝面君时所执的板子，用以在上面记录重要的事情。到了宋代，笏已不再用于记事，而是面君时依据《周礼》沿袭下来的一种威仪执器。袍也是一种在正式场合穿着的礼服。《宋史·文苑》中记录的事情就表明当时拜石时要穿上朝服和敬执笏板，即如同面君一样。

宋代还有一则记录米芾拜石的记录。费衮在《梁溪漫志·卷六》中记：“米元章守濡须，闻有怪石在河，莫知其所自来，人以为异而不敢取，公命移至州治，为燕游之玩。石至而惊，遽命设席，拜于庭下曰：‘吾欲见石兄二十年矣’。”这里给了我们另一个信息是拜石时还要设席。这里的设席是指什么呢？显然不是指座席。因为拜是一种礼敬的形式，是古代表示敬意的一种礼节，怎么能坐着拜呢？而应两手合于胸前，头低到手。设席一般是指筹备酒筵。我们知道石头是不吃不喝的，所以这里指的设席应是供品。一般供品最常使用的莫过于香烛了。米芾是一个事事都要讲究的人，宋代的周煇在《清波杂志》一文中说：“一日，米芾回人书，亲旧有密于窗隙窥其书至‘芾再拜’，即放笔于案，整襟端下两拜。”米芾常戴高帽、着深衣，全然不沿世法。他讲究的是“衣冠唐制度，人物晋风流”，不用世法，可用出世法。所谓的出世法就是佛法。米芾勤于参禅、礼佛，在拜石时一定不使用儒家庙享中所用的牺牲，而用供佛的香烛才更为得宜。这样的拜石正是赵朴初说的拜石，是以形领意，达到庄严神圣。“其精神，其意态，俨若思，观自在，友乎师，石可拜。”

琴桌上清供雅石

（二）供石的几种方式

1. 厅堂供石的方式有敬供与清供。

（1）敬供。身心均若敬供神祇。宅中供奉安放条案。案前插桌，置瓶、灯、炉等五供于前。桌前放拜垫用于顶礼膜拜。石陈于案上，可单尊，亦可成组，犹如供佛。还有的将形似神佛、菩萨、罗汉的雅石供于佛龛、壁龛之内，如同圣像一样供养。

（2）清供。清供比较随意，可将石置于台、几、桌、架之上，或者陈于博古架上。如有几石同供，一定注意石与石之间的组合关系，以及所要表达的主题。如：相互关联、相互映衬、同类为伍、对比反差。

博古架上清供石

敬供、清供一般还与名人书画、盆景古玩和谐搭配，以显示主人的雅趣。

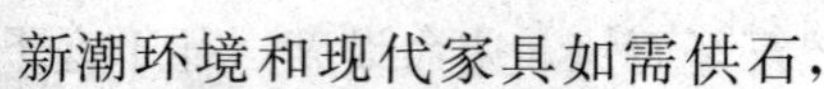

新潮环境和现代家具如需供石，不宜数量太多。如在书柜、板台一角放置一两件雅石，既不落俗套，又显示出一定的文化底蕴。还有的是将体量不大的雅石镶嵌到特配的镜框中挂于墙壁上，也极雅致。

2. 玩石

最常见的雅石爱赏方式。用于把玩的雅石多是小型的，随手可携带。若经常摩挲，会愈摩愈爱。如好的田黄石常以自己的鼻颊油滋养，石内会倾灌着拳拳爱心。

山峰组石

3. 组石

根据一定的表现主题，以多件雅石为素材组合成相应的画面、故事，甚至典故。有的按石种组合，如将四大供石同置一龛；有的组成群山，有主峰、配峰，再配上精巧的摆件或成崇山峻岭、或为静谧田园；有的三两人物促膝交流或开棋对弈；有的大小动物相映成趣，如将各式各样类似动物形象的雅石组成百兽园、百鸟园。还有的将各式各样的石头组成一盘菜肴；有的组成炉灶柴火与食物，体现出烹调的情趣，甚至组成一桌桌丰盛的雅

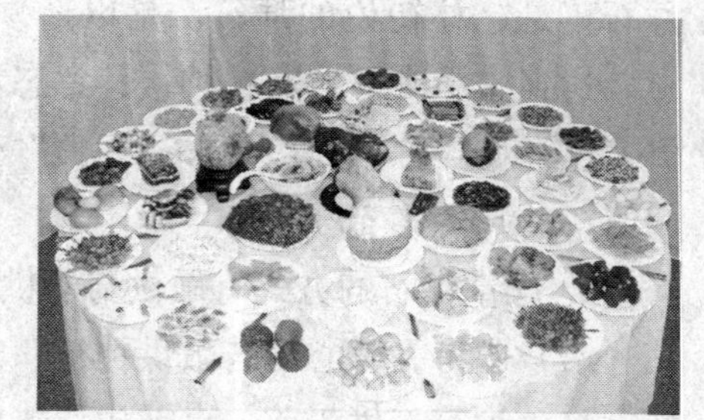

雅石宴

石宴席。组石的数量摆放开合可随心境、主题和素材适当变化。而且，组石以小品为多见。

4. 置石

置石一般是指安放于地面上的雅石，通常体量较大。其置于大型场馆、厅堂，如酒店的大堂，特别是为庭园增秀而安置在庭园内的比较大的雅石，有的也称做厅堂石。也有的是置于街头、绿地、广场的大型雅石。如湖北宜昌三峡大坝纪念广场所置“万年江底石”，石体重达20多吨，为完整的花岗岩质地。1997年11月8日三峡工程实现大江截流后，其由三峡建设者从二期围堰基坑中挖出。“万年江底石”上有不规则的、大小不一的孔洞为江水长期冲刷形成；而较为规则的孔洞则为历代水电专家、地质勘探者在考察三峡工程坝址时，钻探取样后留下的痕迹。现在，它成为三峡大坝的纪念物和主要景点之一。置石的石种在明代计成的《园冶》中共收录了15种。现在常用的有：江浙的太湖石，安徽灵璧县的灵璧石，浙赣交界的常山、玉山一带的石笋（又名松皮石），安徽宁国县宣城白石，广东英德的英石，江苏常熟虞山的黄石，福建漳州的九龙璧，新疆、内蒙、辽宁的硅化木、用GRC壁石……

置石有特置、对置、群置、散置以及山石器设。

(1) 特置。是指在庭园中独石自立、自成景致，又称为孤赏石。常选古朴秀丽、形神兼备的湖石、斧劈石、石笋石等置于庭园主要位置中，供人观赏。这些特置石除了本身具有瘦、透、雅、秀的观赏价值外，又因历年流传，极具人文价值。所谓“艮岳移来石岌峨，千秋遗迹感怀多”。如：北京颐和园长廊西头石丈亭的“石丈”、“青芝岫”，恭王府中的“独乐峰”，北海琼华岛南坡引胜亭的“昆仑石”、涤蔼亭北侧的“岳云石”，上海豫园的“玉玲珑”，苏州的“瑞云峰”，杭州的“绉云峰”等。相传：“玉玲珑”是《水浒》中花石纲的孑遗，因“以炉香置石底，孔孔烟出，以一盂水灌石顶，孔孔泉流”而著称。也可借助于特置石而于上勒碑的，如

北京北海公园的“岳云石”

北京石景山磨石口的“西山古道”、圆明园中的“涵秋”等等。

江苏徐州云龙山下乾隆行宫院内，陈放着一方北宋历史名石——八音特置石。八音石为灵璧石类，此石长2米、高1.5米、厚0.8米，形如浮云层出，包浆沧古，凝重而飘逸，色极清润，以手摩挲即有声响，叩之可奏八音，属“艮岳”遗石。此石几经周折：原置城中，明代天启四年黄河决堤漫灌州城时被淹没在泥沙深处；明末清初重建州城，其有幸被人掘出，安置在重建的孔庙内；建国后成立徐州博物馆，才将它移至乾隆行宫故址陈列，以突出其人文和文物价值，以飨世人。

（2）对置。是指两石相映成趣而对称成景。对置的山石姿态不俗，或体量、形态均相似，或大小、姿态呼应顾盼，共同构成一幅完整的画面。如：颐和园进仁寿门见到的“寿星石”，石旁另置一小石，表示母子关系。又如：北京北海太液池北岸澄观堂后院快雪堂前的“云起石”，乾隆帝御题“移石动云根，植石看云起。石实云之主，云以石为侣”。正说明二石的顾盼作用。

北京北海公园的“云起石”

（3）散置。是指三块以上石头的组合，“攒三聚五，散漫理之”。可采用奇数的石头成群组合，如三、五、七。这样的石堆往往被分割成两三个小石堆。如：若使用七块石头，它通常被分为三、二、二的3组石堆或二、三、二的3组石堆来组成。散置在庭园中应用得非常普遍，在一般情况下不作为主景，只起点缀、烘托、增加品位的作用。因此，对石头自身的要求不是很高，而重在组合，组合的优劣决定着散置的成功与否。组合要讲究脉落起隐，要有聚有散、有断有续、主次分明、高低曲折、顾盼呼应、疏密有致、层次丰富、散中有物、石石生情，即通过一系列的构图手法使这一组山石共同形成一个完整的图画。散置不求突出石头的个性，而要求每块石头都能服从于整体的构图需要。散置的个性是休闲，常布置在山坡、树下、竹林、水畔，使环境显得丰富、轻松、优雅。

（4）群置。也称大散点，基本上和散置相同，差异之处是所占空间较大，用石的个体也较大，但其布置的特征仍是散置，是以大代小、以多代少。

（5）山石器设。是指在庭园中选用有一个平面可桌可凳的石头，作为室外的桌、凳、椅、台来布置。其与造景相结合，兼具实用功能。如土坡的树下设一组散置山石，其中一块或几块上面稍平，则其本身即是环境的点缀美化，又可作休息之用。

5. 叠石

叠石又名假山、掇山。叠石的方法称做构石，是由很多品石堆叠而成的。品石是叠石用的素石，常用的有太湖石、锦川石、黄石、蜡石、英石、钟乳石、灵壁石以及 GRC 塑石。

园可无山，不可无石。石配树而华，树配石而坚。因此，叠石既可用于庭园，也可陈列于室内。构石的手法较多，有卧、蹲、挑、飘、洞、眼、窝、担、悬、垂、跨等。叠石为山、小中见大，几乎成为中国庭园必不可少的构成要素。如北京北海琼华岛西坡琳光殿南蟠青室中的“一房山”便体现：在蟠青室即可登玲峰上，脚下太湖石，远观西山景。所以乾隆写诗说：“架楹玲峰上，步登嵌岩底。寅缘陟其巅，仍在一房里。开窗眄群岭，攒簇参席几。秀色瓦映带，妙趣无彼此。炙毂辨难穷，转物理若是。”

江苏苏州狮子林是中国叠石的典范。林为佛教禅宗的寺院。在佛教中佛为人中狮子，狮子座是佛的坐位，泛指高僧的坐席。狮子林本身即是一个宗教用语。禅僧参禅，斗机锋，不念佛，不崇拜，甚至呵佛骂祖。所以狮子林不设佛殿，唯树法堂。小方厅北院内若干块湖石镶嵌接叠而为“九狮峰”，形态俯仰多变、气势雄伟。仔细端详依稀可见九头不同姿态的狮子，而无斧凿痕迹，叠石技艺相当高超。配在立雪堂、卧云室、柏轩、问梅阁等以禅宗公案为特色的建筑庭园中浑然成趣，反映出园主天如禅师的禅悟与修养。

二、清玩

清玩是以愉悦轻松为主，不像供石那样严肃敬重，但是更要讲求雅趣。每个人有每个人的生活环境，所以每个人都有自己不同的清玩方式。石道与书道、茶道同源而异派，我们不妨旁通借鉴。唐代的孙过庭是主张心与物不可分离、“再现—表现”合一的美学思想的书法理论家。他提出：一幅好的书法作品的创作要营造一定的环境。他还说：“一时而书，有乖有合，合则流媚，乖则雕疏，略言其由，各有其五：神怡务闲，一合也；感惠徇知，二合也；时和气润，三合也；纸墨相发，四合也；偶然欲书，五合也。心遗体留，一乖也；意违势屈，二乖也；风燥日炎，三乖也；纸墨不称，四乖也；情怠手阑，五乖也。乖合之际，优劣互差。得时不如得器，得器不如得志，若五乖同萃，思遏手蒙；五合交臻，神融笔畅。畅无不适，蒙无所从。”这里除了“纸墨相发”与“纸墨不称”外，其余都可以是我们赏石应该有的乖合情境。同样，茶道的高手——明末清初冯可宾论茶道的《岕（jiè）茶笺》时说，茶有宜有忌。“茶宜：无事、佳客、幽坐、吟咏、挥翰、徜徉、睡起、宿醒、清供精舍、会心、赏鉴、文僮。茶忌：不如法、恶具、主客不韵、冠裳苛礼、荤有杂陈、忙冗、壁间案头多恶趣。”茶道中人评论《岕茶笺》：“虽篇幅无多，而言皆居要。”冯氏所说的宜与忌对赏石清玩来说，除文僮可换为自己动手，其他各宜各忌都应该是品石的合宜条件。书茶二道在理论总结上做的工作比石道要多一些，值得我们深思与借鉴。这样才更有益于清玩出情趣，才能起到“见性”与“怡情”的作用。

第四节　雅石的养护

雅石原出于山中、土中、水中、洞中，经人们发现采掘，移置它处，或供或玩。由于变换了原生环境与条件，它容易进一步风化而改变色泽、形态。所以雅石养护的目的是为其养颜增寿、保持容貌。但要注意的是：人们也要根据具体石种的具体情况进行养护。

雅石养护包括对雅石进行清洗、保养和防护。清洗保养就是对污染的石材进行清洗治理以及对雅石进行日常维护；防护是指把防护剂涂抹于雅石之上以达到保护雅石、延缓风化的作用。

有许多与雅石打交道的人士都有这么一个观点：雅石是一种不需要维护保养的、耐久性的艺术品。其实这一观点是错误的。因为雅石本身都有一个天然突出的物理特点——吸水性（一般花岗岩质雅石吸水率在0.1%—0.2%）。因此由于不合理的放置、运输、陈设以及外界污染源（如水汽、雨水、油污等）与其接触，雅石极易被污染。经常出现的污染问题有：泛碱、锈斑、吐黄、污斑、油斑、草绳黄及风化、老化、褪色、光泽磨损等。另外，雅石经采集到营销等一系列环节中的不恰当的所谓“美容”，更使其受到不同程度的污损。同时，雅石中还含有矿物质和氧化铁，一旦吸水就会出现铁锈。

那么如何既经济又有效地防止雅石污染的产生呢？为此，就需要掌握正确的雅石养护知识。其实，雅石养护也是家喻户晓的，只不过是方法巧与拙的问题。其正如一般美容化妆品一样“是妆三分毒”，关键要看负作用的多少了。

清洗防护的主要原理是防护剂中有效物质随溶剂渗入雅石内部，待溶剂自然挥发后，有效物质就和雅石晶体结合，在雅石表面形成一道有效的防护屏障，以阻止外来及内部污染的渗入，从而达到保护雅石、延长雅石寿命的作用。经防护后的雅石，其吸水率大幅度降低，可以说几乎不吸水，因此只要水分渗不进雅石，污染也就无从产生。经防护后的雅石能防水、防污、抗紫外线（延缓雅石褪色时间）、抗冻、抗溶解性，可保持石材透气性和降低日常保养难度。

养护中最常遇到的问题是清洁，即除尘。供石日久不免落尘，玩石日久不免油污。因此日常的维护最起码是要打扫尘土。雅石除尘的方法因石而异。一般表面光滑的水石、卵石，磨光的雅石上面的灰尘可以直接用细软的毛刷、麂皮、棉纱擦拭，雨花石还可以直接用水清水清洗。如果是那些带有孔洞、褶皱的山石，就只能用毛刷配合皮囊除尘了。而有的石种必须用特殊的方法才能奏效，如孔雀石上有绒毛，可将石置入发泡的洗涤剂中，再放入微波炉加热，利用发泡剂受热弥漫孔隙而将孔隙中的灰尘携带走。

雅石一旦被污染后，清洗相当不易。如使用不良的清洗剂强行将污斑除去，只会伤害雅石，加速石材劣化，反而弄巧成拙。早期灵璧石的清洗就走过沉痛的弯路。所以清洗雅石时，最好使用石材专用清除剂，它能有效地解决问题。

其次就是防止风化。有的雅石出土、出洞或出水后容易风化，这就要设法将雅石与风化的环境相隔绝。最常用的方法是使用石材保护剂。比较传统的雅石养护方法主要有：上石蜡、凡士林、白油（液体石蜡）、茶油、汽车蜡等，有的甚至还要上酸腐蚀。上酸腐蚀的危害已被大家逐渐认识到了，因此现在使用得越来越少，只有那些有意人为造型的还在使用。但其他几法仍在比较普遍地使用。

其中，雅石最典型的养护方法是上蜡。我们将有关上蜡的问题略做一下分析。

上蜡是目前我国赏石界使用最多的一种保养雅石的方法，但也可以说是一种错误的保养方法。这是为什么呢？因为蜡是一种不透气的密封剂。当打完蜡后，虽然外界的水和湿气不能进入雅石内部，可以在一定程度上防止污染；但雅石内部和下面的湿气由于受密封蜡的影响也散发不出来。这样水汽长期积存在雅石内部，会导致雅石的病变，且蜡一般会影响雅石的天然色泽。同时，经常打蜡会损害石材表层，很难将雅石把玩出天然的包浆。

那么，人们为什么都要给雅石上蜡呢？因为蜡是比较容易获得的物品，还可以上光，且有一种蜡就叫上光蜡。它还可以改善石表面的手感，使色纹更加鲜艳。特别是一些需要交易的雅石，往往如同待嫁新娘一样要乔妆打扮一番，而这里的“妆”就是上蜡。但大数人对蜡性不太了解，我们经常可以看到：有的人为了给雅石上蜡，可以说是对雅石“恨铁不成钢”，似乎要棒打出孝子：为了让石头尽快受热溶蜡，有的用火烧、有的用热水烫，还有的放在太阳光下晒……认为这样可以渗进更多的蜡液。其实，一般的蜡的时效只有2—6个月，时效一过还要反复上蜡，极易对雅石造成重复污染，且不易日常清洗养护。在用水加热上蜡时，水分会充分地浸入石体内，一经上蜡水汽无法排出，就有可能造成严重的后果；轻者也会产生反潮现象，使石体表面变得一片灰白，遮掩了雅石的本真面目。雅石上蜡说严重了也是一种做伪行为，更关键的是造成了雅石的呼吸窒息。所以我们不提倡为雅石上蜡，而提倡使用专门的石材养护剂。

目前，国内外石材养护产品大多采用一种先进的高科技——渗透性防护剂。它主要分两种类型，即水性和溶剂型。大部分溶剂型防护剂都是有毒易燃的产品，属于防护剂的初级产品，现在已慢慢被淘汰。石材养护在国外的发展已有30多年的历史，且随着石材养护技术的发展，现在国外的石材养护产品也已逐渐过渡到水性（环保型）。

有些石种，如沙漠中的沙漠漆、矿物晶体中的辰砂易氧化退色，这类雅石宜采取玻璃密封罩密闭抽空的方式，这样石头既不会被氧化，又可以提升其珍贵性。

雅石的价值在于其是“天造”的，千万不要把它变成“人工”的或“天造加人工”的“天人合一”。雅石是经过大自然千百万年的鬼斧神工才“造就”出来的一种纯天然品，这才是它最重要的特色和属性之一。因此，雅石养护的第一要诀就是要珍惜、保护它的这一特色和属性。天然雅石有一种很强的质感，用放大镜观察可以看到其表面有许多类似人皮肤毛孔的极细微孔穴。所以，雅石的养护是洗脸护肤，而不是隆胸、拉(lá)双眼皮。一般可以清洗，但欣赏的主体不可人为地加以雕琢。除切片石外，一经打磨或雕琢，它就会失去最重要的特色和属性——石皮。

新采集的雅石有的可以直接进入室内收藏、陈列；有的则需要在室外供养一年半载，每日用清水浇湿一两次。这样可使石体风化度较均匀，且每过一个月左右应给石体翻一次身、转转角度。

收藏、陈列在室内的雅石，有的可以继续用“水养”方式养护：一两天浇一次水，使它经常保持温润而有生气，而后用干布擦拭，使其保持整洁。

雅石越有沧桑感就越有价值，所以不宜将其妆扮得油头粉面、凭添造作、反雅为妖。人工为雅石涂油抹蜡会堵塞石头的毛细孔，妨碍它吸收空气中的养料，使雅石不能显示出其老气或沧桑感，进而使雅气荡然无存。

较小的手玩雅石应常置于茶桌书案上，在品敬聊天、读书看报或观看电视时以手摩挲把玩，让温润的手气渗入石肤、石体。久而久之，雅石的包浆会在不知不觉中逐渐形成并加深，使其更显得可爱。

雅石在采集和运输过程中，有时会因不小心或不可抗力而碰破、损伤石肤石肌。石伤明显者，可先略作修整后，再将其放在露天石架上让它经受日晒雨淋，并定时给它浇水。日久天长，石肤自然风化、色泽渐变，直到整个石体在质感、色感方面完全调和，伤痕逐渐消失。

雅石运输的保护也是十分重要的环节。特别是那些多孔空灵的造型石、鸡骨石和矿物晶体，许多部分均以险见绝，移动过程中稍有不慎后果将不堪设想。运输过程中最怕石体自由摇动，因为雅石的不规则特性为其安全运输带来了隐患。在实践中，我们针对特别需要加以呵护的雅石，应有特殊的、行之有效的办法。目前，最安全、有效的包装法是在木箱内填充聚苯。对于极不规则的雅石还要先用聚苯颗粒填充，再使用发泡剂填充加固。

雅石的养护需要耐心和爱心。养石即养心，藏石者在雅石的养护过程中会得到无穷的乐趣和极大的精神享受。因此，养护中最重要的原则就是悉心爱护和尽力保持雅石的天然属性。

第十六章

雅石评价

第一节 雅石评价的原则

石头被人赋予了灵性后就成为艺术品，是具有艺术性的雅石了。而对艺术品的评价要根据其特性进行，不能按照工业产品的产品质量标准去衡量，也不能照搬自然科学的定量方法去评价。总体说来，对雅石的评价要把握总体，看它是否是定性的、是美的。

雅石评价是在人类文化的已知范围内进行的。如其他门类的艺术一样，不同的文化背景会导致不同的评价取向。如：在我国汉民族聚居地，喜好传统文化的人可能对那些富有东方美学特色的禅意情有独钟，而这些对西方许多艺术评论大师来说却可能产生不了什么感染力。我们举一个真实的例子：宁夏中卫沙坡头是黄河“几”字的折笔处，天工在那里造就出了很多艺术品味极高的雅石。有一件雅石，原在收藏者的院内石堆里不被重视。一天，收藏者邀请石友到家中欣赏，室内的石头真可谓数不胜数。然而，有个人在室内很快地看完了一圈就不看了，后走出房门到院里看到地上石堆里的一块石头，眼神一凝，下面的故事就出现了。这位石友让主人拿点清水洒在该石上，然后对大家说这件雅石可以收藏。这件雅石体量有一个巴掌大小（高 22 厘米、宽 19 厘米、厚 6 厘米），外形是“心”形。草绿底色，上中间一条红色图纹，乍看好似古代青铜器上的纹饰。正可谓红绿搭配和谐、石形周正圆润。他对主人说：这很像一个设计得很好的徽标。你可以查一下那些红色的条纹，应该是英语单词。这时，旁边有人说好像是英文的“艾滋病”。接着，有人就说：这正好是一个“心”形，可以送给防治艾滋病的机构，作为一种人文关怀的爱心。事后主人将此石妥善地保管起来，过了一段时间，有讯传来：那上面的红色条纹是英文单词“干涸”。此石出自黄河沙坡头滩涂，对比母亲河黄河经常缺水干涸，能唤起人们保护母亲河、珍惜水源的情感。主题一经提炼出来，一件名石就由此诞生了。在2004年中国奇石王擂台赛上，该石一展身手、大放异彩。这个例子说明：物质的岩石只有与人文背景对接在一起才能成为雅石，且不同的人文背景会提炼出不同意义的雅石。

宁夏中卫沙坡头
卵石“干涸”

雅石作为一种天工的造型艺术，有与其他造型艺术相通的普遍性，而这些普遍性就是我们用以评价雅石艺术的基础。在造型艺术大家庭中，与雅石艺术最为相通的有绘画与雕塑。另外，文学中的诗歌也是雅石评价中极具借鉴价值的旁通艺术门类。

其实，雅石就是载有诗情画意的石头。在雅石评价中，天工造型是一个重要的方面，而雅石评价最基础的工作是鉴真。鉴真有两方面的含义：一是名实相符，不能错把彩陶石当成大化石，把吕梁石当成灵璧石；二是要鉴识构成的造型是天工的，还是人为的，即业内说的是“动过手”的还是“没有动过手”的。

石头的质地是不可忽视的。这就如同雕塑，有青铜的、胶泥的、花岗岩的，还有不锈钢的等多种多样的材质，但它们都是造型艺术、雕塑艺术。雅石有黑如漆的灵璧，也有冰洁玉莹的昆石；有体重多吨的置石，也有可纳须弥的米粒豆石。其形可以千姿百态、色可素可缟、质可犷可腻、声可喑可悦。但是，不能以雕塑的材质来论定雕塑作品的艺术成就，不同材质适合不同的题材。商代青铜的四羊方尊是艺术品，古希腊的大理石雕像维纳斯也是艺术品。有的石头材质是稀有矿产或贵重金

属，但是我们不能因为它珍贵就赋予其美与雅。这就等同于不能因为这个人有钱，就说他有文化一样。有钱人自有有钱人的地位，文化人也自有文化人的地位。在评首富时可以按拥有的资产来评价，而在评诺贝尔奖时金钱就不是那么万能的了。好的材质要表现与之相适应的主题才会跻身到美与雅的行列，否则也就是珍贵的矿石。比如说：葡萄玛瑙表现丰收的葡萄可以说是天人合一的雅石，但要是用葡萄玛瑙表现无籽的西瓜就很难与美沾边，也就更无雅可谈了。这就是人们常说的黄金有价、石无价的道理了。

全面地综合把握是雅石评价应遵循的一般原理。《大般涅槃经》卷三十二中有一个盲人摸象的故事：一位国王为了取乐，找来四个生下来就瞎眼的人及一头大象。国王将四个盲人个别安置在大象身旁不同的位置，命令他们伸手触摸大象，并且都要叙述大象长得是什么样子。于是摸到象脚的盲人说："大象长得像一棵树。"摸到象尾的盲人说："大象长得像一条绳子。"摸到象鼻的盲人说："大象长得像一根水管。"摸到象耳的盲人说："大象长得像一把大扇子。"此时，在一旁观看的人不禁都哗然大笑起来。这个故事看似好笑，但在现实生活中却在无数次地重复。在雅石评价中，常常有人把"色、质、形、声"四大雅石造型要素割裂开来，分别评价，再行累加，然后得出结果。实际上就是：一棵树上吊着绳子，拴上管子，再插上扇子，就合成了大象。但是，艺术的成就在于总体的把握，决不是哪方面多就好或者是少就好。人们在评价王羲之的《兰亭序》时说："右军书法，无其上者，妙在增一分则肥，损一分则瘦。"总体的精神气质才是我们需要把握的。这精神气质就是美与雅，就是诗情画意。离开雅石的魂再"雅且文"也算不上艺术品，石质再好而无文那最好还是请拿到钻石鉴定的地方去。要知道，牵牛花、淡竹叶，虽不贵但是可以雅致。宋·周敦颐的《爱莲说》说得很有道理：牡丹、芍药其质虽贵，但是没有开出好花来，不但不雅可能连美也谈不上了。雅石评价以文为魂、以真为本，这就是人本化的雅石评价原则。

社会是发展的，人的追求也是与时俱进的，并不存在绝对的真理。艺术品的评比是"型"的评比。这里有一个便于说明问题的例子，那就是中国传统的科举考试。古时读书人考科举最荣耀的莫过于连中三元了，即在乡试中取得第一，又在会试和殿试中都取得第一

名。这说明参加评比的层面和范围不同，第一名的标准也就不同了。单拣出这个问题是要请大家清楚地认识：不要企望有一个有如万国公制的铂铱尺来丈量雅石的艺术水平高下。伏羲氏不在了，谁为禹授玉简（远古时期测量长度的标准尺）呢？

艺术评价没有必要建立什么国际公约组织来约束海阔天空的艺术天地。那么，是不是雅石就不需要评价了呢？当然不是，只是对于雅石进行评价有其自身的"道道"。我们不是总讲"石道"吗。"道"是一种社会性的意识，是人们共同生活所遵循的行为准则和规范。那么雅石要讲求什么？雅石要讲求诗情画意，这是美的具体表现形式。同时雅石还要讲雅，雅即是"道"。道在汉字里是个形声字，从辵，首声，本义是供行走的道路。所以，《尔雅》中解释说："一达谓之道。"我们常说以石为师，师是可以"传道、授业、解惑"的。《论语·雍也》中有："质胜文则野，文胜质则史。文质彬彬，然后君子。"宋周敦颐在《通书·文辞》中说："文所以载道也。轮辕饰而人弗庸，徒饰也，况虚车乎。"这是说"文以载道"才是有益的、有用的。自然，岩石成为雅石的一个重要特征就是"以石载道"，即"石以载道"。雅石要成道就要不野不史、文质彬彬，即达君子也。

现在我们可以说雅石要有文、有质。文是什么？文是雅石的诗情画意。质是什么，质是雅石的所载之道，即是能使人健康向上的文化内涵。文质彬彬了也就是从俗到雅了。所以我们强调说："石无文不雅"。石雅表现在诗情画意上，而诗论画论都是评价雅石的参照物。因此，我们在下面一节雅石评价办法中借用了诗论中的二十四品这一形式。

以文化人，是文化最浅显的解释。以人为本、以文化人是艺术的真正意义，是艺术的核心。通过赏石的艺术活动净化人的身心，潜移默化地起到对人的教化作用，就是赏石活动的终极目的。所以，雅石评价是围绕着人的艺术活动展开的。雅石不是宝石，如同雕塑作品一样，一个用泥土、一个用青铜，虽然材质不同，但都可以创作出不朽之作来。如果没有人文的灵魂，即使用金玉、宝石也堆砌不出杰出的艺术品。对人的情感的震撼、对人的理想的暗合，这才是雅石从岩石中提升出来成为一个艺术门类的关键所在。

第二节　雅石评价的办法

雅石评价又称“相石法”，是在传统“相石法”基础上发展出来的、更为有利于操作的雅石鉴评办法，即给某一块石头在石头的大千世界里定位评价。一般而言，雅石评价是按品格、位格、层格（简称品、位、层）进行的。

品格是指雅石所承载的内容题材的品性。在美学史上，晚唐的司空图最注重“思与境偕”、“全美”，这也正是把握雅石总体评价的核心问题。所以，我们以司空图的二十四诗品为分品的基础再行开合，对雅石进行评价。即：雄浑、冲淡、纤秾、沉着、高古、典雅、洗炼、劲健、绮丽、自然、含蓄、豪放、精神、缜密、疏野、清奇、委曲、实境、悲慨、形容、超诣、飘逸、旷达、流动。从司空图的二十四品，我们可以看出这是对不同艺术风格进行的分类。其实在造型艺术中，书法有梁代庾肩吾的《书品》、绘画有南齐谢赫的《画品》，它们都是以艺术风格来进行分类的。这样才能总体地把握艺术作品。民国时张轮运将这一方法应用在品石实践中，被公认为是切实可行的雅石评价办法。当然我们所套用的这二十四品和米芾的瘦、透一样，是列举法，而不是包罗万象，也没有必要去生搬硬套。

雅石绝无雷同，所谓人以群分、物以类聚，我们一定要为雅石进行归类评价。因为雅石的灵魂在于文化内涵、重在意趣。以石喻人、以石寄情是中国人表达情感的特殊方式。自然石成为雅石是因为有了人的意志、意境才能见寸石而生情，才能起到怡情教化的作用，所以只有文化才是切入点。

有的人在评价雅石时是按像来归类的。如日本水石道将雅石分为：山水景石、恣石（形象石）、纹样石、色彩石。这种分法很难从中国文化的意境情趣中直接进行联络。

还有的是按石头的大小进行分类的。其实雅石的高下、优劣不一定体现在体量上，正所谓“山不在高，有仙则灵”。按照艺术性来说，以较少的材料表现同等的内涵是较高级的艺术。芥子虽小，可以容纳大千世界的须弥山。所以以体量大小进行分类是物理性分类，不属于文化意趣分类，不在石文化范畴内。

有的是按宝玉石、形象石、文字石、色纹石、纹理石、景观石、组合石、矿物晶体石、佛像石、超大型巨石、功能石、、纪念石、名人石、石器、手玩石、水显石、磨光石（打磨石和磨切片石）、切底石、庭院及园林石、造形石来评价雅石。种类虽多，但杂而无旨。比如说：在形象石中，是像虎好还是类狮好，不能分出高下。

有的按岩石、岩石学划分为沉积岩类、岩浆岩类、变质岩类的。如沉积岩类又分为火山碎屑岩、沉积碎屑岩、粘土岩、碳酸盐岩、礁灰岩、铁质岩、锰质岩、铝质岩、磷质岩、硅质岩、盐岩等等。岩浆岩类又分为橄榄岩—苦橄岩、辉长岩—玄武岩、闪长岩—安山岩、花岗岩—流纹岩、正长岩—粗面岩、霞石正长岩—响岩、碱性正长岩—碱性玄武岩、霓霞岩—霞石岩、伟晶岩、细晶岩、煌斑岩、金伯利岩、钾镁煌斑岩、碳酸岩等。变质岩类又分为区域变质岩、接触变质岩、气—液变质岩、混合岩、构造岩等等。这种分类法对雅石的鉴真有相当重要的作用，但是对雅石评价中相石阶段的善、美、雅这些人文艺术性方面就不具有法的作用了。

另外，有的是按石种进行评价的，如雨花石、灵璧石、三峡石、黄河石等。这种评法解决了不同质不好比的困难，是以上几种中稍可操作的一种，但在各个石种中进行进一步的评价还是要归结到美与雅的问题上来。

层格是指层次的高低。一般分为真、善、美、雅四个层次。

真是指名实相符。如：天然灵璧石以达摩渡江为名，对它的评价要首先进行鉴真，通过一定手段证实是不是灵璧石、是不是天然的形态、是不是与达摩渡江的形象相似。

善是指主题承载是否健康，有无不利于和谐社会构建的内容。在评价雅石时往往出现猎奇现象，就是没有重视赏石作为艺术行为的教化作用。众所周知，石头上出现的各种类型的文字线条组合起来有可能是健康向上的，也有可能是低级庸俗的。这就是艺术领域的香花和毒草的问题了。

美是指在真、善的基础上充满和谐和意趣，具有怡情的作用。

雅是指已经具有了真、善、美，并对揭示人生、感悟人生、教化人生，以及通达事理起到积极的作用。

位格是按传统的九宫格将优劣有别的雅石套入。

格分上上、上中、上下，中上、中中、中下，下上、下中、下下九段来区分雅石的高下。

上上	中上	下上
上中	中中	下中
上下	中下	下下

九格以右为上，依次排序。

这种分法以品为分类单位，每一品中又各有真、善、美、雅四层位，每一层位又有九个位格。最高级别的雅石为某某品上上圣。如不能放入到上面的位格体系内，就不能算作文化艺术类的雅石，而可能是自然奇石，仅具有一定的科学研究价值，如各类岩石标本。

艺术标准不存在绝对标准，在相石法的应用上要视场合而有所取舍。如个人对自己收藏的雅石进行评价，其应用集合就是自己的全部藏石，或就自己藏石中的某个石种进行评价。如：评价崂山绿石这一石种，一样可以评出真、善、美、雅的。自己雅石或美石的上上品可以再与其他石友进行交流对比，这样不仅可以展示自己的爱石，更重要的是展示了自己的艺术修养，因为艺术修养是靠具体的艺术品来体现的。通过艺术品的流通，艺术家的思想才潜移默化地影响了艺术品的爱好者。

同理，相石可以是全国性的评价，也可以是区域性的评价；既可以是单一石种的评价，可也可以是综合性评价。只是相石结果的定语的宽窄而已。

第三节　雅石评价中的注意事项

在雅石评价中，由于评价的角度不同，从古及今产生了不同的评价办法。对雅石进行美学上的评价肇自北宋的米芾。宋代的《渔阳石谱》中就记述了米芾评价雅石的方法：“元章相石之法有四。语焉：曰秀、曰瘦、曰雅、曰透四者。虽不能尽石之美，亦庶几云。”以秀、瘦、雅、透来论石是对中国石文化继往开来的总结，已成为千年沿用的通训。这也是米芾之所以被尊为石圣的原因之一。这四字相石法实际上分为三个层位。图示如下：

最下层列举了当时人们乐见的两种风格的雅石。以米芾的生活阅历推断：一是刚瘦型的英石（充含光尉），二是空透型的湖石。这只是对雅石的形式、风格进行的枚举法，其实还可以列出更多风格。这就是我们所说的、入品后的、好的雅石类型，也就是善的层位。而秀是美的层位，雅是最高的层位。

后人又从另外的角度对其进行了演义。如：清郑燮（板桥）从一个不能实现自己政治抱负、愤世嫉俗的画家角度将一腔爱民热血寄情于石中，将米芾的“秀、瘦、雅、透”改变为“曰瘦、曰绉、曰漏、曰透”，并引苏轼语加了“丑”字，认为“丑而雄，丑而秀”。清代稍后的艺术评论家刘熙载在《艺概》中继承了这一主张，说道：“怪石以丑为美，丑到极处，便是美到极处。一‘丑’字中，丘壑未易尽言。”

其实，郑燮与米芾讲的是两回事。米芾的“秀、瘦、雅、透”是“相石法”，而郑燮的“瘦、绉、漏、透”是画石法。画石法的四个字是并列关系，是如何表现山石的“雄”且“秀”，为此还强调了一个“丑”字。长期以来，郑燮的画石法深深地影响着后世的赏石活动，成为引用率最高的语录。也正因为如此，它才成为米芾相石法以讹传讹的源头。不过我们仍要感谢郑燮对中国石文化发展的推波动澜作用。

这也许是因为郑板桥在一般民众心里的知名度更高一些、年代更近一些，自然人们的印象也就更深一些。从米芾辞世的1107年到郑燮出生的1693年，相隔586年；从郑燮辞世的1765年到1976年的新时期，仅211年。而米芾辞世距我们已经近900年了，所以人们自然对郑燮的话记得更深刻了。

唐代的柳宗元也曾开创性地提出了赏石的“形、质、色、声”四个方面，事出其刺柳州时的一张便条——《与卫淮南石琴荐启》。柳公在

这个便条中总结性地说出了雅石构成的基本要素，是我们在评价雅石的活动中不能离开的四个物质构成方面。其实，自然岩石与人文雅石都具备这四个要素，这是石头所固有的物理属性，其自身并没有高低好坏之分。只不过在对不同的石头进行比较时，它们之间在这四个方面会有所差异。所以我们现在称“形、质、色、声”或者再加个“纹”字为雅石造型的基本元素。

虽然“形、质、色、声”不是我们评价雅石优劣的办法，但是柳公之说首开雅石评价之滥觞，起到了不可磨灭的承前启后作用，为米芾相石法奠定了基础。

由于传统文化向来有尊古的习惯，很多人都唯古人所云是听。又因为“心昏拟效之方，手迷挥运之理”，所以在雅石评价中人们一味地古为今用，能罗列上的古训越多越好，越多越显得完善。有人不但把“形、质、色、声”、“纹”以及“瘦、绉、漏、透”、“丑”杂陈一处，还再加上什么“意境”、“神韵”。更有甚者，还要将这些杂烩机械地分配百分比。他们全然不通盘考虑雅石文化的艺术特性，而按照中小学生的考试形式进行所谓的量化，进行艺术的标准化，可能不知道或忘记了中国书法发展史上走过的“状如算子”和“标准草书”的弯路。

马来西亚产一种红蜡石以色质彩纯透取胜，人见人爱。但是如果按照构石“形、质、色、纹、声”五元素配比打分的评价标准来衡量，最多只能打出质色满分的40%。若要是按照更加求全的方式加上诸如“瘦、绉、漏、透、丑”以及意境、神韵之类恐怕就更惨了，就连深受人们青睐的寿山田黄石也打不上多少分。其实色泽纯正本身就是一种美。如：戈壁红碧玉、贵州红卵石都是因其纯正的红色给人以喜气而受到人们喜爱的。一件上好的雅石是绝对没有必要“形、质、色、纹、声、瘦、绉、漏、透、丑”面面俱到的。美在和谐：我们不能因为大熊猫的黑眼圈好看，就把它用于选评秀女的标准上；不能因为松鼠的尾巴美丽动人，也要求秀女拖上一条尾巴。

其实在雅石评价实践中这些没有以人为本、不重视艺术特有规律、生搬硬套自然科学模子的做法只是停留在“形诸文字”上，而一次真正认真的应用也没有过，只是一种假设性的学说。

在雅石评价和赏石活动中还有一种普遍存在的现象，那就是猎奇。所以，很多人还称雅石为奇石。其实奇是指特殊而已，有可能是好得出奇，也有可能是坏得出奇。所以，奇不是评价雅石的基本方面。因此，对于奇一定要有所区别对待。否则就是稀奇古怪、奇形怪状，有的不但有失风雅，甚至还会有失风化。

与猎奇相似的还有一种偏颇的倾向，即什么石种资源绝少，或已枯竭，在评价时往往就会给予其很高的地位。但是，物以稀为贵应该看在什么场合。那些远道而来的南极石、陨石、月球石，的确在适合人居的地方很不容易看到和拥有，但是拥有这类石头应当是一种纪念，或作为岩石标本来收存，而不是只看稀缺性就把它的雅位抬高。

在雅石评价中还有的是按石头的商品价值去给雅石定位的，这也极不符合以雅为原则的定位。商品价格是应按成本加利润进行核算的，但中国石文化中的雅石是讲求石缘的，不用过多地考虑采掘成本。采掘成本再大、采掘过程再不容易，都不一定与“雅”有联系。深入井下的采煤工多不容易，但他们采来的煤是用来做能源燃料的，而不一定是用来进行审美的。这个道理说起来容易，但是很多人仍愿用自己的辛苦换来高位。这只能说可以理解，而作为雅石是不能牵就采掘成本的。实际上，以巨额的采掘成本来寻石已经不是雅事了。现在在广西，人们为了以石获利，多有死伤于觅石过程当中的。有的人甚至还把雅石作为一种创造利润的产业，进行浩浩荡荡的掠夺性采掘。这就与宋徽宗时朱勔的花石纲接近了，不但不雅，反而远离了文明。

出现以上偏颇的最根本问题在于：没有把文与雅这些艺术中核心的内容真正摆到重要的位置上，说白了是以理化指标来评论艺术，是与石道背道而驰的。

第四节　人本化雅石评价的意义

人本化的雅石评价在赏石活动中具有非常重要的意义。人本化是指客观的石头被人观照后联想出自己已经认知的文化内容。在这一过程中，人的艺术功底起着至关重要的作用。所以，我们称赏石活动为艺术欣赏活动，而不是科学考察活动。人们对石的需求，在于它的美以及人类所追求的至雅境界。人们只凭一双慧眼通过石头来观悟世界、体悟人生；而不用仪器作用于石头，甚至将石头粉碎提取其中的某一元素用于

转化为另一种形式的物质，或剖析它的理化指标。

中国石文化在漫漫的历史长河中出现过很多很多璀灿的明星，其中有很多至今还闪烁着耀眼的光茫，犹如北斗的天罡一直在为后来的爱石人指引着方向。如：石圣米芾的“相石法”至今还是人们转石为雅的利器。有人说石文化是文化之祖，这可能有点道理，毕竟人类是从磨石头发展进化而来的。毋庸置疑，石文化在人类文化发展历史中起到过极为重要的作用，但它也像许多世界文化遗产一样，面临着不容忽视的危机。任何艺术都是由物质作为载体的，而在讲求工程科学的今天，机械地套用理化指标来对艺术进行规范已显端倪，这在中国石文化的发展现实中更是相当突出的问题。

“文化大革命”以后的中国新时期文化，正在科学技术所创造的物质财富的簇拥下，以前所未有的速度多元化地发展着。

而中国石文化的新时期大致经历了四个发展阶段：趣玩、采掘、庋藏、雅识。与之相对应地在名相上也发生了变化，如：在趣玩阶段一般称捡奇石；在采掘阶段一般称观赏石；在庋藏阶段一般称石玩；进入到雅识阶段便称为雅石了。雅识阶段既不是猎奇，也不是利益驱使，更不是淘宝升值，而是体现石道。

趣玩阶段以工人为主体，从文革中后期寄情花草的一部分人群中转向更为耐人寻味的可以将名山大川凝聚于咫尺盆中，再现意境清逸的山水景观的盆景艺术。盆景中的山石盆景又启发人们继承中国古代赏石的传统，将那些一石成景的独石分离出来。这是新时期赏石艺术的滥觞。这个阶段的赏石是相当质朴的，极少利欲成分，大家都是“奇文共欣赏，疑义相与析”，于大搞极端阶级斗争中释放出了人间自有的真情。

采掘阶段以趣玩阶段的群体为基础。面对千姿百态的石头，人们怀着虔诚的心去请教与石头打交道的人——地矿职业的人。雅石是美的、是雅的、是艺术的，它的艺术力量所在是可以使人心动的。通过这样的互动，原来只是把石头作为自己工作对象的又一个群体也充实到雅石艺术队伍当中去了，雅石队伍进一步扩大。在这一过程中，石头的采掘方法有了长足的改进，可以说是从捡拾步入了技术层面的采掘。这一阶段还出现了两种现象：一种现象就是“文化搭台，经济唱戏”的功利主义文化风潮。在功利主义的操控下，形成了大量的天价奇石的炒作。一种现象就是不惜血本的扫荡性采掘。在利益驱使下，一些地方的生态受到了不良的影响。

皮藏阶段处于集贸市场在我国再度出现的时期，此时雅石在市场经济中进入了艺术价值与经济价值挂钩的阶段。随着赏石群体的不断扩大，交易也在不断扩大，特别是交易面和交易层次与时俱进。一部分先富起来的人也受到雅石艺术魅力的感召，开始在商海里畅游之余，儒商并举，实业、雅事同谋。商业和经验又使这部分人看出了雅石的两个重要特性：一是绝不雷同的、强烈的个性；二是资源的不可再生。从此，他们判断出雅石具有巨大的升值空间，于是趸石的、藏石的人越来越多，雅石进入了商品流通领域。花卉市场、工艺品市场中开始有越来越多的人投入其中进行交易。由于我国产业结构的调整、人事制度的改革、城乡经济的改变、退休年龄的提前、富余劳动力增加，赝品书画、陶瓷、铜玉、文房制器屡见市井，人们自然开始把目光投向了这些上亿年天工造作的纯天然艺术品——雅石。这时，有采掘的、有趸货的、有买卖的、有玩的、有研究的，形成了浩浩荡荡的大军，专业化的市场也应运而生。在这个阶段，雅石不但于各个地区进行交流贸易，其国际间的交往也是愈益频繁。东亚的日本、韩国，东南亚的新、马、泰自不必说，欧美的意大利、德国、美国、加拿大甚至南部非洲也席卷其中。一时间，各地的雅石展会此起彼伏，群众基础不断扩大、介入人群不断丰富，在利与艺方面都取得了不同的成果，为雅石找到自身在艺术坐标中的位置架起了云梯。

雅识阶段是雅石发展中的艺术理智阶段，即进入了以石为道的阶段。《诗经·大雅·瞻卬》："君子是识。"《荀子·荣辱》："君子安雅。"（注："正而有美德者谓之雅"）在皮藏阶段可以说是鱼龙混杂、良莠难辨，并由于利益与无知而寄生出了制赝与猎奇。一些表现低级趣味的龌龊心态通过奇石恬不知耻、堂而皇之地呈现在世人面前，大大降低了雅石在人们心中的地位，有的甚至使人望而生畏，严重干扰着中国石文化正常、健康、有序的发展。而出现这些问题的根源在于重物轻人、重财轻义（艺）。那么，雅识阶段是一个什么样的阶段呢？雅识阶段是以才艺为手段、以道义为根本的雅石发展阶段。这个阶段，雅石是受人钟爱的艺术品。而赏石活动是运用艺术创作规律的实践活动，是赏石人才艺发挥的阶段。

健康的发展道路是在人们健康的价值取向中形成的。皮藏阶段津津

乐道的要花多少钱买一块好石头，应发展为怎样才能看到一件好的雅石，使不可再生的资源进入可持续发展的轨道。拥有一件雅石要让更多的人在这件雅石上进行更加多元的艺术创造，这就是“石道”，就是我们所说的雅石评价。通过这种健康的雅石评价行为来以物净心与激励精进、转识成智、化一石为万石、化拙为雅、化静为动，发挥出艺术的感染力量。

石是“自然之妙，有非力运之能成”；而雅是修养积蓄所成，是养出来的。所以，孟子说“善养吾浩然正气”，宋文天祥在《正气歌》中说“天地有正气，杂然赋流形”。自然之石就是“流形”，只有贯上我们的浩然正气才能“致君尧舜上，再使风俗淳”（杜甫《奉赠韦丞丈二十二韵》），使自然之石成为艺术雅石。只有平日积养了艺术才气，才能有石缘，才能与石相会、与石对话、与石沟通。明白了雅石评价的道理，也就不会再出现宝玉石与雅石不分、奇石与雅石不分这样基本的常识性错误了，更不会出现由于石种太多而不便于分类和没有可比的共性可评价的问题了。同时也解决了在奇石时代中出现的一点造型没有，一点人文内容也联系不上，就是因为资源稀少就被戴上桂冠的与文化不沾边的事了。

第十七章

雅石的采集交流

采集雅石有生产性开采和休闲觅石两种方式。这里，我们主要介绍休闲觅石，又称觅石，它是雅石的第一手来源。休闲采集的雅石不一定品质殊胜，但是每个觅石人在寻觅过程中都会有不亚于得到好石头的另外收获，这就是心境的调养。

而雅石的交流可以是石友之间的转让、赠予、交换，也可以是市场采购。采集与交流是进行赏石活动的基础，也是艺术物化的对象来源。

第一节　雅石的采集

觅石是一项集艺术才气、康体健身、旅游观光于一体的，非常有益身心健康的活动。通过觅石，人们可结交石友、了解地方风土人情、领略祖国大好河山，以激发爱国主义情怀。在旷野觅石，可呼吸清新空气、跋山涉水、回归自然。在各地，很多石友通过觅石提高了才艺、广博了见闻、增长了学识；很多石友通过觅石广交了朋友、发展了事业；很多石友通过觅石寻到了宝贝、积蓄了财富；很多石友通过觅石去掉了原来久病不愈的顽疾。

群众性的雅石休闲采集一般都是以卵石为主的。有人说：每天用脚踩一阵卵石可以对足部进行按摩，会对人体产生很好的保健作用。足为人之根，是人体精气汇集之中心，被称为人体的“第二心脏”。但足部

离心脏最远，又处于人体的最低位置，是末梢血液循环比较差、血液容易滞留的部位。所以，在日常保健中，经常保持足部的血液循环畅通非常重要，而足部按摩正是一种最佳的畅通足部血液循环的方法。另外，足部按摩还具有固养根气、疏通经络、祛病强身、调节自律神经的功能。通过在足部表面施加压力，还可启动机体的调节功能、激发各器官细胞潜能、增强免疫力。大量临床实践证明：足部按摩疗法对治疗神经衰弱、失眠、消化道疾病、腰腿痛、糖尿病、支气管炎、老年痴呆、心脏病，以及预防癌症等都有较好的疗效。而每天赤脚踩一阵卵石也无痛苦、无副作用，是一种不可多得的自然疗法。很多中老年石友就是因为喜好捡拾雅石而涉足滩涂，因此改善了体质。

要想觅石，首先要知道何处有何石，要少走弯路，另外也可以在正式觅石前多了解一些背景知识，如什么样的石头需要什么样的工具、到某个地方的路程交通、必备的资费等。

一、六大产石区

华北地区

北京：燕山石、轩辕石、独乐石、房山青石、拒马河石、云纹石、房山太湖石、京西菊花石、桃花玉、瓦井石、虎皮石、钟乳石。

天津：海蓝藻化石、墨虾石、千层石、独乐石。

河北：曲阳雪浪石、涞水云纹石、太行豹皮石、模树石、唐尧石、兴隆菊花石、长城石、承德鸡骨石。

山西：历山梅花石、大寨石、垣曲石、黄河石、菊花石。

北京房山云纹石

内蒙古：葡萄玛瑙、巴林石、戈壁石、绿牡丹石、木纹石、黄蜡石、木化石、雪豹石、玛瑙石胆、水晶、沙漠玫瑰。

东北地区

辽宁：北太湖石、锦川石、海浪石、辽西化石、煤晶石、阜新玛瑙、琥珀、釉岩玉、墨绿石、海城玉。

吉林：松花石、陨石、橄榄石、安绿石、长白玉石。

黑龙江：连池火山弹、树化石、陨石、水晶、奇异蓝宝石、虎眼石、红玛瑙、龙江玉石、墨晶。

华东地区

江苏：雨花石、栖霞石、太湖石、吕梁石、昆石、溧阳石、徐州菊花石、砚山石、茅山石、宜兴石、龙潭石、青龙山石、千层石、竹叶石、锦屏石、镇江石、水晶。

浙江：青田石、昌化鸡血石、锦纹石、天竺石、瓯江石、新昌石、宁海石、瑶琳石、弁山太湖石、金华松石、太湖石、千层石、临安石、常山石、开化石、萧山石、武康石。

安徽：蜡石、灵璧石、巢湖石、紫金石、景文石、褚兰石、巢湖石、宣城石。

福建：寿山石、九龙璧、硅化孔雀石。

江西：庐山菊花石、金星石、潦河石、永丰菊花石、千层石、江州石、袁石、鄱阳石、钟山石。

山东：长岛球石、崂山绿石、济南绿石、竹叶石、泰山石、崮山卵石、紫金石、梅石、博山文石、尼山石、燕子石、艾山石、天景石、灵芝玉、齐彩石、临朐太湖怪石、沂蒙青石、娑罗绿石、彩云石（红花石）、金刚石、乌刚石、杏山石、黄花石、蒙阴绿石、龟纹石、红丝石、徐公石、莱州石、青州石、金钱石、木鱼石、颜神石、兖州石、鱼化石、蛙化石、奇异蓝宝石。

中南地区

河南：河洛石、嵩山画石、洛阳牡丹玉、梅花石、黄河日月石、灵青石、黄磬石、南阳石、北灵璧石、紫石、林虑石。

湖北：黄石孔雀石、渔洋石、三峡雨花石、襄阳石、穿天石、汉江石、渔洋石、黄荆石、堵河卵石、下坪河石、湖北菊花石、方解石、松滋石、黄州石、百鹤石、硅化孔雀石、云锦石、三峡石、震旦角石、菊石、藤纹石、石胆、绿松石。

湖北藤纹石

湖南：水冲彩硅石、安化石、武陵石、浏阳菊花石、桃源石、元石、千层石、道州石、桃花石、龟纹石、澧州石、杨林石、梅花石。

广东：英石、端石、潮州黄蜡石、阳春孔雀石、花都菊花石、河源菊石、桃花石。

广西：大化石、马安彩陶石、贺州黄蜡石、柳州草花石、柳州墨石、三江彩卵石、三江黄蜡石、来宾水冲石、石胆、三江黑卵石、百色彩蜡石、天峨卵石、邕江石、浔江石、运江石、马山石、大湾卵石、灵山花石、安陲青石、桂平太湖石、柳州彩霞石、武宣石、钟山黄蜡石、广西菊花石、八步蜡石、柳砚石、幽兰石、类太湖石、空心石、藻卵石。

海南：蜡石、水晶、珊瑚、火山弹。

西南地区

四川：泸州空心响石、涪江石、绥江卵石、青衣江卵石、泸州画石、泸州浮雕石、沫水石、长江绿泥石、长江星辰石、长江石、岷江石、四川金沙江石、泸州雨花石、黄蜡石、纳溪文石、西蜀石、三峡石、鸡骨石、千层石、宜宾雨花石。

贵州：贵州青、乌江石、紫袍玉带石、贵州绿石、盘江石、天然国画石、马场石、清水江绿石、黔太湖石、黔墨石、文石、辰砂、贵州龙、海百合、鸮（xiāo）头贝。

云南：龙泉石、巧家石、龙泉石、巧家石、云南金沙江石、怒江石、澜沧江石、云南石胆、大理石、水富玛瑙石、玉龙山石。

西藏绿石

西藏：西藏绿石、共玉、冰洲石、紫晶、仁布玉。

重庆：夔门千层石、龙骨石、重庆花卵、重庆乌江石、龟纹石。

西北地区

陕西：金香玉、汉江石、陕西石菊、雪花石。

甘肃：西夏风砺石、兰州石、风砺石、兰州石、庞公石、黄蜡石、祁连山石、洮河石。

青海：河源黄河石、青海丹麻石、玉树彩纹石、青海星辰石、青海桃花石、松多石、风砺石、昆仑石、湟水石、乌金石、古陶石。

宁夏：黄河石、宁夏玛瑙石、贺兰石。

新疆：风砺石、和阗玉、塔格石、硅化木、冰川石、蜜黄石、天河石。

二、中国境内其他地区

台湾：龟甲石、梅花玉、油罗溪石、绿泥石、西瓜石、台东黑石、澎湖黑石、铁钉石、台湾玫瑰石、澎湖玄武石、关西黑石、宜兰石胆、关西梨皮石、花莲金瓜石、埔里黑胆石、高雄砂积石、南田石、铁丸石、龙纹石、风凌石、鳖溪黑石、外木山蜂巢石、油罗火成岩、河蜡石、星潭石、花鹿石、蛤蟆皮石、花莲菊花石、霞石。

香港：黄蜡石、千层石。

从以上列出的产地情况，我们可以看到：中国不愧地大物博，雅石资源极其丰富，除上海、澳门两地由于人地相争而寸土无荒外，各省、市、自治区都有石有寻，都可让雅石爱好者一展身手。

三、休闲觅石的常见方式

要想觅石，首先要订一个周详的计划。一般休闲觅石包括计划性觅石和伴游式觅石。无论是哪一种觅石活动，都要对所到之处有一个大致的了解。了解的内容应包括：

目的地的地理环境。有条件的最好先与当地的朋友进行联络，以便做进一步的了解。查阅当地地图，最好能看一下当地的方志或地名志，以对目的地所产的石种有一个初步的认识。如：从北京的中关村出发到平谷区觅石，且要觅的石种是独乐石，就首先要了解独乐石具体出产在平谷区的什么位置。通过了解，可知其产在平谷区的南独乐河镇，这样才能进一步缩小寻觅范围。又如：寻觅卵石应准备铁钩，用以拨撬翻找；准备喷水壶用以在卵石上显现图纹；准备红布条随拾随放便于集中收取，不然就是熊掰玉米，随掰随丢了。

如觅山石，还要准备锹镐撬棍。此外，常用的觅石装备还有：帆布袋、相机、GPS导航、喷水嘴、绳索、红布条、手表、海拔表、遮阳帽、旅游鞋、望远镜、放大镜、偏振镜、手电筒、指南针、挂胶线手套、日记本、创可贴、岩石锤、小冰镐、登山杖、干粮和水。当然，这些装备不一定一次都要用上和带上，要有选择。最好不在户外宿营，有条件的还可配上越野车。

觅石活动的注意事项：觅石不要单人出行，可三五成行，因为觅石活动也是石友交流的最好形式。严冬酷暑也最好不要外出觅石。

第二节　雅石的交流

雅石的交流自古就有。有的从地方流到中央，如《尚书·禹贡》中记载的诸石。有的是个人交易，如《阙子》里宋人喜得“燕石”。有的是朋友间作为礼物相赠，如苏轼赠佛印“彩石”（玛瑙石）以及收受吴子野的长砣矶岛球石，米芾以“研山”换豪宅等都是雅石易主的交流。明代米万钟在六合做县令时就在那里形成了大规模的雅石集市。

雅石的交流有实物交流和文化交流两种重要形式。实物交流一种是石友间的交换，一种是交易与购买。石友中的交换主要是靠石缘、靠交际面，而在互联网普及之前主要是靠相识与石友间的介绍。随着互联网的发展与普及，人们在网上结缘、展示十分方便，完全突破了空间的障碍，只是目前雅石界真正熟练使用网络的人还不是太多。不过随着时间的推进，新一批知识型爱石人将会越来越重视网际的交流。一般来讲，实物交流最主要的媒介是市场。

一、石市场分布

现在全国各地以省为单位来说，一般都有规模不等的交易场所。最重要的交易场所有南北两大集散地：南方产石大区广西有柳州的柳州奇石城；北方产石大区山东的临朐奇石市场。南北之间还有一个根本不产石头的上海沪太路花鸟奇石市场，它也是一个重要的雅石交易市场。

柳州奇石城

柳州奇石城地址是：广西柳州市东环路 232 号。它于 1999 年开业，是一个有规模、上档次的奇石交易中心。

它占地 3 万多平方米，建筑总面积达 2 万多平方米，包括 5000 平方米的露天广场、1800 平方米的艺术长廊展厅、250 间高级石玩门面、2800 平方米的楼顶旅游市场和花木盆景市场，另外还配套有餐饮、住宿、货运等辅助设施。与一般集贸市场不同的是：它有一层奇石博物馆，长期有馆藏对外展出。其建筑风格独特、气势宏伟、环境幽雅，深深吸引着全国各地的爱石人。

柳州奇石城石头种类齐全，销售各类矿物晶体、古生物化石、奇石为主，并辅以盆景、根雕、字画等。城内有一级奇石市场、二级奇石门面还配有加工中心、信息中心；还有 1800 平方米的矿物晶体展销馆，馆内有萤石、方解石、水晶 200 多个种类，以展销、收藏、交流矿物晶体、古生物化石为其特色；展馆内特别设有 500 平方米适合中小学生进行科普教育和爱国主义教育的科普厅；信息中心可通过国际互联网进行网上贸易。

山东省临朐县奇石市场

山东省临朐县奇石市场是江北最大的奇石批发零售交易场所，位于临朐县城龙泉路中段，占地2.7万平方米，营业楼面积1.1万平方米，钢架玻璃瓦大棚1万平方米，配套设施齐全。内有奇石铺店100多个，棚内固定摊位近600个，同时能安排近700个露天地摊。主营紫金石、红丝石、五彩石、龟石、木鱼石、燕子石等当地品种；经销皖、豫、桂、滇、鄂、川、青、新、藏、内蒙、辽、吉、闽、浙、缅甸、越南、阿富汗等国内外名石珍品；兼营根雕、书画、古玩、花卉、盆景、工艺品等。商品辐射到全国各地及日、韩、美等国家或地区。

临朐优美的旅游环境、丰富的奇石资源、传统的文化优势、庞大的文化产业队伍促进了奇石市场的发展。目前，临朐全县从事奇石、怪石开采、加工、运输、销售的专业户已达6400户，从业人员2.2万人，是国内较大的奇石集散中心。

沪太花鸟奇石市场

沪太花鸟奇石市场地处上海市区北端，位于沪太路1012号（近宜川路），离上海火车站不远。它是上海最大的奇石市场，拥有约占地1万多平方米的奇石交易场所，其中奇石市场的经营场地占地1600多平方米，有近百家奇石经营者，汇集了上海和部分国内奇石界的精英，品种齐全、价格优惠，已形成系列奇石交易和系列奇石配套服务。沪上赏石之风于20世纪90年代后期渐成大气，装点居室者有之，投资收藏者也有之。这个奇石市场石头多，遇见的奇人也多。每逢周末，必有无数爱石人涌入，淘宝取经。

二、其他各地雅石交易市场概览

华北地区

北京：潘家园旧货市场、爱家国际收藏品市场、北京花乡花卉市场、北京奇石城。

河北：燕赵民间艺术市场。

内蒙古：巴颜淖尔七彩街奇石市场。

华东地区

江苏：南京市夫子庙花鸟市场、南京清凉山奇石市场、宜兴太湖石交易市场、徐州中国石文化村、苏州皮市街花鸟市场、连云港市东海县水晶市场。

安徽：灵璧县渔沟镇中国灵璧石国际交易中心。

福建：漳州市奇石古玩专业市场。

山东：济南市英雄山文化市场、青岛市昌乐路文化市场、淄博炎黄收藏商场、昌乐中国宝石城、邹城市花鸟鱼虫古玩市场、泰安奇石大市场、莱芜奇石大世界市场、临沂奇石花鸟工艺礼品市场、费县奇石市场。

中南地区

河南：洛阳市奇石根艺综合交易市场、洛阳奇石花鸟市场。

湖北：襄樊市檀溪大道国际商都奇石城、宜昌市长阳清江奇石苑。

广东：顺德陈村花卉大世界。

广西：南宁市唐山路花鸟市场、桂林市瓦窑工艺品批发市场、北海市云南北路花鸟鱼虫市场

西南地区

四川：成都送仙桥奇石市场、成都天府石都、成都西海岸奇石市场、宜宾奇石城、都江堰奇石市场。

贵州：贵阳市贵阳花鸟市场。

云南：昆明北大门花鸟市场。

重庆：重庆鲁祖庙奇石市场。

西北地区

陕西：西安市小东门收藏品市场、西安奇石村、西安市奇石珠宝城、西安小雁塔花卉市场。

甘肃：兰州市秀川奇石一条街、兰州隍庙奇石市场、酒泉博物馆南工业园西园景区酒泉奇石市场。

青海：西宁市八一路河湟奇石古玩城。

宁夏：银川市西塔文化市场。

三、雅石的文化交流

目前，雅石的交流形式主要有沙龙交流、石友相访和研讨会。

沙龙交流：“沙龙”是法语 Salon 一词的译音，原指法国上层人物住宅中的豪华会客厅。从 17 世纪，巴黎的名人（多半是名媛贵妇）常把客厅变成著名的社交场所，进出者多为戏剧家、小说家、诗人、音乐家、画家、评论家、哲学家和政治家等。他们志趣相投、聚会一堂，一边呷着饮料、欣赏典雅的音乐，一边就共同感兴趣的各种问题促膝长谈、无拘无束。后来，人们便把这种形式的聚会叫做“沙龙”，并风靡于欧美各国文化界，到 19 世纪达到鼎盛时期。“沙龙”式交流人数不多，是个自愿结合、三三两两的小圈子。交流一般采用自由谈论、各抒己见的方式。雅石界目前还没有出现真正意义上的沙龙，一般都是雅化的经营店堂。来往之人一方面以石为缘、结交石友，一方面从事雅石的销售活动。其中，很多经常光顾交流的人多为或多或少的买卖关系。还有更多的是冠沙龙之名而实际上就是添了壶茶的石头铺。

石友相访：是目前最普遍的交流方式。本地的石友经常串串门，看看谁得到了新的爱石、谁写了新的文章、新得的雅石是否需要品题。有时自己拿不准，也要约上自己信得过，又比自己水平高一些的石友到家中分享和出谋点评。

研讨会：现在，我国石文化的研讨会一般是雅石展览活动的配套活动。如 2004 年中国奇石王争霸擂台赛配套的“赏石中国与世界”赏石文化论坛。活动之前先在业内提出研讨会的主要议题，参与者提前提出书面发言，经组委会初步议稿后参加研究讨论。但是，这样的研讨会还不是太多，一般都是即兴发言。有时人们可能会看到一些研讨会的消息，但基本上是“文化搭台，经济唱戏”的奇石展销会的招商词。

另外，在电视、广播、图书、报刊等传媒上也可以进行交流，各种形式的展览更是人与人、人与物交流的直接方式。

后　记

能够全面系统地规整中国石文化并用文字记录下来一直是我们心中的一个宿愿。尽管近些年来奇石的精品、绝品不断展现于世人，图书也出版了不少，但美中不足的是这些书大多以图片展示或图文参半为主。而从一开始对石头的好奇到思考石头奥秘的过程中，愈发感觉到有很多内在的、自相矛盾的东西太多，甚至是尤为惊讶。这种感觉可能不但我们自己有，我们同道的各地、各界石友们有，甚至海外的石友也都身有同感。

因此，我们从 2003 年开始一方面借全国的各种石文化活动和会议，反复呼吁各界石文化爱好者注重石文化理论的研究，并撰文《石文化迫切需要基础资料的发掘研究》予以参考；另一方面我们加紧梳理旧籍、实物和进行实地的考察、总结性工作，想用五年的时间得出一个结论，至少可以期望从历史的角度纵向理出一个脉络。现在可以说是提前做了这项工作。

本书正式启动是在 2006 年 6 月 6 日，动笔时间十分紧张。本书主要想解决的几个基本问题是：赏石活动在文化范畴中的坐标位置；明确赏石活动的属性；石文化历史及历史上石文化的发展阶段分期；中国赏石理论的基本来源；相石理论形成的条件；相石法的设立原则；流传中舛误的名相及掌故的正讹；米芾的石圣地位；雅石道的建立；明确以层级品格的办法来鉴识真、善、美、雅；石种分类及一些知识、技术性的事项。

这是一本通论性质的书，既要讲解一些基础性的知识，使

得一些初入石道的石友和对石文化感兴趣的爱好者更好地畅游于雅石中，同时又要立足于本行业内，解决一些学术上的重大理论观点分歧，所以本书的内容要写得浅而准就绝非易事。虽然在这将近半年的时间里，我们尽心尽力，但总是还感觉到有挂一漏万的缺憾在其中。但愿通过这次出版，可以让更多的人在了解中国石文化时少走些弯路，让更多的人在赏石中更能雅致、更多的人可以通过对本书的评阅在实际赏石中体悟到更多、更深的道理，并以此为基础展开对中国石文化更为广泛的研究。

在这里我们要声明的一点是：在中国石文化中，石刻与制器是不可分割的重要组成部分，但因考虑到有必要在这本书中先集中表述以雅石道为中心的内容，所以这些内容暂且没有在本书中具体表述。尽管这样，我们感觉本书还是略显杂芜，好在都是不得不说的话。

最后在本书付梓之际，向为本书封面题写“石”字的权希军同志致谢！向为我们提供明代石刻“米芾拜石”拓片的庞献辉同志致谢！向为我们提供无为“石丈”图片的汪金树同志致谢！向为本书付出辛勤努力的编辑们致谢！向关心本书撰著的各界同仁致谢！

作　者

2007 年 1 月

参考书目

1. 周秉钧译注：《白话尚书》，岳麓书社，1990 年 8 月第一版。

2. 任孚光、于友发：《白话插图山海经》，山东教育出版社，1986 年 3 月第一版。

3. 王明：《抱朴子内篇校释》，中华书局，1985 年 3 月第二版。

4. 平谷县地名志编辑委员会：《北京市平谷县地名志》，北京出版社，1993 年 7 月第一版。

5. 李时珍著：《本草纲目》，中国书店，1988 年 5 月第一版。

6. 钟公佩著：《彩石》，浙江大学出版社，2003 年 12 月第一版。

7. 山东省昌乐县史志编纂委员会：《昌乐县志》，山东人民出版社，1992 年 5 月第一版。

8. 文震亨：《长物志》，商务印书馆，民国二十五年。

9. 湖北省长阳土家族自治县地方志编纂委员会：《长阳县志》，中国城市出版社，1992 年 6 月第一版。

10. 王士祯：《池北偶谈》，中华书局，1982 年 2 月第一版。

11. 僧祐：《出三世藏记》，中华书局，1995 年 11 月第一版。

12. 孙承泽：《春明梦余录》，北京古籍出版，1992 年 1 月第一版。

13. 朱彝尊、汪森：《词综》，中华书局，1975 年 10 月第一版。

14. 昙无忏译：《大般涅槃经》，上海古籍出版社，1991 年 2 月第一版。

15. 均正：《大乘四论玄义》，CBETA 中华电子佛典协会，Copyright © 1998—2006 CBETA。

16. 实叉难陀译：《大方广佛华严经》，上海市佛教协会出版流通组，1987 年丁卯。

17. 玄奘撰、向达辑：《大唐西域记古本三种》，中华书局，1981 年

2 月第一版。

18.《二十二子》，上海古籍出版社，1986 年 3 月第一版。

19. 章巽：《法显传校注》，上海古籍出版社，1985 年 2 月第一版。

20. 苏渊雷、高振农辑：《佛祖统纪》，上海古籍出版社，1994 年 1 月第一版。

21. 慧皎：《高僧传合集》，上海古籍出版社，1991 年 12 月第一版。

22. 王念孙：《广雅疏证》，中华书局，1983 年 5 月第一版。

23. 米芾：《海岳名言》，中华书局，据百川学海本排印。

24. 曹雪芹、高鹗：《红楼梦》，人民文学出版社，1964 年 2 月第三版。

25. 刘昫：《旧唐书》，中华书局，1975 年 5 月第一版。

26. 薛居正：《旧五代史》，中华书局，1976 年 5 月第一版。

27. 方少木编：《矿物岩石肉眼鉴定》，煤炭工业出版社，1980 年 2 月第一版。

28. 陆游：《老学庵笔记》，三秦出版社，2003 年 1 月第一版。

29. 张松如：《老子解说》，齐鲁书店，1987 年 4 月第一版。

30. 蒲松龄：《聊斋杂记》，辽沈书社，1987 年 4 月第一版。

31. 灵璧县地方志编纂委员会：《灵璧县志》，浙江人民出版社，1991 年 6 月第一版。

32. 刘禹锡：《刘禹锡集》，中华书局，1975 年 11 月第一版。

33. 柳宗元：《柳河东集》，上海人民文学出版社，1974 年 5 月第一版。

34. 张汝颐：《六朝事迹编类》，商务印书馆，民国二十五年。

35. 钱泳：《履园丛话》，中华书局，1997 年 12 月第一版。

36. 王充：《论衡》，岳麓书社，1991 年 8 月第一版。

37. 杨衒之：《洛阳伽蓝记》，山东友谊出版社，2001 年 5 月第一版。

38. 邹演存：《米公祠及其石刻》，湖北省襄樊市文物管理处，1999 年 8 月第一版。

39. 张廷玉：《明史》，中华书局，1974 年 4 月第一版。

40. 路玉章：《木雕技法与传统雕刻图案》，中国建筑工业出版社，2004 年 1 月第一版。

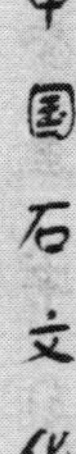

41. 萧子显：《南齐书》，中华书局，1972年1月第一版。

42. 李延寿：《南史》，中华书局，1975年6月第一版。

43. 山东省蓬莱市史志编纂委员会：《蓬莱县志》，齐鲁书社，1995年7月第一版。

44. 玄烨：《全唐诗》，中华书局，1983年11月第一版。

45. 董诰：《全唐文》，中华书局，1983年11月第一版。

46. 英廉：《日下旧闻考》，北京古籍出版社，1983年5月第一版。

47. ［日］圆仁：《入唐求法巡礼行记》，上海古籍出版社，1986年8月第一版。

48. ［日］村田圭司撰，春成溪水译：《沙盘与底座摆设的差异》。

49. 葛洪撰、邱鹤亭注释：《神仙传注释》，中国社会科学出版社，2004年9月第一版。

50. 司空图撰、曹泠泉注释：《诗品通释》，三秦出版社，1989年3月第一版。

51. 钟荣撰、陈延杰注：《诗品注》，人民文学出版社，1961年10月第一版。

52. 胡应麟：《诗薮》，上海古籍出版社，1958年10月第一版。

53. 阮元：《十三经注疏》，中华书局，1980年9月第一版。

54. 杜绾：《云林石谱》，商务印书馆，中华民国二十五年十二月初版。

55. 章鸿钊：《石雅》，上海书店，根据中央地质调查所1927年版影印。

56. 司马迁：《史记》，中华书局，1963年6月第三版。

57. 张振珮：《史通笺注》，贵州人民出版社，1985年12月第一版。

58. 马国权：《书谱译注》，上海书画出版社，1981年7月第一版。

59. 施耐庵：《水浒传》，人民文学出版社，1975年9月第十二版。

60. 桑之行等编：《说石》，上海科技教育出版社，1993年7月第一版。

61. 段玉裁：《说文解字注》，上海古籍出版社，1981年10月第一版。

62. 济南开发区汇文科技开发中心制作：《四库全书》，原文电子版，武汉大学出版社。

63. 永瑢：《四库总目提要》，中华书局，1981 年 7 月第一版。

64. 林退菴：《四书补注附考备旨》，锦章图书局，民国十五年夏日。

65. 脱脱：《宋史》，中华书局，1977 年 11 月第一版。

66. 苏轼：《苏轼集》，时代文艺出版社，2002 年 10 月第一版。

67. 林有麟：《素园石谱》，中国书店，1997 年 5 月第一版。

68. 魏徵、令狐德棻：《隋书》，中华书局，1973 年 8 月第一版。

69. 江苏省铜山县县志编纂委员会编：《铜山县志》，中国社会科学出版社，1993 年 6 月第一版。

70. 魏收：《魏书》，中华书局，1974 年 6 月第一版。

71. 王利器：《文镜秘府论校注》，中国社会科学出版社，1983 年 7 月第一版。

72. 黄兰坡注：《文天祥诗选》，人民文学出版社，1979 年 7 月第一版。

73. 杨明照：《文心雕龙校释拾遗》，上海古籍出版社，1982 年 12 月第一版。

74. 《西泠后四家印谱》，西泠印社，1998 年 2 月第一版。

75. 欧阳修、宋祁：《新唐书》，中华书局，1975 年 2 月第一版。

76. 欧阳修：《新五代史》，中华书局，1974 年 12 月第一版。

77. 徐弘祖：《徐霞客游记》，上海古籍出版社，1980 年 11 月第一版。

78. 黄本骥：《颜鲁公集》，上海中华书局，《四部备要》第四版。

79. 颜胤祚：《颜鲁公文集》，守政书局，宣统二年。

80. 王冶梅：《冶梅石谱》，中国书店，1987 年 2 月第一版。

81. 刘熙载：《艺概》，上海古籍出版社，1978 年 12 月第一版。

82. 陈植：《园冶注释》，中国建筑工业出版社，1988 年 5 月第二版。

83. 释慧琳：《正续一切经意义》，上海古籍出版社，1986 年 10 月第一版。

84. 郑燮：《郑板桥全集》，中州古籍出版社，1992 年 9 月第一版。

85. 鲁迅：《中国小说史略》，山西古籍出版社，2001 年 8 月第一版。

86. 许登云著：《中国砚台全书》，浙江大学出版社，2006 年 3 月第

一版。

87. 叶伟夫著：《中国印石》，辽宁人民出版社，1993 年 3 月第一版。

88. 曹础基：《庄子浅注》，中华书局，1982 年 10 月第一版。

89. 蒲松龄：《铸雪斋抄本聊斋志异》，上海古籍出版社，1979 年 4 月第一版。

90. 郭沫若：《沫若文集》第九集，人民文学出版社，1959 年 9 月第一版。

图书在版编目（CIP）数据

中国石文化/孙庆芳 孙毅著．—北京：时事出版社，2007.1
ISBN 978-7-80232-107-6

Ⅰ．中… Ⅱ．①孙… ②孙… Ⅲ．石—文化史—中国
Ⅳ．TS933-092

中国版本图书馆 CIP 数据核字（2006）第 162442 号

出版发行：时事出版社
地　　址：北京市海淀区万寿寺甲 2 号
邮　　编：100081
发行热线：（010）88547590　88547591
读者服务部：（010）88547595
传　　真：（010）68418647
电子邮箱：shishichubanshe@sina.com
网　　址：www.shishishe.com
印　　刷：北京百善印刷厂

开本：787×1092　1/16　印张：21.625　字数：336 千字
2007 年 2 月第 1 版　2010 年 8 月第 3 次印刷
定价：33.00 元